机器学习大数据平台的构建、
任务实现与数据治理
——使用 Azure、DevOps、MLOps

[美]弗拉德·里斯库蒂亚(Vlad Riscutia) 著

叶伟民 刘 华 余 灵 译

清华大学出版社

北 京

北京市版权局著作权合同登记号　图字：01-2022-4391

Vlad Riscutia
Data Engineering on Azure
EISBN: 978-161729-892-9
Original English language edition published by Manning Publications, USA © 2021 by
Manning Publications. Simplified Chinese-language edition copyright © 2024 by Tsinghua
University Press Limited. All rights reserved.

图书在版编目(CIP)数据

机器学习大数据平台的构建、任务实现与数据治理：使用 Azure、DevOps、MLOps / (美) 弗
拉德·里斯库蒂亚(Vlad Riscutia) 著；叶伟民，刘华，余灵译. —北京：清华大学出版社，2024.3
书名原文：Data Engineering on Azure
ISBN 978-7-302-65763-7

I.①机… II.①弗… ②叶… ③刘… ④余… III.①机器学习—数据处理软件 IV.①TP181
②TP274

中国国家版本馆 CIP 数据核字(2024)第 056020 号

责任编辑：王　军
封面设计：孔祥峰
版式设计：思创景点
责任校对：成凤进
责任印制：沈　露

出版发行：清华大学出版社
　　　　　网　　　址：https://www.tup.com.cn，https://www.wqxuetang.com
　　　　　地　　　址：北京清华大学学研大厦 A 座　　　　　邮　　　编：100084
　　　　　社 总 机：010-83470000　　　　　邮　　　购：010-62786544
　　　　　投稿与读者服务：010-62776969，c-service@tup.tsinghua.edu.cn
　　　　　质 量 反 馈：010-62772015，zhiliang@tup.tsinghua.edu.cn
印 装 者：艺通印刷（天津）有限公司
经　　销：全国新华书店
开　　本：170mm×240mm　　　印　　张：19.25　　　字　　数：388 千字
版　　次：2024 年 4 月第 1 版　　　印　　次：2024 年 4 月第 1 次印刷
定　　价：98.00 元

产品编号：094368-01

推荐序

随着人工智能的迅猛发展，我们已经步入了大模型时代，AI 正在深刻地改变科技界和整个时代。最近，诸如 GPT、BERT 等大规模神经网络模型的有效运行和训练，极度依赖于机器学习大数据平台的支持。从某种角度来看，未来的 IT 发展将使机器学习普及至各个层面，它不仅仅是算法工程师的专业领域，更将成为软件和系统工程师必备的核心技能。

本书着重从实际应用的角度，详细阐述构建和运行机器学习大数据平台的实践过程。内容实用性强，适合技术工程师拓宽视野和提升技术水平。

作者 Vlad Riscutia 作为微软公司的首席软件架构师，目前正领导着微软公司雄心勃勃的产品 Loop 的开发工作。他在技术架构、机器学习和大数据运算分析方面拥有丰富的经验，并在大型语言模型(LLM)领域有着深入的研究和实践。

译者叶伟民，我的多年同事和朋友，他在领导和构建复杂项目方面的成就令人钦佩。近年来，他在人工智能和机器学习领域的实践尤为突出，成为我们的学习榜样。

机器学习大数据平台能够高效处理、存储和分析巨量数据集。除了我们熟知的在电商和社交媒体领域的用户行为分析外，它在各行各业都有着深入的应用。例如，在物联网云平台的 2.0 阶段，云端海量设备数据在完成初步运算分析和可视化之后，需要更复杂的运算模型进行深度分析训练，以实现通过数据创造价值的目标。我们团队在此方向上也有着丰富的实践经验：我们通过复杂的数据集和模型参数运算，预测分析建筑物、边坡、桥隧的沉降、位移和倾斜趋势，提前预警灾害风险；通过振动信号和设备状态采集，我们进行复杂的运算抽取特征数据构建模型，对风力发电机组的健康状况进行预测性分析，以降低运维成本和提高发电效率；在智能微电网系统中，我们一方面预测分析用电趋势，另一方面动态调节控制光伏、储能系统和电网的参数指标，以保证电力负荷消耗的平衡和稳定；等等。

尽管 Vlad Riscutia 主要以 Azure 平台为例，但书中的内容适用于各种常规的公有云服务，包括国内的阿里云、腾讯云、华为云等。这些云服务也有许多对应的开源系统，可在私有云上以微服务模式运行。本书重点介绍的是方法、路径和架构思想。在具体实操时，应基于这些架构思想进行适应性设计和定义。例如在面对客户平台的私有化部署需求时，我们通常以我们的私有云为基础，选择合适的中间件和服务进行定制化实施，虽然存在差异，但总体上遵循了这种运算平台的架构和运算思想。

本书中虽有很多 Azure 相关服务的名词，但即便对 Azure 服务不熟悉的读者也无须担心。在阅读时，只需要理解每项服务的作用，并转化为自己的理解即可。

对于工程师来说，架构思想是衡量技术能力的重要指标。无论工程师的水平和经验如何，解耦的思想都是至关重要的。有了解耦的思想，将非常有助于理解和构建自己的架构知识体系。阅读本书将促进和提高读者的架构思想。此外，DevOps 不仅仅是简单的开发运维工作，在某种意义上，有了 DevOps 的加持，可以轻松地构建和融入复杂的项目，同时便于弹性调配运算资源，系统的迭代升级和运算分析优化也变得更加方便。

机器学习大数据平台提供了大模型所需的数据处理能力、计算资源、数据治理模式和安全机制。作为一名从业近 20 年的资深技术工程师，我强烈推荐将机器学习大数据平台的实践作为技术工程师的基本技能。在即将到来的 AI 时代，这将使技术人员能够在广阔的行业发展未来中大展拳脚。

任　坤

盛安德物联网中心总经理

译 者 序

今年 ChatGPT 大火，相当多的类 ChatGPT 项目需要处理不同来源的不同格式的数据。以译者主管的项目为例，译者需要处理来自券商的报告、来自财经门户网站的新闻等，这些数据有些是 PDF 格式，有些是 Word 格式，有些是 Excel 格式，有些是网页数据，有些是 API 格式等。这些数据的更新频率都不一样。

本书所述的知识涵盖了以上方面，对译者的工作十分有帮助，所以译者也希望本书能够帮助到你。

本书虽然以 Azure 为例，但是其理念也通用于其他云平台。以译者为例，译者采纳了本书的理念，然后自定义实现这些理念。

最后分享一个有参考性的实例，译者为《.NET 内存管理宝典》的第一译者，把《.NET 内存管理宝典》所讲述的理念用于优化 Python 的内存管理，成功地把 Python 程序的内存使用量降低了 80%。

译 者

前　　言

本书凝聚了我过去几年在 Azure 客户增长和分析团队扩展大数据平台的经验，希望对你有所帮助。随着我们的数据科学团队的壮大和团队的洞见对业务的重要性越来越突出，必须确保我们的数据平台是稳健的。

大数据的世界相对较新，规则仍在建立中。我相信我们的故事具有普遍性和参考性：数据团队一开始只有几个人，这个阶段的首要目标是证明数据团队可以产生有价值的洞见。在这个阶段，很多工作是临时的，没有进行大规模工程投资的必要性和紧迫性。数据团队中的数据科学家在他们的机器上运行机器学习(ML)模型，生成一些预测，然后通过电子邮件发送结果这一简单的流程就足以满足需求了。

随着时间的推移，团队不断地壮大，团队需要处理更多的任务和工作，并且这些任务对于团队的成功和效率至关重要。同样的 ML 模型现在需要插入一个能够处理实时数据流的系统，并且每天都需要运行，处理的数据量比最初的原型多 100 倍以上。此时，可靠的工程实践就变得至关重要了；我们需要应对规模的变化、可靠性、自动化、监控等。

本书包含了过去几年我在数据工程方面学到的宝贵经验，主要包括以下内容：

- 助力数据团队中的每个数据科学家在我们的平台上部署新的分析和数据移动流程，并且保证生产环境的可靠性。
- 构建一个机器学习平台，以简化和自动化执行数十个 ML 模型。
- 构建一个元数据目录，以理解大量可用的数据集。
- 实施各种方法来测试数据的质量，并在出现问题时发送警报。

本书的基本主题是 DevOps，将软件工程界几十年的最佳实践引入大数据世界中。此外，还讲述了另一个重要的主题——数据治理；讲述了理解数据、确保数据质量、合规和访问控制等数据治理的重要组成部分。

本书描述的模式和实践与平台无关。无论你使用哪个云，这些模式和实践都应该同样有效。话虽如此，我们不能过于抽象，所以需要一个具体云平台来讲述具体示例。本书使用了 Azure。即使在 Azure 中，也有很多种服务可供选择。

在讲述具体示例时，我们使用了 Azure 的某些服务，但请记住，本书更多关注的是通过这些服务实现的数据工程实践，而不是具体的这些服务。我希望你喜欢本书，并且能够找到一些适用于你的环境和业务领域的最佳实践。

致　谢

非常感谢我的妻子 Diana 和女儿 Ada 的支持。感谢你们一直陪伴着我！

没有 Michael Stephens 和 Elesha Hyde 的宝贵建议和意见，本书无法成书。同时，感谢 Danny Vinson 对初稿的审查，以及 Karsten Strøbæk 对所有代码示例的检查。我还要感谢所有审稿人所付出的时间和提出的反馈意见：Albert Nogués、Arun Thangasamy、Dave Corun、Geoff Clark、Glenn Swonk、Hilde Van Gysel、Jesús A. Juárez Guerrero、Johannes Verwijnen、Kelum Senanayake、Krzysztof Kamyczek、Luke Kupka、Matthias Busch、Miranda Whurr、Oliver Korten、Peter Kreyenhop、Peter Morgan、Phil Allen、Philippe Van Bergen、Richard B. Ward、Richard Vaughan、Robert Walsh、Sven Stumpf、Todd Cook、Vishwesh Ravi Shrimali 和 Zekai Otles。

非常感谢 Azure 客户增长和分析团队的支持，感谢他们给我学习的机会：Tim Wong、Greg Koehler、Ron Sielinski、Merav Davidson、Vivek Dalvi 和团队中的其他人。

我还有幸与微软公司的许多其他团队合作。我要感谢 IDEAs 团队，特别是 Gerardo Bodegas Martinez、Wayne Yim 和 Ayyappan Balasubramanian；Azure Data Explorer 团队，Oded Sacher 和 Ziv Caspi；Azure Purview 团队，Naga Krishna Yenamandra 和 Gaurav Malhotra；Azure Machine Learning 团队，特别是 Tzvi Keisar。

最后，我要感谢 Manning 团队，感谢他们在本书从立项到上市整个过程中所做的方方面面的工作。

关 于 本 书

就像软件工程将工程严密性引入软件开发一样，数据工程旨在以可靠的方式处理数据，为数据工作带来同样的严密性。本书讲述了在实际生产系统中实现大数据平台的各个方面：数据摄取、运行数据分析和机器学习(ML)，以及数据分发等。本书的重点是运维方面，如 DevOps、监控、规模和合规性。本书将使用 Azure 服务实现具体示例。

本书读者对象

本书主要面向有几年经验的数据科学家、软件工程师或架构师，读者应该已是一名数据工程师，目前希望构建和扩展生产数据平台。读者应该具备基本的云知识和一些处理数据的经验。

本书内容

本书分为三个部分，每部分从不同的角度看待数据平台。第 1 章介绍了数据平台的总体架构，概述了我们将在示例中使用的 Azure 服务，并定义了一些关键术语(例如数据工程和基础设施即代码等)，以奠定一些共同的基础。第 I 部分涵盖了数据平台的核心基础设施。

- 第 2 章介绍了存储基础设施，这是大数据平台的核心。
- 第 3 章介绍了 DevOps，DevOps 将软件工程的严密性引入数据领域。
- 第 4 章介绍了编排，即如何在数据平台上安排和执行数据的移动和处理。

第 II 部分涵盖了数据平台支持的主要工作任务。

- 第 5 章介绍了数据处理，即对原始数据进行处理和转换以更好地适应不同的分析需求和场景。
- 第 6 章介绍了运行数据分析，即在进行重复的报告和分析任务时，采用一系列良好的工程方法和技巧来提高效率和准确性。
- 第 7 章提供了一套完整的解决方案，以支持从数据准备和特征工程到模型训练和部署的整个机器学习工作流程(又称为 MLOps)。

第 III 部分涵盖了数据治理的各个方面。

- 第 8 章讲述了元数据(关于数据的数据)以及如何理解大数据平台中的所有资产。
- 第 9 章讲述了数据质量以及对数据集进行不同类型的测试可以帮助我们评估数据质量并发现潜在的问题。
- 第 10 章讲述了一个重要主题——合规,包括我们如何对不同类型的数据进行分类和处理。
- 第 11 章讲述了数据分发以及与其他下游团队共享数据的各种方式。

这些章节可以按任意顺序阅读,因为它们涉及数据工程的不同方面。然而,如果你想运行代码示例,则必须阅读第 I 部分。如果你不打算运行代码示例,可以随意跳过第 I 部分,直接阅读你最感兴趣的章节。

本书代码

本书包含许多源代码示例,既有编号的列表形式,也有与普通文本一起排列的行内形式。在这两种情况下,源代码都以等宽字体格式化,从而与普通文本分隔开来。

此外,在许多情况下,我们对原始源代码重新格式化;我们添加了换行符并重新调整了缩进,以适应书本印刷的页面宽度。在某些情况下,我们还使用了行连续标记(➡)。我们在很多代码清单中添加了代码注释,以突出显示重要概念。

本书的所有代码示例都可以在 GitHub 找到:https://github.com/vladris/azure-data-engineering,也可以扫描封底二维码下载。代码经过了完全的测试,但由于 Azure 云和周边工具不断发展,如果你在尝试代码示例时遇到问题,请查看附录 C。

作 者 简 介

  Vlad Riscutia 在微软公司负责开发支持 Azure 核心数据科学团队的数据平台。在过去的几年里，他担任客户增长和分析团队的架构师，构建了供 Azure 数据科学团队使用的大数据平台。他领导几个主要的软件项目和指导新加入的软件工程师。

译 者 简 介

叶伟民

- PDF4AI.cn(国内)和 PDF4AI.com(国外)创始人
- 致力于将高价值数据处理成 AI 可以精确处理的格式
- 主要服务于投资银行(基金、私募、量化投资)、翻译、外贸、医疗行业
- 《精通 Neo4j》的作者之一
- 《金融中的人工智能》等多本 AI 图书的译者

刘华(Kenneth)

- 著有《猎豹行动:硝烟中的敏捷转型之旅》《软件交付那些事儿》
- 《图数据库实战》(Graph Databases In Action)的译者之一
- 《软件研发行业创新实战案例解析》的作者之一
- 汇丰科技云平台与 DevOps 中国区总监
- 曾在国内多个大型论坛发表主题演讲
- 20 年软件开发经验,超过 15 年项目和团队管理经验

余灵

- 从 2008 年开始从事 DBA 工作,有多年的 Oracle、Microsoft SQL Server、SAP ASE(Sybase)、PostgreSQL 等数据库相关工作经验
- 在 DBAPlus 社区进行过直播分享和发表过文章
- 有 Oracle 11G Certified Master,Google Cloud Certified Professional Cloud Architect 和 AWS Certified Solutions Architect Professional 等证书

关于封面插图

　　本书的封面人物是一名鞑靼女人(Femme Tartar)。这幅插图取自 Jacques Grasset de Saint-Sauveur (1757—1810)的 *Costumes de Différents Pays* 系列书,该系列书于 1797 年在法国出版。该系列书的每幅插图都经过精细手绘和上色。Jacques Grasset de Saint-Sauveur 的收藏丰富多样,生动地提醒我们 200 年前世界各地的城镇和地区在文化上是多么独特。人们说着不同的方言和语言。在街上或乡间,通过他们的服装很容易辨别出他们的居住地以及他们的职业或社会地位。

　　自那时起,我们的着装方式发生了很大变化,地区间的多样性也逐渐消失。现在很难区分不同大陆的居民,更不用说不同城镇、地区或国家的居民了。也许我们已经用文化多样性换取了更多样化的个人生活,当然也换取了更多样化和快节奏的技术生活。

　　在很难将一本计算机书与另一本区分开来的时代,Manning 出版社通过基于两个世纪前地区生活的丰富多样性的图书封面,来彰显计算机的创造力和主动性,让 Jacques Grasset de Saint-Sauveur 的插图重新焕发生机。

目　录

第*1*章

简　介

本章涵盖以下主题：
- 数据工程的定义
- 数据平台的构成
- 上云的优点
- 上手 Azure
- Azure 数据平台综述

随着云计算时代的到来，每一刻产生的数据达到了前所未有的巨大规模。这种情况下，一门从海量数据中发现知识和洞见的学科——数据科学应运而生。随着数据科学对于业务越发关键，其整个流程必须像其他 IT 领域一样有严密的准则。比如，当今的软件开发团队通过采用 DevOps 来开发和运行 99.99999%可用性的服务。数据工程团队把类似的严密准则引入数据科学中，从而使得以数据为中心的数据科学流程能够可靠、流畅和合规地进行。

在过去几年，我有幸成为微软客户增长和分析团队的软件架构师。我们团队的宣言是"用 Azure 理解 Azure"。我们通过从微软公司的各项业务中收集数据来了解我们的客户并为公司的团队赋能。隐私对我们而言非常重要，所以我们从不查看客户的数据，但通过遥测技术从 Azure、商业交易和其他运营渠道获取数据。这些数据为我们提供了对 Azure 的独特视角，从而使我们了解客户如何从 Azure 提供的服务中获取最大价值。

举例来说，我们为市场部门、销售部门、客服部门、财务部门、运营部门以及商业规划部门提供关键的洞见，与此同时也通过 Azure 顾问为客户提供高效使用 Azure 的建议。我们的数据科学和机器学习团队侧重于发现洞见，而数据工程团队则确保用户可以在 Azure 上进行高可靠性的操作，因为我们的数据平台的任何一次服务中断都会影响到客户或者我们自身的业务。

我们的数据平台完全建立在 Azure 上，并且我们正在和云服务团队密切合作来帮助他们推出预览版并给出一些产品反馈。这本书的灵感来源于这些年的经验。书中所展示的技术与我们团队每天所使用的技术密切相关。

1.1　什么是数据工程

本书介绍在生产环境中的数据工程实践，因此先要定义什么是数据工程。但在定义数据工程之前，我们先谈谈数据科学。

正如大家所说的，"数据就是新时代的石油资源"。在一个全球化的世界中，越来越多的数据被用来分析、推断和进行机器学习。数据科学领域正是从数据中提取知识并发现洞见。这些洞见很多次被证明是对业务无比珍贵的。让我们考虑一个场景，Netflix 向客户推荐电影。这种推荐越准确，这个客户就越有可能继续使用 Netflix。

尽管许多数据科学项目是以探索性质开始的，但是一旦这些项目展现出真正的价值，它们便以持续、可靠的形式发展下去。在软件工程领域，这就像把一个待研究的，需要概念验证的，或者是黑客马拉松性质的项目发展成为完全适用上线的项目。不过，黑客马拉松项目或者原型项目会采用一些捷径，从而专注在需要解决的问题核心，但是一个可用于生产环境的系统不能够忽略掉任何的边界情况。这正是软件工程中可以应用到数据工程的部分，即我们需要为数据工程制定严密的准则来构建和运行可靠的系统。这会涉及很多考量，比如架构和设计、性能、安全性、可访问性、遥测技术、可调试性、可扩展性等。

定义　数据工程(Data Engineering)是数据科学的一部分，涉及处理数据的收集和数据分析的实际应用。其目的在于把工程准则引入构建和支撑可靠数据系统的过程中。

数据科学中的机器学习部分是指构建机器学习模型。以 Netflix 的场景为例，机器学习模型会基于你的观看历史推荐下一部你可能喜欢的电影。而数据科学中的数据工程部分则是指把系统搭建起来。该系统会持续地对观看历史进行收集和清洗，然后用所有用户的数据运行可伸缩模型，最后将结果分发到用户界面的推荐部分。这一过程的每一个环节都会应用自动化监控和告警。

我们将数据工程应用于构建和操作大数据平台来支持所有的数据科学场景。在某些场景中会有一些其他专业名词：DataOps 是指在数据系统中移动数据；MLOps 是指以可伸缩的方式进行机器学习，就像我们所举的Netflix 的示例。将机器学习和 DevOps 结合在一起也被认为是 MLOps。本书提到的数据工程包括了上述概念。此外，本书还会关注如何为数据科学实现 DevOps。

1.2　本书读者对象

本书适合数据科学家，还有从软件工程师、软件架构师转到工作职责是搭建数据平台来支撑数据分析或者可伸缩机器学习的数据工程师。我们假定读者已经知道什么是云，已经有一些处理数据的经验和编程经验，不介意使用 shell。我们对所有这些基础知识都会有所涉及，但是本书的侧重点是数据平台的搭建。

数据工程会和软件工程有一些惊人的相似之处，但也有一些让人沮丧的不同之处。尽管在本书我们发现，软件工程中的一些经验和教训是可以被复用到数据工程中的，但是数据工程还是有一些独特的挑战。相同之处包括数据工程的一切都可以像软件工程一样用版本控制追踪，数据工程也可以像软件工程一样自动化部署、监控和告警。数据和代码的关键区别在于代码是静态的，即如果代码中的缺陷(bug)被清除，那么这段代码就会持续可靠地运行。相反，数据会不断地进出数据平台，因此很可能由于各种各样的外部原因而导致出错。此外还有另一个关于数据的主要话题——监管，访问控制、数据收录、隐私和法规控制都是数据平台很重要的部分。

本书的目的是将过去几十年的软件工程经验运用到数据领域，从而使得读者可以构建具有坚固软件解决方案的系统：如可伸缩性、可靠性、安全性等。本书解决上述的一些挑战，带领读者重温一些常见的模式和最佳的工程实践，并提供一些如何将这些实践在 Azure 运用的示例。例如，我们在本书将使用 Azure CLI(Command-Line Interface，命令行接口)、KQL(Kusto Query Language)和 Python 语言。本书不会将云服务作为重点，而是专注于生产环境中数据工程遇到的挑战以及解决方案。

1.3　什么是数据平台

在许多数据科学项目中，团队通常会先探索数据来寻找有价值的信息，然后基于这些数据得出洞见或发现。一个数据科学团队刚开始时，可能只有少数几个人，他们集中精力寻找好的洞见。然而，随着团队的增长和工作的进展，团队对底层平台的需求也会不断增加，以支持团队的工作和项目的规模化。换句话说，随着团队规模的扩大，他们需要更强大、更可靠的技术平台来处理和分析数据。

当团队只有两名数据科学家时，因为团队规模小，沟通相对容易，所有人都能够看到正在处理哪些数据，所以不需要很严密的流程。但是当团队扩大到 100 名数据科学家之后，并且还有一些实习生和外部供应商参与其中的时候，过去的月度电子邮件现在变成了一个和公司网站集成的实时系统。这时我们就需要严密的、自动化的流程。这意味着过去人工操作的流程现在需要使用技术和工具来自动完成。我们需要搭建一个稳健的数据平台以支持这些流程。

定义 数据平台(data platform)是一套用于收集、处理、管理以及出于战略商业目的共享
数据的软件解决方案。

我们以软件工程中的示例作为类比。你可使用你的笔记本电脑编写一个类似于
GIPHY 的 Web 服务：输入关键词后，会返回一系列该话题下的电影。即使代码如你
所愿正确地工作，也不意味着它可以在生产环境上可伸缩运行。如果你希望将这项
Web 服务扩展到全球范围，在任何时候都能够让世界上的任何一个人访问该服务，那
么就有额外的一些问题需要考虑：性能、百万级用户的扩展性、低延迟、防止出错的
故障转移方案、无宕机的部署更新等。我们可以把第 I 部分，即在你自己的笔记本电
脑上写代码，称作软件开发或编写代码。第 II 部分，将代码部署到实际生产环境并对
外提供服务，称作软件工程。

同样的事情可以类比到数据工程。可扩展地运行一个数据平台会有一系列独特的
挑战需要考虑和解决。数据科学类似于软件开发，主要是编写查询语句和开发机器学
习模型。数据工程类似于软件工程，把它们扩展到百万行计的数据上，并提供自动化
部署和监控，确保安全和合规。这些方面正是本书的主要关注点。

1.3.1 数据平台的构成

为了支撑所有新的生产环境场景，我们逐步发展数据平台，将临时的处理过程转
为自动化工作流并采用最佳实践。在这个过程中，我们发掘出一些模式。基于这些模
式绘制了如图 1.1 所示的数据平台的构成，因为我们是和数据打交道，所以该图主要
关注数据流。

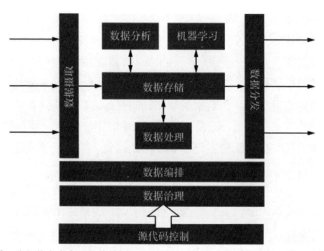

图 1.1 从左边看，我们从多个来源将数据摄取到系统并持久化在数据存储层，然后对数据进行处理、整
合以及重塑，从而使数据可用于分析和机器学习场景。下方的数据编排和数据治理是包括数据平
台所有模块的横切关注点。在数据处理完毕后，会被分发到下游系统。所有这些模块都需要进行
源代码控制追踪和部署

本书第 I 部分主要讲述基础设施，这也是数据平台的核心服务。具体包括存储和分析服务、自动化部署和监控以及编排解决方案。

我们先从存储开始，它是任何数据平台的基石。第 2 章讲述了在数据平台存储数据的要求和常用模式。因为我们侧重于生产环境，所以在第 3 章将讨论 DevOps 以及对于数据来说 DevOps 意味着什么。我们从多个来源摄取数据到系统。数据流入和流出数据平台，从而执行各种数据流。所有这些都需要一个数据编排层来保证运转。我们将在第 4 章探讨数据编排解决方案。

第 II 部分主要关注一个数据平台必须支持的三个功能。分别是：

- 数据处理——包括数据整合和数据重塑，标准化数据模式以及其他对原始输入数据的处理。这使得数据更容易被此外两个主要的数据处理流程使用，即数据分析和机器学习。我们将在第 5 章讨论数据处理。
- 数据分析——包括数据分析和数据报告，并以此从数据中获取知识和洞见。将在第 6 章介绍在生产环境中支撑数据分析的不同方式。
- 机器学习——包括所有使用数据进行机器学习的模型训练。我们将在第 7 章讨论可伸缩的机器学习。

第 III 部分讨论数据治理。这是一个会涉及很多方面的大主题。第 8～10 章将会讨论下面这些关键主题：

- 元数据——包括数据编目和数据盘点，追踪数据血缘、定义和文档，这些是第 8 章的主题。
- 数据质量——如何测试数据并评估数据的质量是第 9 章的主题。
- 数据合规——第 10 章将包括遵从诸如 GDPR 法规的合规要求，处理敏感数据以及访问控制权限。

在进行完所有这些数据处理步骤之后，数据最终会离开数据平台，并被其他系统所使用。我们将在第 11 章探讨数据分发的不同模式。数据治理是一个相当松散的定义，让我们用如下定义概括它。

定义　数据治理(governance)是指在数据系统中进行数据可用性、有效性、完整性、合规性和安全性的管理流程。有效的数据治理能够确保数据是一致的、可被信赖的，并且不会被滥用。

一方面，通过建立数据治理机制，组织可以遵守相关法律法规，从而降低违规行为可能带来的法律风险，并确保数据的合规和安全。另一方面，数据治理还包括以下内容：数据的可发现性、确保数据质量以及增加数据平台的可用性。这意味着对数据进行良好的治理可以使数据更容易被找到和访问，可以确保数据的准确性、一致性和完整性，并提升数据平台的可靠性和可用性。这些措施有助于组织更有效地管理和利用数据，实现数据驱动决策和业务创新的目标。

本书基础设施部分的内容适用于任何数据平台(包括本地部署、Azure 云、AWS 等)。只不过我们需要一些具体的示例来讲述,因此本书使用了 Azure 云。

即使是 Azure 云本身,也还是有很多数据分析、机器学习相关的服务。比如,在训练机器学习模型方面有 Azure Databricks、Azure Machine Learning(AML)或者 Azure HDInsight/Spark;在进行数据分析方面有 Azure Synapse、Azure Data Explorer(ADX)或者 Azure Databricks。正如每一位软件架构师所知,我们在软件设计中都会有所权衡,因此本书提供的只是一种可能的方案。根据你自己的场景,你可能会选取不同的技术来实现你的数据平台。没有一种所谓的正确方式。

许多因素会影响技术选择:现存资产、数据平台用户对哪些技术熟悉、可移动性、不同工作负载的性能等。本书将介绍技术选择中的关键因素,并深入介绍实现方案。请记住底层模式远比技术选择重要,你完全可以选择不同的技术栈来实现底层模式。

1.3.2 基础设施即代码,无代码基础设施

因为我们与生产环境打交道,所以会侧重 DevOps 以及其最佳实践。这方面包括避免交互式配置工具,通过脚本和机器可读的配置对一切进行自动化,这又称为基础设施即代码。

> **定义** 基础设施即代码(infrastructure as code)是通过配置文件和自动化脚本(而非手动流程和交互式配置)来自动化管理和部署基础设施的方法。

让人惊讶的是,侧重基础设施即代码并不意味着我们要写数千行的代码来构建数据平台。实际上,我们需要的大多数组件都是直接可用的,只需要把它们配置好并集成起来就可以支持我们的场景。这种使用现成组件进行简单集成的基础设施又称为无代码基础设施。

> **定义** 无代码基础设施(codeless infrastructure)是通过配置已有的服务并把它们集成起来以满足所需场景的一种架构。通过这种方式,只需要写很少的定制代码。

一般来说,代码不是资产而是责任。代码支持的场景才是一种真正的资产。但是代码本身需要维护,会有缺陷,需要更新,并且一般来说需要占用工程时间和资源。如果可能,最好让其他成本更低的人进行维护。我们现今需要的大多数基础设施都可通过云服务商(如微软和亚马逊)的服务来提供。我们将使用 Azure(微软的云服务)实现本书的示例。

通过这些云服务,一个小的工程团队可以做出让人吃惊的成就。工程团队的注意力能够从开发基础设施转移到配置、部署和监控,从而能够专注于解决一些业务领域内的高层次难题。在我们的示例中,这些难题主要来自扩展数据负载和数据治理。

1.4 使用云构建

大数据来自大规模的操作。数据量随着连接到互联网的人和设备及其产生的信息增多而增长。随着云端基础设施的商品化,数据平台也可使用云构建。我们过去使用按需托管的 SQL Servers 主机来分析数百兆字节(MB)甚至吉字节(GB)的数据。现在,通过专门的存储和分布式查询解决方案,可使用云对数吉字节甚至太字节(TB)的数据进行分析。可以从多个云服务商,如微软、亚马逊或者谷歌,来租用这些解决方案。

1.4.1 IaaS、PaaS 和 SaaS

云解决方案通常分为基础设施即服务(IaaS)、平台即服务(PaaS)和软件即服务(SaaS)。IaaS 提供虚拟化的计算资源,如网络、存储和虚拟机(VM)。我们不再需要买计算机网络设备,以及确保它们被恰当地设置和正确运行,只需要从云服务商租用它们就可以了。如果突然需要更多的容量,我们能轻松地要求更多容量。如果需要更少的容量,可以把多余的部分即时释放掉。这样会比搭建并维护一个小型的数据中心便宜得多。但是优点不仅仅只有这些。

PaaS 提供了一种高层次的抽象,而不仅仅是基础的计算资源。与租用基础设施并在此之上安装 SQL Server 不同,我们能租用一个被完全托管的 Azure SQL 示例。该示例由 Azure 处理包括高可用、自动安装软件更新、威胁检测以及许多其他本该由我们自己处理的各种事情。

SaaS 更进一步,提供了在云端的完整应用。SaaS 的一个示例是 Power BI,它是一个交互式的数据可视化和商业智能解决方案。我们只需要登录 Power BI 就可以马上开始工作,而不需要进行配置或者管理。

当构建一个数据平台时,大多数时候是在 PaaS 层面进行操作的。利用云服务商提供的数据解决方案,比如使用 Azure,使我们尽可能少地编写代码。这与无代码基础设施的准则是一致的,即我们花越少的时间维护基础设施,就可以花越多的时间给业务增加价值。

1.4.2 网络、存储和计算

另一个分类服务的常用方式是按照功能进行划分:网络、存储和计算。网络资源处理连接性和安全性、将本地网络连接至云等。尽管网络不是本书的重点关注部分,但是从数据移动方面来说,它对于数据平台是重要的。一方面当你将大量数据从一个存储方案(如硬盘、云存储等)复制到另一个存储方案时,会涉及网络资源的使用。这可能会产生包带带宽费用、传输费用或其他与数据传输相关的成本。如果你将数据从一个地理区域移到另一个地理区域,例如从一个国家移到另一个国家,或从一个云服务提供商的数据中心转移到另一个数据中心,这种跨区域移动会导致数据传输的延迟增加。因为数据需要通过网络跨越较长的物理距离，并可能受到网络拥塞、传输距离等因素的影响，从而导致传输速度变慢。另一方面，在某些情况下，我们需要将数据从一个服务迁移到另一个服务。这是因为不同的服务对于不同的工作负载有专门的处理能力，我们无法依赖单个服务来有效地满足所有需求。在构建数据平台时，需要考虑这些方面。

存储资源也和数据有关。一些服务，如 Azure Blob Storage 和 Azure Data Lake Storage(ADLS)，理论上能够存储无限数量的数据。在选择存储方案时，我们会考虑容量、存取时间和安全性等属性。例如，当我们在做技术选择时可能会问自己一个问题，我们可以多快地从数据存储方案中扫描/获取数据？

计算资源是指与数据处理相关的服务：虚拟机(VM)、容器、Azure Functions 和 Azure Web Apps，这些都是计算资源。运行机器学习训练和数据分析的环境也是计算资源。可伸缩性是一个数据平台中计算资源的关键。我们的计算资源能够处理百万行的数据吗？我们的机器学习架构能并行训练数十个模型吗？这些都是我们在做技术选型时需要问自己的问题。

有些 Azure 服务同时负责两方面：存储和计算。比如，Azure Data Explorer 提供了摄取数据和进行数据分析的集成环境。有些 Azure 服务只负责一方面；我们能把数据放入数据湖，但是需要将某些计算资源(比如 Azure Machine Learning)连接上去以使用数据。

1.4.3 如何使用 Azure

如果你之前没有使用过 Azure，可以在 https://azure.microsoft.com/en-us/free/注册一个新的免费账户。通过这个 Azure 免费账户，你可以访问 Azure 平台，这个 Azure 免费账户可能会包括一些服务的 12 个月免费使用、大部分服务的 30 天免费使用、200美金赠送额度。这些免费权益对于学习本书的示例应该绰绰有余了。

请记住某些服务是按使用或者消耗进行收费，而有些服务只要它们在运行就会产生费用。例如，Azure Functions(一个无服务器计算服务)只提供每月 100 万个免费的调用。超出这个额度将会按执行次数或者资源使用来收费。这意味着一个函数如果没有被调用，那么就完全不会产生费用。另一方面，如果部署一台虚拟机并让它一直运行，那么即使我们没有使用它也会产生费用。

注意 当你练习完本书中的示例时，请确保释放资源以避免不必要的费用。

1.4.4 与 Azure 交互

有三种和 Azure 进行交互的主要方式：
- 使用 Azure 门户 UI：https://azure.microsoft.com/

- 使用 Azure REST API
- 使用命令行

由于我们侧重 DevOps 和自动化，因此将尽可能避免 UI 交互。相反，我们会依赖于脚本，可以更轻松地将它们从临时脚本转为自动化程序。在绝大多数示例中，就是使用命令行。这应该会使操作本书示例更加容易。你不仅可以查看本书代码页面截图，还可以从本书配套 GitHub 存储库克隆本书的示例，然后把它们复制粘贴到你的 shell 中。对于一些自动化不起作用的地方，我们将用 UI 截图进行展示。例如，注册像 Azure DevOps(ADO)这样的新服务。

在使用命令行和 Azure 交互方面，我们将使用 PowerShell Core 和 Azure CLI[1]。如果你喜欢，可使用不同的 shell。但是使用 PowerShell 可以更容易地运行本书的代码示例而无须修改。

在许多示例中，Azure 资源需要有一个在整个 Azure 范围内都是唯一的 URL。如果将这样的资源命名为 AzureDataEngineering，那么第一个读者运行完示例将会创建这个 URL，对于后续其他读者来说，这个 URL 就不可用了。为了避免这个问题，对这种类型的资源，我们将创建一个独特的后缀。我们将把这个后缀存储在你的个人配置(profile)的 PowerShell 变量中。

请打开 PowerShell，输入$PROFILE，将展示 PowerShell 程序文件脚本的路径(这个脚本会在启动 shell 时运行)。然后使用你喜欢的文本编辑器打开它，比如在 PowerShell 输入 notepad $PROFILE 命令来使用记事本打开它，然后加入代码清单 1.1 中的代码。注意，请用你的昵称替换<unique suffix>。

代码清单 1.1 在 PowerShell 个人配置中设置$suffix

```
...$suffix = "<unique suffix>"
```

我们将把这个字符串追加到需要唯一标识的 Azure 资源之后。现在，在启动 shell 后，可通过调用$suffix 变量方便地读取这个字符串。

注意 记得在你的个人配置(profile)中设置$suffix，否则本书中的许多依赖这个的示例将无法运行。

这个$suffix 变量应该是唯一的但是相对短一些，并且应该只包含字母和数字。各种服务对名称中的字符都有限制。比如，我使用我的别名 vladris 设置这个$suffix 变量。设置完成后，继续进行下一步：安装 Azure CLI。

Azure CLI 是一个用来和 Azure 交互的多平台命令行工具。它可以用于配置和任务自动化。对于本书中的自动化，比如资源部署和服务配置，使用 Azure CLI 比使用

---

1 PowerShell Core 是跨平台的，可以在 https://github.com/PowerShell/Powershell 下载安装它。

REST API 更加容易。对于编程访问,应该获取专门语言的 Azure SDK(C#、Python 等),其底层会调用 REST API,但是我们在本书中先使用命令行工具。

可以根据这里列出的步骤 (https://docs.microsoft.com/en-us/cli/azure/install-azure-cli)获取任何平台的 Azure CLI。对于 Windows,请用管理员模式从 PowerShell 运行代码清单 1.2 所示的命令。

代码清单 1.2   从 PowerShell 安装 Azure CLI

```
Invoke-WebRequest -Uri https://aka.ms/installazurecliwindows -OutFile
➥ .\AzureCLI.msi; Start-Process msiexec.exe -Wait -ArgumentList
➥ '/I AzureCLI.msi /quiet'; rm .\AzureCLI.msi
```

这个命令将下载并安装 Azure CLI 工具,然后可以在任何 shell 中通过调用 az 来使用它。在运行完安装程序后,可能需要运行 refreshenv 以使环境可以识别 Azure CLI 工具。在使用 Azure CLI 之前,第一步是登录到 Azure。请如代码清单 1.3 所示在 shell 中运行 az login 命令。

代码清单 1.3   使用 Azure CLI 登录 Azure

```
az login
```

你应该会被提示需要登录,登录后就可使用命令行和 Azure 进行交互了。一条 az 命令的一般格式如下:

```
az <group> [<subgroup>] <command> <arguments>
```

比如,为了创建一个新的资源组(resource group),即 Azure 资源的容器,需要调用代码清单 1.4 所示的命令。

代码清单 1.4   创建 Azure 资源组

本例中的<group>就是资源组(Azure 资源组在 Azure CLI 中的简写);对应命令是 create

创建新的资源组需要指定一个位置。本例使用 Central US

```
az group create `
--location "Central US" `
--name "MyResourceGroup"
```

创建新的资源组需要指定一个名称,这里将其命名为 MyResourceGroup

代码清单 1.4 通过使用反引号(`)分割为多行,反引号(`)是 PowerShell 中将命令分割为多行的方式,实际上也可以写作一行。这里分割为多行是为了让命令更容易阅读和标注。如果你使用其他 shell,可能需要一个不同的分隔符,或者直接将它写成一行。

本书示例有一些需要注意的地方:在撰写本书时,一些将使用的 Azure CLI 扩展还处于实验阶段。你可能会得到类似的警告。你可以忽略这些警告。最新的代码示例可以在本书配套 GitHub 存储库中找到:https://github.com/vladris/azure-data-engineering。还有,请参看附录 C 的一些解决故障步骤,这些信息在你运行本书示例被卡住时会有用。

1.5　实现 Azure 数据平台

我们将在本书逐步讲解如何实现一个数据平台。图 1.2 展示了我们将要使用的技术、产品和服务。

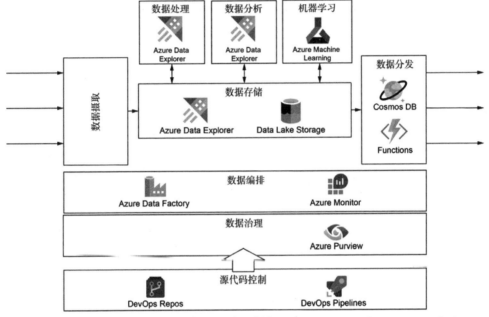

图 1.2　本书用于实现数据平台的技术、产品和服务。使用 Azure Data Explorer 和 Azure Data Lake Storage
作为主要的数据存储。使用 Azure Data Explorer 进行数据处理和分析，使用 Azure Machine Learning
进行机器学习。数据分发使用 Cosmos DB 和 Azure Functions。数据编排使用 Azure Data Factory，
使用 Azure Monitor 进行监控。使用 Azure Purview 进行元数据管理，使用 Azure DevOps Repos 进
行源代码控制，使用 Azure DevOps Pipelines 进行部署

图 1.2 中的大框和图 1.1 中的一样，这里只是为了和所使用的服务放在一起而重新调整了位置。如果你对这些服务不熟悉也不用担心，接下来会逐一介绍，然后在接下来的章节中逐个详细讲解。

第 I 部分将讨论数据存储、DevOps 和数据编排。对于数据存储，将使用 Azure Data Explorer 和 Azure Data Lake Storage。Azure Data Explorer 擅长高吞吐量的数据摄取以及可以在几秒内查询百万行数据，这使得它非常适用于数据分析和数据探索场景。Azure Data Lake Storage 提供近乎无穷的存储空间。不同于将存储和分析整合在一起的 Azure Data Explore，Azure Data Lake Storage 是一个纯粹的存储方案。其他的计算

服务，如 Azure Data Lake Analytics、Azure Databricks 或者 Azure Machine Learning 都能连接到 Azure Data Lake Storage 以进行数据处理。我们将在第 2 章讨论更多细节。

我们将依赖于 Azure DevOps 提供的服务 Azure DevOps Repos 和 Azure DevOps Pipelines 来进行源代码控制、代码流处理和自动化部署。第 3 章侧重于 DevOps。对于数据编排，将使用 Azure Data Factory(ADF)。Azure Data Factory 是主流的 Azure 无服务器 ETL 解决方案。

定义   ETL(extract、transform、load 的英文缩写)是将数据从一个或多个源复制到一个目标的过程，并在此过程中进行任何需要的转换。

移动数据并按计划进行各种数据处理是一个复杂的课题，我们将在第 4 章有所涉及。第 4 章还将讨论监控并介绍 Azure Monitor，这是一个如有问题发生便提供实时警报的服务。

本书的第 II 部分主要讨论我们需要在数据平台上运行的三个主要工作任务：数据建模、数据分析和机器学习。数据建模主要侧重数据重塑和数据管护，这样数据平台的用户能够更加容易地在其数据处理过程中使用数据。数据分析包括所有从数据中得到的报告和洞见。对于这两个主要功能，我们将主要依赖于 Azure Data Explorer 的计算能力和 Azure Data Factory 的编排能力，还有使用 Azure Monitor 进行监控，以及使用 Azure DevOps 进行其他 DevOps 工作。我们将在第 5 章和第 6 章涉及这些主题。

机器学习有点不同。尽管数据处理和分析都侧重于数据重塑和查询，但是机器学习侧重于训练可以自动提供分类、预测等的模型。对于这一类工作，我们会使用 Azure Machine Learning(AML)。Azure Machine Learning 是完全由 Azure 管理的用于机器学习模型管理的平台，我们将在第 7 章进行讨论。

本书的第 III 部分侧重数据治理。首先，会介绍元数据管理，这会帮助我们探索数据空间。还会介绍如何创建数据字典，如何定义数据术语，如何追溯数据血缘等内容。第 8 章全部围绕着元数据(又称关于数据的数据)。Azure Purview 是 Azure 提供的元数据即服务(metadata as a service)解决方案。

数据质量是另一个重要方面，主要用于确保数据及时可用，完整，没有损坏等。遗憾的是，我们目前没有一个用于数据质量的开箱即用的解决方案，所以会介绍如何在 Azure 上实现类似的功能。这是第 9 章的主题。

第 10 章是关于数据治理，我们将可以利用数据存储层的能力来恰当地保护数据并实现类似 GDPR 的合规要求。我们也会介绍数据分类和恰当的数据处理。

第 11 章涵盖数据分发。读者们将看到从我们的数据平台共享数据的不同方式。我们会展示通过 API 来共享数据，而不是直接在数据层共享数据，并讨论这样做的优点。为了构建一个低延迟、可伸缩的 API，将使用 Cosmos DB 作为服务层存储，使用 Azure Functions 在存储之上搭建 REST API。也将介绍用 Azure Data Share 直接从存储层进行数据共享以用于批量复制。

在图 1.2 中,你可能注意到一些技术没有被提及。例如,没有提到 Azure SQL、Azure Synapse Analytics 或 Azure Databricks。就像我们在本书中要使用的其他服务一样,这些服务中的每一种都值得通过一本专门的书来深入了解其优点、缺点和细微差别。附录 A 提供了一个快速概述,但再次强调,这不是一本关于 Azure 服务的书。本书讲述的是如何实施一个数据平台,因此主要关注的是我们想要实现的场景和支持的工作负载。

可以按照本书选择的服务集合来搭建你的数据平台。当然,我们会解释选择这些服务的具体理由。正如前面提到的,每个人特殊的场景将会导致不同的决定,所以本书所涉及的数据平台也仅仅只是众多可能选择中的一种实现。不过底层的概念是一样的。在第 II 部分,读者将会看到数据平台的核心基础设施,而数据平台将从第 2 章的数据存储层开始介绍。

1.6 本章小结

- 数据工程致力于将工程严密性引入构建和支撑数据系统的过程中。
- 数据治理致力于可用性、易用性、完整性、合规性和数据系统的安全性。
- 我们可以租用云服务商的服务,从而不再需要自己管理基础设施。
- 基础设施即代码是通过配置文件和自动化脚本(而非手动流程和交互式配置)来自动化管理和部署基础设施。
- 无代码基础设施是指使用已有服务实现一个基础设施,而无须编写定制代码。
- 云服务可以分类为基础设施即服务(IaaS)、平台即服务(PaaS)和软件即服务(SaaS)。
- 云服务也可以分类为网络、存储和计算。不过有些 Azure 服务整合了存储和计算。
- 可以通过三种方式和 Azure 交互:通过 Web UI、REST API 及通过命令行工具。

第 I 部分

基础设施

第 I 部分将构建数据平台的核心基础设施。书中讨论的其他主题(运行各种工作任务、数据治理)都将建立在这个基础设施之上。

- 第 2 章讨论了存储以及各种摄取和存储数据的模式。将介绍两个 Azure 服务：Azure Data Explorer 和 Azure Data Lake Storage。

- 第 3 章涵盖了 DevOps，并介绍了 Azure DevOps，因为这是一本关于将工程方法应用于数据工程的书籍。我们将看到如何将所有内容存储在 Git 中，并使用自动化流程进行部署。

- 第 4 章描述了编排：数据如何在平台中流动以及如何安排各种流程。对于编排和数据移动，将使用 Azure Data Factory。对于监控，将使用 Azure Monitor。

第 *2* 章

存 储

本章涵盖以下主题：
- 在数据平台中存储数据
- 使用 Azure Data Explorer 进行数据摄取和分析
- 使用 Azure Data Lake Storage 进行大数据存储
- 应用数据摄取模式

数据存储是数据平台的核心组件，所有其他组件都围绕它构建。本章的重点是存储解决方案及其权衡。我们还将介绍两个 Azure 服务，并讨论如何集成它们。图 2.1 重申了第 1 章的高层次视图，突出了本章讨论的组件。

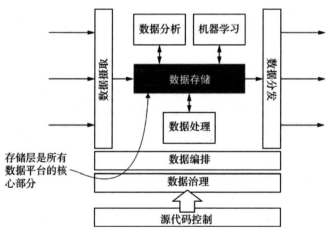

图 2.1　存储层是数据平台的核心部分，其他所有内容都围绕其构建。数据被摄入存储层，并从此层分发

由于数据在数据平台内不断地来往流动，因此本章重点介绍存储以及如何容纳多个存储(包括内部和外部的数据平台)的解决方案。我们将概述数据平台的存储层，然后使用相应的 Azure 服务搭建这一层。

本章将部署 Azure Data Explorer (ADX)集群，它是微软公司的大数据分析平台。我们将创建一个表格，将一些数据导入其中，然后查看一些基本的 KQL 查询。KQL是 Azure Data Explorer 使用的 Kusto 查询语言。Kusto 是 Azure Data Explorer 对外发布之前的代号。你有时可能会遇到"Kusto"而不是"Azure Data Explorer"，两者是指同一服务。

接下来将配置一个 Azure Data Lake Storage(ADLS)实例，这是一种高度可扩展的数据湖解决方案。我们将学习如何将数据上传到数据湖，并查看与 Azure Data Explorer的一些集成选项。将从 Azure Data Explorer 将数据导出到 Azure Data Lake Storage，然后将其作为外部表读取回来。

最后，将讨论数据摄取模式。将介绍数据能以不同的频率摄入，以及如何将数据全量或增量地加载到平台上。还将研究如果数据出现损坏，需要重新加载来修复问题的场景。

2.1   在数据平台中存储数据

假设我们正在为一个销售数据工程书籍的网站构建一个数据平台。想从我们的网站团队汇集网站流量日志(Web 遥测数据)，从我们的支付团队汇集销售数据，以及从我们的客户支持团队汇集客户支持数据。这使我们能够关联不同的网站功能对客户保留度和客户满意度的影响。这些 Web 遥测数据、销售数据和客户支持数据是我们需要导入数据平台的数据集。

定义 数据集(dataset)是指一组数据的集合。当涉及表格数据时，数据集可以对应一个或多个表格。

这个网站非常流行，因此我们的网站团队收集了大量遥测数据点。为了应对不断增长的访问流量，使用 Azure Data Explorer 快速存储和查询网站访问量数据(将在本章后面更详细地讨论 Azure Data Explorer)。另一方面，我们的支付团队所处理的数据规模较小，这些支付数据是使用 SQL 数据库存储的。客户支持团队则使用第三方解决方案，因此开发人员建议调用该系统的 API 来检索数据。图 2.2 显示了所有这些团队如何为我们的数据平台提供数据。

我们将存储数据的各个环境(网站、支付、客户支持)定义为数据织物。

定义 数据织物(data fabric)是指用于存储和管理数据的环境。从数据使用者的角度来看，数据织物代表了一种存储技术，类似于一块织物。这个织物提供了统一的接口或视图，使得数据使用者可以方便地访问和操作存储在其中的数据。无论数据实际上存储在哪个具体的存储系统中(如 SQL、Azure Data Explorer、Blob Storage)，对于数据使用者来说，他们都可以将其视为一个整体，就像一块织物一样进行管理和使用。这种抽象层级可以简化数据访问和管理的复杂性，并提供更高层级的数据整合和可操作性。在 Azure 中，数据织物的示例包括 SQL、Azure Data Explorer、Blob Storage 等。

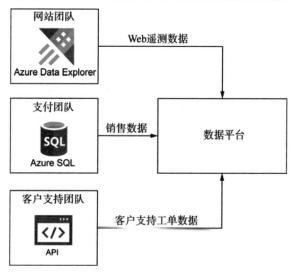

图 2.2　组织中的不同团队使用不同的技术存储数据。网站团队使用 Azure Data Explorer，支付团队使用 Azure SQL，而客户支持团队使用第三方解决方案(将通过 API 获取数据)

如果你的数据平台所需的所有数据都存储在同一数据织物上，那算是比较幸运的。大多数情况下，就像之前的示例一样，数据平台需要从多个数据织物中汇集数据。企业中不同的团队可能使用不同的存储解决方案，甚至有可能需要摄取来自外部公司的数据。一个大型的数据平台需要支持异构的数据存储。所谓异构的数据存储，指的是数据分布在多个数据织物中。

2.1.1　跨多个数据织物存储数据

我们需要接受将数据存储在多个不同的存储解决方案中，并且不仅仅局限于数据摄取阶段。传统上，数据存储通常只在摄取数据时使用一个特定的存储系统，但现在我们需要考虑在整个数据生命周期内使用多种存储解决方案。不同的工作任务或数据处理需求可能在不同的数据基础设施上表现更好，因此应该灵活选择适合特定任务的存储方案。这样可以提高效率、降低成本，并满足各种业务需求。例如，*Azure Data*

Explorer 能够在几秒内查询数百万行数据，以确定异常或生成聚合数据。假设我们想保留大量的历史数据或仅仅是为了让企业中的其他团队将数据复制到其自己的系统中，那么对于这种场景，Azure Data Explorer 和其高性能的索引和缓存功能可能是过度的，因此可以将数据存储在类似 Azure Data Lake Storage 的廉价存储中。本章将介绍这两种数据织物。

另一方面，Cosmos DB 是 Azure 全球分布的 NoSQL 解决方案，提供即插即用的地理复制功能(即通过简单的配置更改即可在全球不同的数据中心之间复制数据)，并且可以在毫秒级别检索特定文档。这使得它成为数据 API 后端的存储层的理想选择(更多内容请参见第 11 章)。图 2.3 扩展了图 2.2，展示了数据平台中不同的数据织物。

再次强调，虽然这是一本关于数据平台存储的参考实现，但是请记住，这只是众多选项中的一种。根据你的实际情况、团队需求、技能水平、数据量和延迟要求，可能还有更适合你的其他解决方案。例如，Azure Stream Analytics 可以对流数据进行实时分析，而 Azure Databricks 可以在 Azure Data Lake Storage 上运行大数据分析。

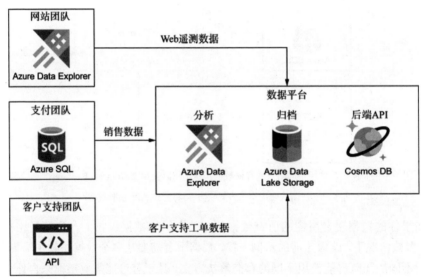

图 2.3　同一个数据平台中的不同团队使用不同的数据织物。在我们的数据平台中，针对不同的工作负载使用不同的数据织物：Azure Data Explorer 用于分析、Azure Data Lake Storage 用于长期存储，以及作为 API 后端的 Cosmos DB

2.1.2　SSOT

尽管我们应该支持多个数据织物，但是有一个"single source of truth"很有价值，"single source of truth"简称 SSOT，是指指定一个存储解决方案，所有系统中的数据都将流经它。这里使用了 Azure Data Explorer 作为数据平台的 SSOT，详见图 2.4。

把所有数据都流经 Azure Data Explorer 的一个原因是，我们将所有数据都集中在平台上，从而可以对来自不同上游团队的多个数据集进行分析。如果数据分散在不同的服务中，那么构建全面视图就变得更加困难。

定义 上游和下游都是数据流术语，它们可以帮助我们了解一个系统在与数据平台的关系中所处的位置。上游系统是指从中将数据摄入我们的数据平台中的系统。下游系统是指从我们的数据平台中获取数据的系统。

这么做的另一个优点是，它使数据修复更容易。在许多情况下，数据需要修复。例如，可能存在一个上游的数据问题。当问题被确认和纠正后，我们需要重新摄入数据。SSOT 在这方面有所帮助，因为我们知道一旦数据有更新，更新就会在整个系统中无缝地流动。与之形成对比的是，如果采用各种数据集落入不同数据织物的设置，那么我们必须追踪单个数据集的数据流，以确保修复后的数据被正确地传播。

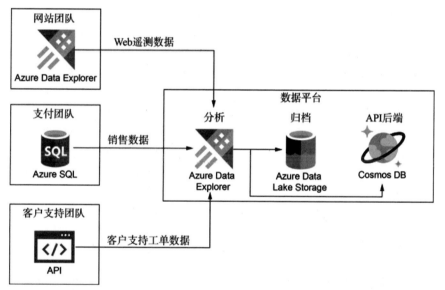

图 2.4　数据流向数据平台，到达 Azure Data Explorer。其中，某些数据集会被复制到 Azure Data Lake Storage 和 Cosmos DB。Azure Data Explorer 成为我们的数据平台的 SSOT

需要权衡的是，我们移动的数据越多，就会产生越多的延迟和成本，同时也会在系统中引入更多的故障点。例如，假设将来自支付团队的数据注入 Azure Data Explorer 中，然后再将其复制到 Azure Data Lake Storage 中，其中任何一步都可能出错；可能在注入 Azure Data Explorer 时遇到问题，或者在复制到 Azure Data Lake Storage 时遇到问题。如果直接将数据注入 Azure Data Lake Storage 中，则只有一个故障点，尽管将这些数据与 Azure Data Explorer 中可用的数据关联起来将更加困难。我们需要找到正确的平衡点，既要将数据放置在最优的存储解决方案中以进行所需的处理，又要保持合理的成本和复杂性水平。

注意，我们正在使用的架构(将 Azure Data Explorer 作为 SSOT，同时使用其他存储
服务)并不是唯一的解决方案。根据你的特定场景、规模、预算、服务水平协议(SLA)等
情况，可能一组不同的服务会更适合你。附录 A 比较了各种 Azure 服务和权衡。在接下
来的两节中，我们将为数据平台设置 Azure Data Explorer 和 Azure Data Lake Storage。

2.2   Azure Data Explorer 简介

Azure Data Explorer 是一项快速、完全托管的大数据分析服务，可用于分析大量
的数据。由于以下独特的功能，Azure Data Explorer 是存储数据平台的很好选择。

- **数据批量和流式处理，每节点最高可支持 200MB/s 的数据摄取速率**。可以从
  不同的数据平台中以各种方式摄取数据，部分平台被引擎原生支持，部分平
  台则提供了连接器，并且提供了可用于跨多种语言进行编程式摄取的 SDK。
  无论是来自 Azure Event Grids、Event Hubs 或 IoT Hubs 的数据，都可以进行
  实时的流摄取处理。
- **自动压缩和索引**。与 SQL 不同，不需要显式地创建索引并调整以提高查询性
  能。Azure Data Explorer 会在导入时自动对所有数据进行索引。
- **查询速度极快**。数十亿行数据可以在几秒内查询，比其他规模的解决方案快得多。

Azure Data Explorer 的另一个好处是它支持 MS-TDS 协议。MS-TDS 是 Microsoft
Tabular Data Stream 的缩写，是 Microsoft SQL 服务器和客户端使用的通信协议。这使
得 SQL 客户端可以连接到 Azure Data Explorer，而 Azure Data Explorer 可以模拟 SQL
引擎，从而可使用 SQL 查询数据。遗憾的是，为了实现如此快的摄取和分析，Azure
Data Explorer 必须做出一些取舍。需要注意的主要限制包括:

- **Azure Data Explorer 不支持就地更新数据**。可以向表中添加和删除数据，但
  一旦数据被摄入，就不支持修改行。
- **一个查询最多只能返回 50 万行和 64MB 大小的结果**。如果超过上述限制，则
  查询将失败。查询的内存和 CPU 资源消耗也有限制。此外，查询的时间也受
  限制，如果一个查询的执行时间超过 4 分钟，则查询将被终止。

查询限制可能看起来不是什么大问题，但是一个处理大量数据的数据平台可能会
遇到这些限制。当然，有一些解决方案，比如对数据进行分区和改进过滤器。考虑这
些限制，你需要谨慎决定是否在你的数据平台上使用 Azure Data Explorer。本章介绍
完 Azure Data Explorer 部署和连接之后，将会讲述如何解决这些限制。

图 2.5 展示了 Azure Data Explorer 实例的结构。在基础设施层，集群运行在一组虚
拟机(VM)上，负责数据缓存和查询执行。摄入的数据存储在 Azure Storage 中。在逻辑
层，集群具有一个或多个数据库。每个数据库包含表和函数。表存储数据并具有模式。
函数则负责查询，可以对其进行参数化并将其保留在数据库中，以便可以轻松重用。

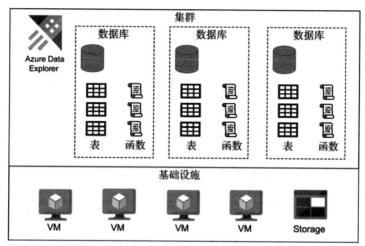

图 2.5 在基础设施层，集群运行在一组虚拟机(VM)上，并将数据存储在 Azure Storage 中。在逻辑层，
集群具有一个或多个数据库。每个数据库包含表和函数

因为我们将使用 Azure Data Explorer 作为数据平台的核心，所以接下来将部署一个
Azure Data Explorer 实例。我们将使用命令行，但是你也可使用 Azure Web UI。

2.2.1 部署 Azure Data Explorer 集群

我们将使用 Azure CLI 设置一个 Azure Data Explorer 集群，并在本书中使用它。
如果你不想执行本节这么繁琐的设置步骤，可以直接运行本书配套 GitHub 存储库
Chapter2 文件夹下的 setup.ps1 脚本进行部署，然后就可以跳过本节直接阅读第 2.2.2
节了。不过，我还是建议你按照本节设置的步骤进行，因为这样你将能够更好地理解
整个部署过程。

首先，安装用于 Azure CLI 的 Kusto 扩展程序，创建一个资源组，接着在该资源
组中创建 Azure Data Explorer 集群。具体命令如代码清单 2.1 所示。

代码清单 2.1 部署 Kusto 集群

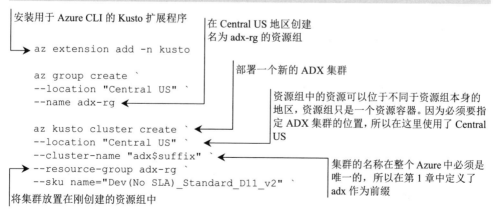

```
capacity=1 tier="Basic"
```

这次部署使用廉价的开发 SKU：Dev
D11v2 VM, a single node, basic tier

　　注意，运行 az kusto cluster create 命令需要一些时间来配置 Azure 资源，所以你
需要耐心等待。可以在不同的 SKU 上配置 Azure Data Explorer 集群。SKU 包括 VM
大小和节点数。可以根据需要进行调整：VM 大小和节点数越大，就能更快地查询和
支持多个用户的并发访问。还要记住，Azure CLI 附带了一组 Kusto 命令(az kusto 等)，
但这些命令比 Kusto 扩展提供的功能更有限。语法也不同。

> **注意**　为了运行代码示例，请先运行命令 "az extension add -n kusto" 以安装 Azure CLI
> Kusto 扩展程序。在撰写本文时，该扩展程序被视为实验性的，因此当你调用
> 该命令时，会看到一个警告。可以忽略它。

　　当然，性能越好的 SKU 越贵。在本书的示例中，将使用低端的开发 SKU 和单
个节点。即使如此，还是建议你在不进行示例操作时停止集群，以免无谓地消耗你的
Azure 额度。代码清单 2.2 显示了如何停止和重新启动集群。注意，stop 和 start 命令
与创建集群命令一样，需要一点时间才能完成。

代码清单 2.2　停止和启动 Azure Data Explorer 集群

```
az kusto cluster stop `
--cluster-name "adx$suffix" `
--resource-group adx-rg

az kusto cluster start `
--cluster-name "adx$suffix" `
--resource-group adx-rg
```

这两个命令都需要指定
集群名称和资源组

　　现在先保持集群运行状态，完成设置后记得在不需要时停止它。现在，在此集群
中创建了一个 telemetry 数据库，将使用它存储网站团队的遥测数据。代码清单 2.3 是
如何通过 Azure CLI 创建数据库的示例代码。

代码清单 2.3　创建一个数据库

提供集群名称、新数
据库名称和资源组

```
az kusto database create `
--cluster-name "adx$suffix" `
--database-name telemetry `
--resource-group adx-rg `
--read-write-database location="Central US"
```

创建一个读/写数据库。
另一个选择是创建一个
只读的 follower 数据库
(后文会详细介绍)

follower 数据库
Azure Data Explorer 支持创建 follower 数据库。集群中的 follower 数据库具有另
一个集群中 leader 数据库的所有数据，从而允许在不需要任何显式数据移动的情况下

在集群之间共享数据(数据复制由 Azure Data Explorer 引擎处理)。

这样做的主要优点是使不同的集群可使用不同的计算资源对相同的数据运行查询。由于数据需要保持一致,因此 follower 数据库是只读的,只有 leader 数据库可以修改数据。

leader 数据库可以有任意数量的 follower 数据库。leader/follower 数据库是在数据库级别实现的,这意味着两个集群可以互相复制对方的数据库。这种设置的一个限制是从数据库的集群必须与主数据库位于同一区域。在第 11 章研究数据分布时,将讨论 follower 数据库的更多信息。

下一步是为集群授予你的权限。即使你是 Azure 订阅的所有者,可以添加和删除 Azure 资源,但也无法连接和查询集群中的数据。这是因为 Azure Data Explorer 独立维护自己的权限列表(就像 SQL 数据库一样)。

Azure 账户包括 Azure Active Directory 租户。Azure Active Directory 是微软的身份标识解决方案,用于管理用户和应用程序的身份标识,从而能够管理用户和应用程序对 Azure 资源的访问。Azure Active Directory 还允许我们定义和管理安全组。

要为 Azure Data Explorer 授予自己的权限,需要提供你的主体 ID、主体类型(在本例为 User,但也可以是 Group 或 App)和租户 ID。Azure Data Explorer 使用这些信息来在相应的 Azure Active Directory 实例中查找主体 ID(基于租户 ID)。

Azure Data Explorer 有各种角色,包括 Administrator(可以授予其他用户权限)、User(读/写权限)和 Viewer(只读权限)。权限是在数据库级别设置的。还可以在集群级别分配一些特殊权限。这些权限会传递到所有数据库。本例将获取集群的 AllDatabasesAdmin 角色,该角色将在所有数据库上拥有 Administrator 权限。作为资源所有者,你有权授予自己 Azure Data Explorer 级别的访问权限。代码清单 2.4 是命令的详细内容。

代码清单 2.4　授予 Azure Data Explorer 级别的权限

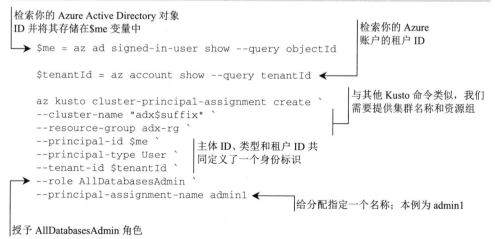

```
检索你的 Azure Active Directory 对象
ID 并将其存储在$me 变量中
                                              检索你的 Azure
                                              账户的租户 ID
   $me = az ad signed-in-user show --query objectId

   $tenantId = az account show --query tenantId

                                              与其他 Kusto 命令类似,我们
                                              需要提供集群名称和资源组
   az kusto cluster-principal-assignment create `
   --cluster-name "adx$suffix" `
   --resource-group adx-rg `
   --principal-id $me `          主体 ID、类型和租户 ID 共
   --principal-type User `       同定义了一个身份标识
   --tenant-id $tenantId `
   --role AllDatabasesAdmin `
   --principal-assignment-name admin1
                                        给分配指定一个名称:本例为 admin1

授予 AllDatabasesAdmin 角色
```

现在你拥有了对集群的权限，可使用客户端连接。如果你喜欢原生体验，可以从 https://aka.ms/ke 下载 Kusto Explorer 工具。否则，可以在 https://dataexplorer.azure.com/ 或 Azure 门户中使用 Web 体验。如果你使用 Azure Data Explorer 实例，则应在左侧看到一个 Query 选项卡。

2.2.2　使用 Azure Data Explorer

现在假设你选择了 Web 体验，登录了 https://dataexplorer.azure.com/。你可能需要切换租户。默认情况下，如果你使用 Microsoft 身份标识(例如@outlook.com)，则会使用 Microsoft 公共租户。单击屏幕右上角的用户名或图片，应该会看到图 2.6 所示的菜单。

单击 Switch directory 按钮，输入代码清单 2.4 中的$tenantId 值。如果你已经打开了 PowerShell 会话，可以输入$tenantId 获取该值；如果没有，可以再次调用 az account show --query tenantId 获取该值。

现在，Azure Data Explorer 可使用你的身份验证信息来连接到刚刚创建的集群。单击 Add Cluster 按钮，输入在代码清单 2.2 中配置的集群的 URI。该 URI 具有以下格式：

```
https://<cluster name>.<region>.kusto.windows.net/
```

这是在第 1 章提到的需要在整个 Azure 唯一的名称示例。可以在 Azure 门户中 Azure Data Explorer 集群的 Overview 选项卡中找到该 URI。

图 2.6　右上角弹出的身份卡片。可以单击 Switch directory 按钮，切换到 Azure 账户下的不同租户

注意　虽然可以多人在不同的订阅中创建名为 adx-rg 的资源组,但集群名称必须是 Azure 全局唯一的。

现在请连接到刚刚部署的集群。连接后，单击 telemetry 数据库以选择它。你应该会看到类似图 2.7 的界面。

图 2.7 连接到 Azure Data Explorer 集群后,选择 telemetry 数据库。现在,你可以输入查询和命令并执行。
右上方文本框称为 Scope,表示所查询的数据库

你需要选择 telemetry 数据库,因为所有 Azure Data Explorer 查询都需要先选择数据库才能运行。要想查看当前查询所选的数据库,请参见图 2.7 右上角的 Scope。在本例中,Scope 是@adxvladris. centralus/telemetry。我使用了我的别名 vladris 作为 $suffix,因此我的集群名称为 adxvladris。完整的 URI 是 https://adxvladris.centralus.kusto. windows.net。你的集群将有不同的名称和 URI。

> 定义 Scope 是指执行查询的上下文环境。例如,当我们创建一张表时,Azure Data Explorer 使用 Scope 来确定将新表放置在哪个数据库中。

现在创建一个 PageViews 表来存储网站遥测数据。该表有三列:一个类型为 long 的用户 ID 列(64 位数字),一个类型为字符串的 Page 列,用于追踪访问的页面,以及一个类型为 datetime 的 Timestamp 列,用于记录访问的时间。代码清单 2.5 是创建这个表的详细命令。

代码清单 2.5 创建遥测数据表

```
.create table PageViews(UserId: long, Page: string, Timestamp: datetime)
```

现在,模拟一些遥测数据来填充我们的表。在实际情况下,这些数据会从网站团

队注入我们的系统中，现在只是为了方便查询添加了一些行。代码清单 2.6 的示例代码向 **PageViews** 表添加了六行，每行包含一个用户 ID、一个网页和一个时间戳。

代码清单 2.6   模拟遥测数据

```
.ingest inline into table PageViews <|
57000,'/',           datetime(2020-06-30 10:01:05)
12345,'/about/',     datetime(2020-06-30 10:06:00)
57000,'/products/',datetime(2020-06-30 10:07:15)
89943,'/',           datetime(2020-06-30 10:15:43)
89943,'/products',   datetime(2020-06-30 10:21:50)
24566,'/',           datetime(2020-06-30 10:25:37)
```

如果你不熟悉 Azure Data Explorer 使用的语法，不用担心。本章将介绍一些基础知识，然后你可使用附录 B 作为一个方便的语法备忘录。一般来说，Azure Data Explorer 的查询从表名开始，然后使用管道操作符(|)将数据传输到各种过滤器和转换器中。例如，可使用代码清单 2.7 所示的查询从 PageViews 表中检索在 2020 年 6 月 3 日的 10:00 到 10:30 之间产生的所有去重后的用户列表数据。

代码清单 2.7   获取去重后的用户列表数据

然后看看另一个示例：按用户计算页面浏览量。代码清单 2.8 演示了如何使用 summarize 操作符聚合数据。

代码清单 2.8   按用户聚合页面访问次数

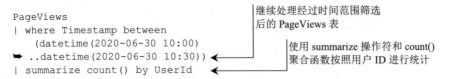

如果想找到访问次数最多的用户，可以增强代码清单 2.8 中的查询，即下面的代码清单 2.9。

代码清单 2.9   找到访问次数最多的用户

```
PageViews
| where Timestamp between
```

```
(datetime(2020-06-30 10:00)..datetime(2020-06-30 10:30))
| summarize Visits = count() by UserId  ◄
| top 1 by Visits
```

在 count() 之前添加 "Visits =" 来重新命名统计结果列为 Visits，在下一行会用到

通过 Visits 的值选择最顶部的一行作为结果

如你所见，Azure Data Explorer 从 SQL 中借取了许多概念，但其语法更接近于流处理。使用流处理，每个步骤都会进行一些过滤、转换或聚合操作，然后将结果通过管道连接到下一个步骤。还可使用 join 和 union 操作符将来自多个表的数据进行连接或联合。

本书将使用 Azure Data Explorer 作为我们的 SSOT 以及分析工作负载的后端。由于具有高吞吐量的数据摄入能力和出色的查询性能，Azure Data Explorer 是核心数据平台存储的理想选择。

2.2.3 解决查询限制问题

前面提到过，我们会在查询时遇到一些限制，本节详细讲述如何解决这些限制。虽然我们在本书中使用的小示例不会达到这些限制，但你在实际工作中可能会遇到这些限制。我们回顾一下查询限制：

● 一个查询最多可以返回 50 万行和 64MB 的数据。
● 一个查询的执行时间不能超过 4 分钟。
● 一个查询在消耗内存和 CPU 资源方面有一定的限制。

随着数据量的增长，我们可能会开始遇到限制。微软的文档涵盖了一些运行查询的最佳实践方法：http://mng.bz/XYZp。其中一些最佳实践包括确保首先应用过滤器(使用 where)，并将行数最少的表放在 join 的左侧。

分区是另一种能够减少我们可以用给定查询处理的行数的策略。Azure Data Explorer 提供了 hash() 函数来帮助实现该策略。该函数的第一个参数是要传递给 hash() 函数进行计算的值，第二个参数(可选)为要应用于结果的模值。

代码清单 2.10 展示了如何基于时间戳的 hash 值将 PageViews 数据进行分区。在 Azure Data Explorer UI 中，一次只能执行一个查询。当使用鼠标单击或者键盘导航到查询的不同部分时，UI 将会突出显示这部分代码，并将其视为即将要执行的查询。对于这个示例，首先突出显示第一个查询并运行它，然后突出显示第二个查询并运行它。

代码清单 2.10 使用 hash() 函数对数据进行分区

```
PageViews
| where hash(Timestamp, 2) == 0  ◄
```
第一个分区选择满足时间戳的 hash 值对 2 取余等于 0 的行

```
PageViews
| where hash(Timestamp, 2) == 1  ◄
```
第二个分区选择满足时间戳的 hash 值对 2 取余等于 1 的行

随着行数的增加，可以增加 hash 的模值以生成较小的分区，从而保持分区的均匀性和相对大小的一致性。hash 函数将输入值均匀地分布在输出范围内，因此如果选

择具有均匀分布值的列，我们将获得大致相等的分区。

可以将这个概念整合到其他不同的场景中。例如，如果想处理一个超出限制的大型数据集，可以将其进行分区，并按照顺序处理每个分区。接下来，介绍数据平台中将要使用的第二个存储解决方案：Azure Data Lake Storage。

2.3　Azure Data Lake Storage 简介

Azure Data Lake Storage(ADLS)是一种高度可扩展且成本效益高的大数据存储解决方案。与前面研究过的 Azure Data Explorer 不同，Azure Data Lake Storage 仅处理存储。可以将 Azure Data Lake Storage 视为云文件系统。因为 Azure Data Lake Storage 仅处理存储，所以读取和处理存储在数据湖中的数据还需要一个额外的服务来提供计算能力。在深入了解 Azure 数据湖解决方案的能力之前，我们先定义数据湖。

定义　数据湖(data lake)是这么一个数据系统或存储库，它以原始格式存储数据对象(例如 blob 或文件)。数据湖可以存储各种类型的数据，包括结构化、半结构化和非结构化数据。用户和其他系统可以读取和处理这些数据，因为数据湖保留了数据的原始形式。简而言之，数据湖提供了一个中心化的存储空间，用于保存不同类型的数据，使其可供进一步分析和使用。

正如定义所示，数据湖旨在存储大量数据。在我们的示例中，将使用 Azure Data Lake Storage Gen2，这是 Azure Data Lake Storage 的第二代。Azure Data Lake Storage Gen2 将 Azure Data Lake Storage Gen1 的文件系统语义和细粒度访问控制特性与 Azure Blob Storage 的低成本超大规模特性相结合。

2.3.1　创建 Azure Data Lake Storage 账户

接下来创建名为 adls-rg 的资源组，然后使用 Azure CLI 创建一个 Azure Data Lake Storage 账户。代码清单 2.11 是详细的命令。

代码清单 2.11　创建 ADLS 账户

这是一个需要唯一 URI 的资源，因此我们在名称中使用$suffix

```
az group create `
--location "Central US" `
--name adls-rg

az storage account create `
--name "adls$suffix" `
--resource-group adls-rg `
--enable-hierarchical-namespace true
```

创建 ADLS 账户的新资源组

在存储账户上启用分层名称空间

Azure Data Lake Storage Gen2 是基于基本的 Azure Storage 账户(https://azure.microsoft.com/en-us/services/storage/)构建的，并具有其他文件系统功能。我们使用与存储账户相同的方式创建 Azure Data Lake Storage Gen2 实例，但需要额外的设置以启用分层名称空间。这里不会讨论 Azure Storage。如果你已经使用过 Azure，可能已经熟悉 Azure Storage。如果还不熟悉，请访问上述链接以了解更多内容。接下来，可以按照代码清单 2.12 所示的命令在该存储账户中配置文件系统。

代码清单 2.12　配置文件系统

```
az storage fs create `
--account-name "adls$suffix" `
--name fs1
```

在运行以上命令时，你可能会收到一个警告，指出没有在环境中提供身份凭据，必须从服务中查询。你可以忽略此警告。

现在已经准备就绪。我们已经有一个存储账号和一个文件系统，可以开始将数据放入其中。Azure Data Explorer 的设置比较容易，因为不需要担心 VM SKU、节点数量等问题。

2.3.2　使用 Azure Data Lake Storage

本节以将一个文件上传到我们的存储账户为例。首先，确认我们的存储账户中没有任何内容，这点可通过列出文件系统中的所有文件来检查。代码清单 2.13 所示的命令将检索账户中 fs1 文件系统中的所有文件。

代码清单 2.13　列出文件系统中的所有文件

```
az storage fs file list `
--account-name "adls$suffix" `
--file-system fs1
```

结果应该是一个空数组([])。现在，在我们的计算机上创建一个文件，并将其上传到存储账户。代码清单 2.14 所示的命令将创建一个包含"Hello world！"的 hello.txt 文件，并使用 Azure CLI 进行上传。

代码清单 2.14　将文件上传到 Azure Data Lake Storage

```
echo "Hello world!" | Out-File -FilePath hello.txt    ←    在 PowerShell 中，可通
                                                           过这种方式将 echo 命令
az storage fs file upload `                                的结果输出到 hello.txt
                                                           文件中
--account-name "adls$suffix" `
--file-system fs1 `          提供存储账户和文件系统
```

```
--path hello.txt `
```
← --path 是文件系统下的目标路径

```
--source hello.txt
```
--source 是计算机上的源路

文件应该已经传输到云端。现在如果你运行代码清单2.13来检索文件系统中的内容，将不再收到一个空数组。你应该能看到一个带有一些元数据的条目，它们来自你刚刚上传的文件。

如上所述，Azure Data Lake Storage 非常适合存储大量数据，并向下游分发数据，并在需要时插入不同的计算解决方案。细粒度的访问控制使数据共享更加安全，几乎所有 Azure 计算服务都可以从 Azure Data Lake Storage 读取数据。

2.3.3　集成 Azure Data Explorer

许多 Azure 服务可以相互连接以简化场景。Azure Data Explorer 和 Azure Data Lake Storage 也不例外。可以轻松地将数据从 Azure Data Explorer 导出到 Azure Data Lake Storage，同样，也可以从 Azure Data Lake Storage 摄取数据到 Azure Data Explorer。不仅如此，Azure Data Explorer 可以直接查询存储在 Azure Data Lake Storage 中的数据，而不需要先进行摄取。性能显然不如摄取和索引数据，但该功能确实存在。

现在将 Web 遥测表导出到 Azure Data Lake Storage。首先，获取文件系统的 URL 和账户密钥，这些都需要提供给 Azure Data Explorer。代码清单 2.15 展示了如何将它们打印到命令行。

代码清单 2.15　获取 ADLS 的 URL 和密钥

输出你的 ADLS 实例的 URL，格式为<账户名称>.blob.core.windows.net/<文件系统>。本例中的账户名称包含$suffix，而文件系统为 fs1

```
echo "https://adls$suffix.blob.core.windows.net/fs1/;"

az storage account keys list `
--account-name "adls$suffix" `
--query [0].value
```
← storage account keys list 命令可以检索账户的访问密钥

查询将从结果中提取第一个条目的值。请忽略引号

代码清单2.16展示了如何使用.export命令导出数据。注意，这里需要在 Azure Data Explorer Web UI 中操作，而不能在命令行中操作。

代码清单 2.16　从 Azure Data Explorer 导出到 Azure Data Lake Storage

将数据导出为 CSV 格式。支持的其他格式有 TSV、JSON、Parquet 和 SQL

你需要提供文件系统的 URL 和在代码清单 2.12 检索到的账户密钥

```
.export to csv (
    h@"https://<Account name>.blob.core.windows.net/fs1/;<Key>"
)
with (
    namePrefix="PageViews",
    extension="csv"
)
<| PageViews
```

导出的结果会以 PageViews 为前缀,并且 ADX 在导出过程中会生成一个或多个文件

导出的文件使用.csv 作为扩展名

通过一个查询导出结果,该查询返回了 PageViews 中的所有行

现在,可以检查一个以 PageViews 为前缀,且扩展名为.csv 的文件是否出现在 Azure Data Lake Storage 中。可使用 Azure CLI fs file list 命令(见代码清单 2.13),或者可使用 Azure 门户浏览资源,然后浏览存储。

现在我们换个角度。在 Azure Data Explorer 中创建一个指向 Azure Data Lake Storage 文件的外部表。代码清单 2.17 展示了如何在 Azure Data Explorer 的 Web UI 中进行操作。

代码清单 2.17　在 Azure Data Explorer 中创建外部表

创建一个外部表 PageViewsADLS

提供与我们的原始表 PageViews 相同的模式

```
.create external table PageViewsADLS
    (UserId: long, Page: string, Timestamp: datetime)
kind = blob
dataformat = csv (
    h@"https://<Account name>.blob.core.windows.net/fs1/PageViews;<Key>"
)
```

指向以 CSV 格式存储在 blob 存储中的数据

将存储 URL 的后缀更新为/PageViews(即我们的文件的前缀)。记得要更新账户名称和访问密钥

现在,我们有了一个在 Azure Data Lake Storage 数据之上的视图,可以在 Azure Data Explorer 中查询它,并且如果需要,可以与其他摄取的数据进行连接。代码清单 2.18 显示了如何从这个外部表中获取去重后的用户列表。

代码清单 2.18　从 Azure Data Lake Storage 获取去重后的用户列表

```
external_table("PageViewsADLS")
| where Timestamp between
    (datetime(2020-06-30 10:00)..datetime(2020-06-30 10:30))
| distinct UserId
```

这里与代码清单 2.7 的区别在于:查询的是外部表 PageViewsADLS,而不是本地的 PageViews 表

图 2.8 展示了我们的数据流。PageViews 表被导出为一个或多个 CSV 文件并存储在 Azure Data Lake Storage 中。当查询时，外部表 PageViewsADLS 可直接从 CSV 文件中读取数据。

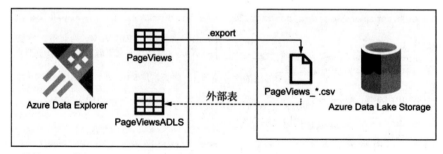

图 2.8　使用.export 将 Azure Data Explorer 中的 PageViews 表导出到 Azure Data Lake Storage。然后，创建一个名为 PageViewsADLS 的外部表，它直接从 Azure Data Lake Storage 的 PageViews 文件中读取数据

Azure Data Explorer 还可以将数据导出并使用 SQL 定义外部表。但是，在本例中，查询性能会受到显著影响，因为数据没有被摄取和索引。尽管如此，这仍是一个有用的功能。

Azure Data Explorer 还可以持续将数据导出到外部表。我们不会在此深入讨论这种情况，但你需要知道，你可以设置内容，以使数据在被摄取时自动发布。现在，我们已经部署了两个存储解决方案，接下来将介绍如何将数据集摄取到我们的平台。

2.4　数据摄取

本节将讨论数据摄取的以下方面：频率和加载类型，以及如何处理损坏的数据。我们将以 Azure Data Explorer 为例进行说明，但请记住，这些概念适用于所有类型的数据系统。我们从数据摄取频率开始。

2.4.1　数据摄取频率

数据摄取频率是指我们收集特定数据集的时间间隔。这可以从流数据的持续收集，到每年仅需要更新一次的数据集的年度收集。例如，网站团队会产生可以实时摄取的网站遥测数据。如果分析场景包括一些实时或准实时处理，我们可以在数据产生时将数据摄取入数据平台。图 2.9 展示了这种流式收集设置。

Azure Event Hub 是一个可以接收和处理每秒数百万事件的服务。一个事件包含由客户端发送到事件中心的一些数据负载。例如，一个高流量的网站可以将每个页面视图视为一个事件，并将用户 ID、URL 和时间戳作为数据负载传递到事件中心。然后数据可以从事件中心路由到各种其他服务。在我们的示例中,它可以实时地在 Azure Data Explorer 中被摄取。如果没有任何实时需求,另一个选择是按照固定的周期摄取数据;例如,我们每天午夜加载当天的日志。图 2.10 展示了这个备选设置。

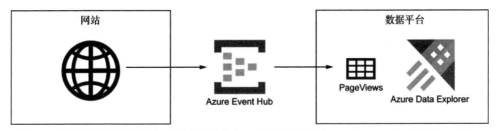

图 2.9 当用户访问网站页面时,每个访问会作为一个事件被发送到 Azure Event Hub。然后 Azure Data Explorer 实时将数据摄取到 PageViews 表中

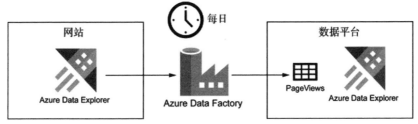

图 2.10 网站专用的 Azure Data Explorer 集群中的日志会通过 Azure Data Factory 复制到数据平台的 Azure Data Explorer 集群中。数据复制每日进行一次

在本例中,网站团队将其日志存储在专用的 Azure Data Explorer 集群中。该集群仅存储过去 30 天的数据,因为它仅用于度量网站性能和调试问题。如果想要将数据保留更长时间以进行分析,那么需要将这些数据复制到数据平台的集群中以保留它。

Azure Data Factory(ADF)是一种可实现无服务器数据集成和转换的 Azure ETL 服务。可使用 Azure Data Factory 协调数据何时何地移动。在本例中,我们每晚复制前一天的日志并将其附加到 PageViews 表中。我们将在第 4 章讨论编排时更详细地介绍 Azure Data Factory。

我们来看另一个示例:支付团队的销售数据。我们使用这些数据度量收入和其他业务指标。由于并非所有交易都已结算,因此按日摄取这些数据没有意义。支付团队将精选这些数据,并于每月的第一天正式发布上个月的财务报表。这是一个月度数据集的示例(我们在可用时才进行摄取;在本例中,是每月的第一天)。图 2.11 显示了这个摄取过程。

这类似于之前使用 Azure Data Factory 摄取页面浏览日志的情况,只是数据源不同。在本例中,我们从 Azure SQL 摄取数据,并且摄取周期是每月一次,而不是每天一次。我们把数据集准备好并可以摄取的频率定义为其粒度(grain)。

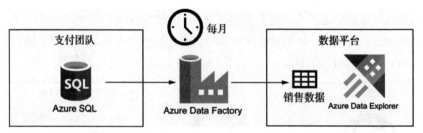

图 2.11　销售数据每月从支付团队的 Azure SQL 复制到 Azure Data Explorer 集群中

定义　数据集的粒度(grain)指定了新数据就绪并可供消费的频率。这个频率可以是流数据的持续收集，也可以是按小时、按日、按周等时间间隔。

我们按照每周的节奏摄入一个具有每周粒度的数据集。粒度通常由制作数据集的上游团队定义。虽然部分数据可能会更早地可用，但是应该由上游团队告诉我们何时数据集完成并准备好被摄取。

虽然一些数据(比如示例中的日志)可以实时更新或按日更新，但有些数据集仅在每年更新一次。例如，企业使用财政年度进行财务报告、预算等。这些数据集每年只更新一次。除了频率之外，另一个摄取参数是数据加载类型(全量加载或增量加载)。

2.4.2　加载类型

除了流数据(实时数据)之外(数据一旦生成就会被摄取进系统)，我们有两个选项来更新数据集。可以执行全量加载或增量加载。

定义　全量加载(full load)是指完全刷新数据集，放弃当前版本并使用新版本的数据替换。增量加载(incremental load)是指将数据追加到数据集中，从当前版本开始，定期使用额外的数据来增强现有数据集。

例如，客户支持团队有一个未完结客服工单列表。这个未完结客服工单列表会经常删除数据(当工单完结后)和添加数据(有新的工单出现时)，这个场景就适合使用全量加载了(使用增量加载会让删除完结工单部分很复杂)。全量加载通常的模式是将更新后的数据导入一个临时表，然后将其交换到目标表中，如图 2.12 所示。

代码清单 2.19 展示了我们在 Azure Data Explorer 中如何实现此操作。请依次突出显示每个命令并运行它。

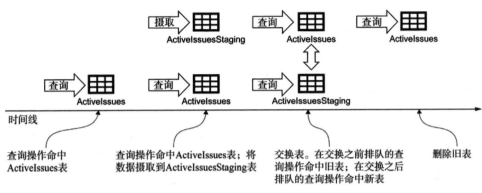

图 2.12 在将数据摄取到 ActiveIssuesStaging 表时，对 ActiveIssues 表运行查询。然后交换这两个表。在交换之前已经开始的查询将针对旧表运行；在交换之后启动的查询将针对新表运行。最后，删除旧表

代码清单 2.19　执行活动客户问题的全量加载

维护一个包含客户 ID、工单类型和工
单创建时间戳的 ActiveIssues 表

```
.create table ActiveIssues(CustomerId: long,
    IssueType: string, Timestamp: datetime)

.create table ActiveIssuesStaging(CustomerId: long,
    IssueType: string, Timestamp: datetime)

.ingest inline into table ActiveIssuesStaging <|
20044,'Login issue',      datetime(2020-06-30 11:05:03),
57403,'Refund request', datetime(2020-06-30 16:32:10),
63911,'Login issue',      datetime(2020-06-30 19:26:42)

.rename tables ActiveIssues=ActiveIssuesStaging,
    ActiveIssuesStaging=ActiveIssues

.drop table ActiveIssuesStaging
```

全量加载的第一步是创建一个临时表。在本例中是 ActiveIssuesStaging

从上游数据源将数据摄取到临时表中，但在这个示例中，内联生成了一些行数据来模拟上游数据源的数据

在填充完临时表之后，就会将其与目标表进行交换

最后删除临时表

　　大多数存储解决方案在重命名表时会提供一些事务性的保证，以支持这样的场景。这意味着如果有人对 ActiveIssues 表进行查询，查询不会因为找不到表或从旧表和新表同时获取行而失败。与重命名同时运行的并行查询保证只会访问旧表或新表中的数据。现在，介绍另一种类型的数据加载——增量加载。

　　以 PageViews 表为例。由于网站团队只保留最近 30 天的数据，而我们需要超过 30 天的日志，因此在将数据摄取进我们的系统时，无法全量刷新 PageViews 表(那样会把 30 天之前的数据丢失掉)。我们必须使用增量加载，每晚取出前一天的页面访问日志，然后将其添加到该表中。

　　增量加载的一个挑战是确定哪些数据缺失(需要添加的数据)以及哪些数据已经存在。我们不希望添加已经存在的数据，因为这将创建重复数据。

有几种方法可以确定上游和存储之间的增量。最简单的方法是约定(contractual)：上游团队保证在特定时间或日期准备好数据。例如，支付团队承诺，每个月的销售数据将在每个月的第一天中午就绪。然后，在 7 月 1 日，我们加载了所有带有 6 月时间戳的销售数据，并将其附加到系统中现有的销售数据中。在本例中，增量是 6 月份的销售数据。

另一种确定增量的方法是在那一端追踪最后摄取的是哪一行，然后只从上游数据流摄取此行之后的数据。这又称为水位线(watermark)。水位线以下的数据是系统中已经拥有的数据，而上游可能存在水位线以上的数据，我们需要将其摄取到系统中。

根据数据集的不同，追踪水位线可能会简单或复杂。在最简单的情况下，如果数据有一列，其中值始终增加，可以查看数据集中的最新值，并要求上游提供大于最新值的数据。例如，如果页面浏览数据包含时间戳，并且时间戳始终增加，则可使用代码清单 2.20 中的查询从系统中获取最后一个时间戳。

代码清单 2.20　得出页面浏览数据的水位线

```
PageViews
| summarize max(Timestamp)          max()聚合函数返回某列的最大值
```

当我们向系统中追加数据时，可通过时间戳大于水位线的方式来查询页面浏览量。其他递增值的示例包括自动增量列(可以在 SQL 中定义)。

如果数据没有明确的排列顺序，以使我们能够确定水位线，则情况会变得更加复杂。在本例中，上游系统需要我们计算出一个水位线对象给它，然后上游系统根据这个水位线对象来确定我们需要的增量。幸运的是，在大数据世界中，这种情况较少发生。通常有更简单的方法确定增量，比如时间戳和自动递增 ID。

然而，当数据问题进入系统时，会发生什么呢？例如，我们在 7 月 1 日从付款团队获取了销售数据，但第二天我们收到通知说存在问题；一批交易不知何故丢失了。他们在数据集顶部修复了数据，但我们已将错误数据加载到平台中。解决这类问题的方法有数据重建(restatement)和重新加载(reload)。

2.4.3　数据重建和重新加载

在大数据系统中，数据出现的损坏或不完整是不可避免的，数据的所有者会修复问题，然后进行**数据重建**。

定义　数据集的**数据重建**(restatement)是指，在确定并修复了一个或多个问题之后，对数据集进行修订和重新发布。

在数据重新处理之后，我们需要重新加载到数据平台中。如果对数据集执行完全加载，则明显很简单。在这种情况下，只需要丢弃先前加载的损坏数据，并用重新处理之后的数据替换它。

　　如果对数据集进行增量加载，情况会变得复杂。此时，需要仅删除数据的损坏部分，并从上游重新加载它。我们看看如何在 Azure Data Explorer 中实现这一点。

　　Azure Data Explorer 使用 extent 存储数据。extent 是数据的分片，是表的一部分，包含了表中的一些行。extent 是不可变的。一旦写入，它们就不会被修改。当我们摄取数据时，将创建一个或多个 extent。Azure Data Explorer 会定期合并 extent 以提高查询性能。这个过程由引擎在后台处理。图 2.13 显示了如何在数据摄取期间由 Azure Data Explorer 创建并合并 extent。

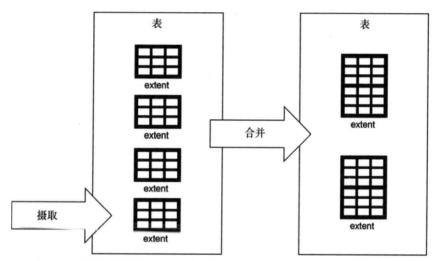

图 2.13　在摄取期间创建 extent，然后由 Azure Data Explorer 合并以提高查询性能

　　虽然我们无法修改 extent，但可以将其删除。删除 extent 会删除它存储的所有数据。extent 支持标记功能，从而使我们能够向其附加元数据。最佳做法是在创建 extent 时将 drop-by 标记添加到 extent 上。drop-by 标记对 Azure Data Explorer 有特殊的意义：它只会合并具有相同 drop-by 标记的 extents。这确保了使用一个 drop-by 标记摄取到 extent 中的所有数据不会与使用另一个 drop-by 标记摄取的数据混合在一起。图 2.14 展示了如何使用这个标记来确保数据不会混合，然后可以删除带有该标记的 extents 以删除损坏的数据。

　　我们看看如何在 Azure Data Explorer UI 中对 extent 进行标记和删除。代码清单 2.21 将一些新的行插入 PageViews 表中，并添加了一个 drop-by 标记。每行包含一个用户 ID、一个网页和一个时间戳。可以根据这个标记检查并删除 extent。

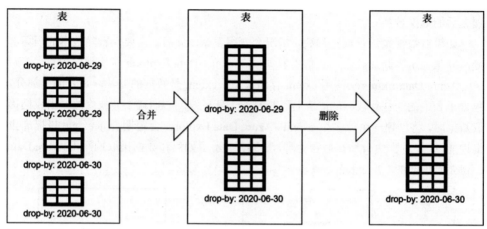

图2.14　我们有两个带有 2020-06-29 drop-by 标记的 extent，以及两个带有 2020-06-30 drop-by 标记的 extent。
　　　　然后，这些 extent 会被合并成一个带有 2020-06-29 drop-by 标记的 extent 和一个带有 2020-06-30
　　　　drop-by 标记的 extent。最后，可以请求 Azure Data Explorer 删除所有带有 2020-06-29 drop-by 标
　　　　记的 extent，以去除部分数据

代码清单 2.21　在数据摄取时对 extent 进行标记，然后删除它们

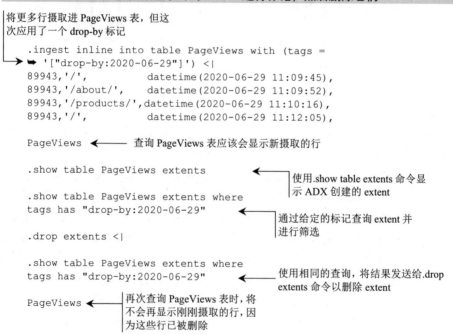

drop-by 标记确保具有不同标记值的 extent 永远不会合并在一起，这样就不会把
不想删除的数据也删除掉。标记的值是任意的；我们可使用任何内容，但一个好的做
法是使用摄取时间戳。例如，当我们在 2020 年 6 月 29 日加载数据时，使用 drop-by:

2020-06-29 标记。如果后来发现加载的数据损坏了，并且上游重新提供了数据，可通过 drop-by:2020-06-29 标记删除包含损坏数据的 extent，并从上游重新摄取以修复我们的数据集。

显然，与每次进行全量加载相比，这个过程比较复杂。一般来说，如果能够使用全量加载，那么就应该使用全量加载。从维护的角度看，这是一种更简单的方法。但有时无法使用全量加载。例如，如果希望保留超过上游 30 天数据保留期限的页面浏览日志，我们就不能全量加载。有些时候，全量加载太昂贵了，例如几 GB 数据中只有微小差异的时候。对于这些情况，必须考虑增量加载，然后管理因此额外增加的复杂性。

现在我们已经解决了数据平台的存储问题，下一章将讨论 DevOps。我们将把来自软件工程的优秀工程实践引入数据科学的世界中。

2.5　本章小结

- 数据织物指用于存储和管理数据的环境，如 SQL、Azure Data Explorer 或 Azure Data Lake Storage。
- 从数据摄取角度和数据平台的内部存储角度看，我们应该积极采用多种数据结构。
- 在使用多种数据织物时，最好有一个 SSOT——我们通过这个数据织物摄取所有东西。这有助于分析(如果想要关联不同的数据集的话)，也有助于修复(以防数据损坏)。
- Azure Data Explorer 是一个很好的数据平台核心存储解决方案，因为它被优化用于快速摄取大量数据和能够在几秒钟内查询这些数据。
- Azure Data Lake Storage 是一种用于存储数据、廉价的、高度可扩展的解决方案。该服务不提供任何计算能力，但大多数其他 Azure 服务，包括 Azure Data Explorer 可以连接到它。
- 可以持续地(流式)或按照特定的定期节奏(每日、每周、每月或每年)摄取数据。
- 当摄取数据时，可以选择丢弃现有的数据并进行全量加载，也可以仅对缺失的数据执行增量加载。
- 数据损坏是不可避免的。在上游进行修复后，需要一种方法从我们的系统中丢弃已损坏的数据并重新加载更新后的正确数据。

第 *3* 章

DevOps

这一关键章节将"工程"引入数据工程中。DevOps 实践使我们能够构建可靠、可重复的系统。本书反复强调的一个原则是将所有内容都使用源代码控制进行追踪,并且所有内容都自动部署。图 3.1 突出了本章在整本书中的位置。

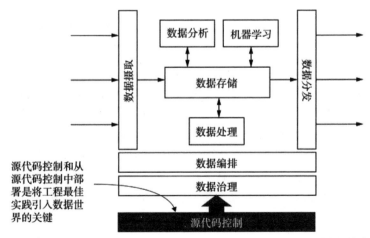

图 3.1　将所有内容使用源代码控制进行追踪并自动部署是构建健壮系统的基础

本章将讨论 DevOps 以及它是如何成为软件工程的行业标准的。我们将看看可以从中学到什么，以将其应用到数据和数据平台的世界中。我们将探索 Azure DevOps，这是 Azure 提供的能够满足我们在 DevOps 领域所有需求的集成一站式服务。

首先，将 DevOps 应用于自动化部署基础设施，看看如何从源代码控制自动部署 Azure Data Explorer (ADX)。然后，将 DevOps 应用于自动化部署分析，看看如何从源代码控制自动部署表和查询。我们将从什么是 DevOps 开始，并介绍它为什么重要。

3.1 什么是 DevOps

在软件行业中，标准做法是开发团队(Dev)负责编程实现服务，运维团队(Ops)负责将这些服务部署到生产环境中并进行监控。这样做的原因是：生产环境需要保持稳定和安全，因此需要进行锁定，防止未经授权的访问和更改；而机器配置、监控等运维工作所需要的技能和知识与设计和开发服务是不同的，因此，通常会将这些运维工作交给专门的运维团队负责，以确保生产环境的正常运行。然而，DevOps 打破了这个做法，让软件工程师把运维工作也做了，从而从头到尾负责整个流程。

定义 DevOps 团队负责从需求收集和设计，到开发和测试，再到部署、监控和修复生产问题，从头到尾负责整个解决方案。

导致 DevOps 出现的两个主要变革是敏捷软件开发实践的广泛采用，这些实践旨在优化从需求到生产的软件交付时间。DevOps 消除了两个团队之间的协调开销及其带来的问题。例如，部署失败后，开发人员会说："在我的计算机上是没有问题的。"然后需要开发人员与运维人员协调沟通以找出问题所在。但是采用了 DevOps 之后，开发人员把运维工作也做了，自然而然就不存在协调沟通的问题了。

第二个主要变革是向云端迁移。这里的云端可以是来自微软或亚马逊等主要提供商的云服务，也可以是由公司运营的私有数据中心。关键的变化是从需要大量维护和关注的单个服务器转向可以按需提供和取消的基础设施。过去，我们在维护和管理服务器时需要花费大量的时间和精力(就像对待宠物一样精心照料)，如果其中一个服务器出现问题或失去了，那将是一个巨大的灾难。但现在，随着云服务的发展，我们可以将服务器放在云端，这样就不需要我们自己去维护和管理了。这种云端的服务器就像是一群牛，它们都是一样的，如果失去其中一个，并不会对我们造成太大的影响。所以，我们不再需要像对待宠物一样关注和照顾每一台服务器，而是可以根据需要随时提供或取消服务器的使用。这种转变可以让我们更加灵活和高效地使用服务器资源。

随着将应用程序部署和配置迁移到云端，人们开始关注自动化这一重要方面，这种转变成为 DevOps 工具箱中的一个宝贵工具，即通过自动化部署和配置可以提高开发人员和运维人员的效率，并确保系统的稳定性和一致性。基础设施即代码的过程可以更好地管理和提供基础设施，使部署和运维问题更像软件开发。以下是支撑 DevOps 的一些关键软件工具。

- 源代码管理：包括源代码控制、代码导航和搜索以及代码审查工具。
- 构建自动化：提供托管和执行构建的环境，用于持续集成、测试执行和状态。
- 打包：便于版本控制和打包构建产物。
- 发布自动化：用于将服务部署到各种环境(预生产、生产)的管道，可以是持续部署、按计划或按需求部署。
- 监控和警报：收集运行服务的遥测数据，并在检测到故障时向所有者发出警报。

本章将介绍源代码管理和发布自动化，然后在第 4 章作为编排的一部分介绍监控和警报。由于没有需要构建的代码(无代码基础设施)，我们将跳过构建自动化和打包。

数据工程中的 DevOps

本书的一个关键前提是，数据工程将软件工程中的工程流程和严密性引入数据科学领域。我们可以借鉴软件工程中的经验教训和最佳实践，并将其应用于数据和数据平台。

假设我们想要为网站生成一个每月活跃用户的报告。网站遥测数据存储在 Azure Data Explorer 中。首先需要问的问题是 Azure Data Explorer 集群和数据库是否可通过 Azure Portal UI 或 Azure CLI 自动创建，还是只能手动创建。如果需要在不同的区域或不同的订阅中部署，重新创建这个设置有多容易？这是数据工程中 DevOps 的第 I 部分——基础设施的 DevOps。图 3.2 展示了如何从源代码控制中部署基础设施。我们将在接下来的章节中介绍 DevOps Repos 和 Pipelines。

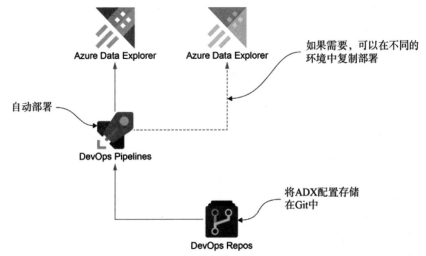

图 3.2　将配置存储在 DevOps Repos(Git)中，并使用管道进行部署。如果需要，可以在不同的环境中复制部署

接下来，假设团队中的数据科学家 Mary 生成了以下 Azure Data Explorer 查询，该查询查看过去一个月的页面浏览次数。具体查询如代码清单 3.1 所示。

代码清单 3.1　过去一个月的页面浏览总次数

```
PageViews
| where Timestamp > startofmonth(now())
| count
```

如果现在运行代码清单 3.1 中的查询，将不会得到任何行，因为在第 2 章将虚拟数据而不是实际数据(2020 年 6 月的所有数据)导入 PageViews 表中。在现实世界中，这样的查询将返回成千上万甚至数百万行。对于本章的目的来说，查询的实际结果并不重要。

Mary 使用这个查询生成了一个报告，但她意识到数字有些不准确。她发现有一些流量是测试流量(来自用户 ID 12345)。原来网站团队总是将测试流量标记为来自用户 12345，我们不应该将这些测试流量视为页面浏览次数(毕竟，这些流量并非来自真实的网站用户)。她修改了查询，忽略了测试流量，查询最终变成代码清单 3.2 所示的内容。

代码清单 3.2　修改后的过去一个月的页面浏览总次数查询

```
PageViews
| where Timestamp > startofmonth(now())
    and UserId != 12345        ◄—————— 过滤掉来自测试用户 ID 12345 的流量
| count
```

现在，Mary 可以随时运行这个查询以获得网站的页面总浏览次数。从纯粹的分析角度来看，我们可以说这项工作已经完成了。Mary 完成了她的报告。但是从工程严密的角度来看，我们还需要考虑一些其他情况。

如果 Mary 在需要这份报告时正在度假，那么该怎么办？会有其他人生成报告吗？他们会知道如何过滤测试流量吗？如果他们接手了查询，他们会知道 ID 12345 表示什么吗？

我们可以将这个查询存储在源代码控制中，这样团队中的每个人都可以访问它。提交历史应记录添加 ID 12345 过滤器的操作，并解释为什么需要它。我们还可以通过将其打包成 Azure Data Explorer 函数并将其存储在数据库中来部署这个查询。图 3.3 扩展了图 3.2，展示了如何从源代码控制中部署基础设施和分析。

这看起来可能需要做不少额外的工作，但通过软件工程可以知道自动化的价值。例如，如果只是测试一两次的话，使用手动测试可能会更容易方便。但通过对测试自动化进行小额投资，从长远来讲我们可以节省大量时间。我们可以更频繁地运行测试，并在问题出现时尽早发现，这最终节省了大量手动测试时间。

　　对于页面浏览总次数的情况也是如此：是的，设置部署管道需要一些时间，但设置完之后可以将其重用于各种其他查询和报告。它还有助于避免出现只有一个人知道如何生成某个报告，而这个人目前不可用的问题。

　　数据工程的一个重要部分是将数据科学的相关任务和操作转化为可自动化的过程或流程，并以软件系统的标准自动化报告、分析和机器学习等任务。下面介绍示例所使用的技术——Azure DevOps。

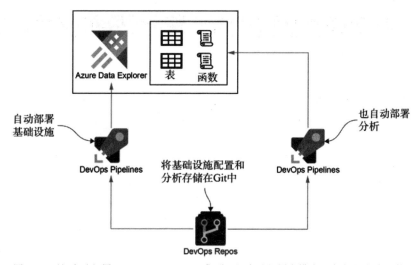

图 3.3　不仅自动部署 Azure Data Explorer 集群，还自动部署表模式和查询(打包为函数)

3.2　Azure DevOps 简介

Azure DevOps 是微软的 DevOps 解决方案，我们将在本书中使用它。
它包括以下内容：
- 一组追踪和项目管理功能，值得一提，但不是本书的重点。
- Azure Pipelines，我们将使用它自动化构建、验证和部署。
- 源代码控制，又称为 Azure Repos，包括 Git 托管、代码审查和策略。

　　注意，也可将 Azure DevOps 换成 GitHub，它也能够与 Azure Pipelines 集成。但为了方便起见，本书将一直使用 Azure Repos，以便将所有 DevOps 问题集中在一个地方。
- Azure Artifacts，这是一个工件存储库，可以在其中打包和存储构建输出。
- 其他许多功能，包括托管的 Wiki、仪表盘功能等。

本书讨论的是像 DevOps 这样的工程实践对数据领域带来的影响。
这些实践可使用任何 DevOps 工具完成任务。无论是哪个数据平台、云平台，都可以选择适合的 DevOps 工具进行开发和运维。Azure DevOps 只是其中一个 DevOps 工具，但并不是实现本书相关理念的唯一解决方案。

由于我们将使用 Azure 云，因此 Azure DevOps 是最佳解决方案，因为它提供了最好的集成。可通过以下网址开始免费使用 Azure DevOps：https://azure.microsoft.com/en-us/services/devops/。打开后应该会看到类似于图 3.4 所示的内容。

单击 Start Free 并设置你的组织。然后需要先登录，才能配置 DevOps 服务。就像我们在第 2 章操作 Azure Data Explorer Web UI 一样，如果需要，可以选择 Switch Directory。

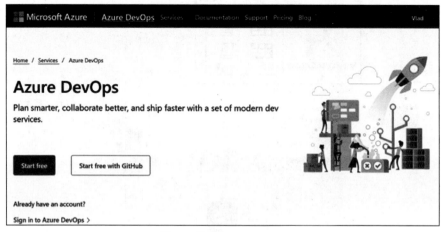

图 3.4　注册 Azure DevOps

免费版包括本书示例所需的所有内容，包括源代码控制和托管的 Azure Pipelines。首先需要配置一个 DevOps 组织。单击 Organization Settings 并将名称更改为 dataengineering-$suffix，其中 $suffix 是在 PowerShell 配置文件中设置的变量，以确保唯一性。我们在第 1 章的 1.4.4 节设置了它，在 PowerShell 配置文件中添加了以下代码：$suffix = "<unique suffix>"。组织的名称将成为 URL 的一部分，它需要在整个 Azure 全局范围内是唯一的。我们将在接下来的示例中使用这个组织名称。

然后还将生成一个个人访问令牌，以便我们可以从 Azure CLI 登录到 DevOps。单击右上角的 User Settings 图标，然后选择 Personal Access Tokens，如图 3.5 所示。

最后将会生成一个具有完全访问权限的令牌，我们需要将该令牌保存好。虽然 Azure

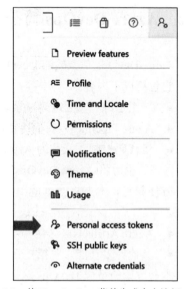

图 3.5　从 User Settings 菜单生成个人访问令牌

DevOps 提供了一个很好的 UI 来创建和配置我们需要的一切，但为了遵循 DevOps 的精神(并保持简洁)，我们将使用命令行通过脚本来设置。我鼓励你探索 UI 和 DevOps 文档，网址为 https://docs.microsoft.com/ en-us/azure/devops。

使用 az azure-devops 扩展

Azure CLI 的基本安装支持大多数 Azure 服务，但有一些服务，如 DevOps，则需要安装扩展才能使用。要通过命令行与 Azure DevOps 进行交互，需要安装 az azure-devops 扩展并登录。代码清单 3.3 是具体执行此操作的命令。运行 az devops login 后，你将被要求输入一个令牌。在此请输入我们刚生成的个人访问令牌。

代码清单 3.3　安装 azure-devops 扩展

```
az extension add --name azure-devops  ◀──────┐ 安装扩展
az devops login  ◀────┐ 使用个人访问令牌登录 Azure DevOps
```

或者，可以将令牌放入 AZURE_DEVOPS_EXT_PAT 环境变量中，以代替这种使用 az devops login 并粘贴个人访问令牌的操作。可以在 PowerShell 中使用 $env:AZURE_DEVOPS_ EXT_PAT = 'xxxxxxxx'进行这项操作。

现在，可以连接到 Azure DevOps 组织。连接后，需要先创建一个新项目。项目是一个包含组织内源代码存储库、管道、工作追踪等内容的容器。代码清单 3.4 是如何创建一个名为 DE 的新项目的命令。

代码清单 3.4　在组织内创建新项目

```
az devops project create `
--organization "https://dev.azure.com/dataengineering-$suffix" `
--name DE
```

运行完以上命令后，应该在控制台上看到一个 JSON 对象，它包含新创建组织的详细信息。还可以访问组织的 URL 以查看新创建的项目并通过 UI 浏览该项目。这里我们还将组织和项目保存为默认值，这样就不必在以后的命令中重复这个步骤。代码清单 3.5 是执行此操作的具体命令。

代码清单 3.5　配置组织和项目默认值

```
az devops configure `
--defaults `
organization="https://dev.azure.com/dataengineering-$suffix" `
project=DE `
```

所有 az devops 命令都需要针对一个组织和项目运行。配置默认值使得扩展在没有提供这些值时使用默认值。这样可以节省大量的额外输入。

　　现在,我们已设置了一个 DevOps 解决方案,通过它可以支持源代码控制和自动部署。在接下来的章节中,将通过 Azure DevOps 完整实现一个自动化部署 Azure Data Explorer 基础设施和页面访问总次数的示例。

3.3　部署基础设施

　　现在将从 Git 部署基础设施。Azure Data Explorer 集群最初是使用 Azure CLI 设置的。我们将研究如何使用存储在 Git 中的 Azure Resource Manager 模板,通过 Azure Pipelines 进行自动化部署。在接下来的章节中,将介绍所有这些内容。

定义	Azure Resource Manager(ARM)是 Azure 的部署和管理服务。它提供了一个管理层,使你能够使用 Azure 账户创建、更新和删除资源。

　　如在第 1 章中所见,我们有多种与 Azure 进行交互的方式:可使用 Azure 门户 UI、我们选择的编程语言的 Azure SDK、Azure CLI 等。所有这些最终都会调用 Azure REST API,然后 Azure REST API 再调用 Azure Resource Manager。图 3.6 显示了与 Azure 进行交互的技术栈。

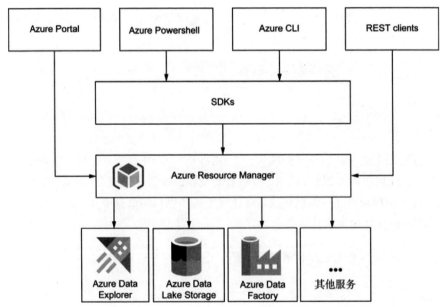

图 3.6　Azure 门户、Azure PowerShell、Azure CLI、所有 SDK 和任何其他 REST 客户端都通过 Azure Resource Manager 提供和配置任何资源。Azure Resource Manager 使用模板声明和部署基础设施

定义　Azure Resource Manager 模板是定义 Azure 资源的基础设施和配置的 JSON 文件。
这些模板使用声明性语法,你可以在这些模板中指定要部署的资源及其属性。

Azure Resource Manager 模板可能会比较复杂,所以通常不会手动创建它们。可
以从其他人那里获取已经设置好的模板,或者可通过使用 Azure 门户或 CLI 进行交互
式部署,然后导出相应的 Azure Resource Manager 模板。导出资源模板意味着 Azure
会生成相应的 JSON 来描述现有的部署。图 3.7 显示了典型的流程。

我们将对 adx-rg 资源组执行此操作。(在第 2 章中已经部署了它。)接下来,我们将
导出 Azure Resource Manager 模板,将其存储在源代码控制中,并创建一个部署管道。

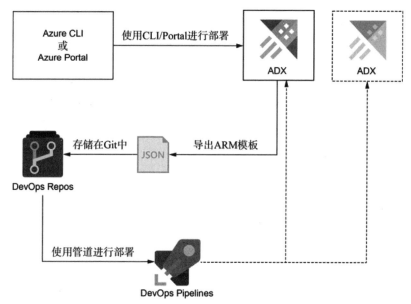

图 3.7　我们将通过 Azure CLI 或 Azure Portal 创建初始部署。然后,将导出 Azure Resource Manager 模板
并将其存储在 Git 中。最后可使用 Azure Pipelines 从 Git 读取这些模板来重新创建部署

3.3.1　导出 Azure Resource Manager 模板

现在导出用于 Azure Data Explorer 集群部署的 Azure Resource Manager 模板,并
将其存储在 DevOps 实例的 Git 存储库中。首先在本地设置 Git 存储库,具体命令如
代码清单 3.6 所示。

代码清单 3.6　初始化 Git 存储库

```
mkdir DE      创建一个新的 DE 文件夹并进入该文件夹
cd DE

git init  ←────  在此文件夹中初始化 Git 存储库
```

当我们像在 3.2 节中创建 DE 项目一样创建一个新的 Azure DevOps 项目后，它会生成一个同名的默认 Git 存储库(在本例中是 DE)。可以创建任意数量的其他存储库，但对于基础设施部署，将使用默认的存储库。

接下来创建一个 Azure Resource Manager 子文件夹，并使用 Azure CLI 导出 Azure Resource Manager 模板，将模板写入此子文件夹中。在导出模板时，请确保 Azure Data Explorer 集群正在运行，否则 Azure Resource Manager 将无法检索到所有信息。代码清单 3.7 是将 Azure Resource Manager 模板保存到文件中的具体命令。

代码清单 3.7　导出 Azure Resource Manager 模板

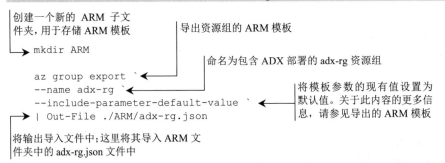

```
创建一个新的 ARM 子文
件夹,用于存储 ARM 模板          导出资源组的 ARM 模板
→ mkdir ARM
                                命名为包含 ADX 部署的 adx-rg 资源组
  az group export `
  --name adx-rg `                将模板参数的现有值设置为
  --include-parameter-default-value `   默认值。关于此内容的更多信
→ | Out-File ./ARM/adx-rg.json    息,请参见导出的 ARM 模板
将输出导入文件中;这里将其导入 ARM 文
件夹中的 adx-rg.json 文件中
```

这里打开 JSON 文件并查看其内容。可使用自己喜欢的文本编辑器进行查看，或者将文件打印到命令行终端。代码清单 3.8 是 JSON 文件的内容。

代码清单 3.8　adx-rg.json 的内容

这些属性显示了 deploymentTemplate.json
文件的模式及其版本

```
{
  "$schema": "https://schema.management.azure.com/schemas/2015-01-01/
➥ deploymentTemplate.json#",
  "contentVersion": "1.0.0.0",
  "parameters": {
    "Clusters_adxvladris_name": {
      "defaultValue": "adxvladris",
      "type": "String"
    }
  },
  "resources": [
    {
      "apiVersion": "2020-02-15",
      "location": "Central US",
      "name":
"[parameters('Clusters_adxvladris_name')]",
      "properties": {
        "enableDiskEncryption": false,
        "enableStreamingIngest": false,
        "trustedExternalTenants": [
          {
            "value": "*"
```

定义了集群名称参数以在模板后面重用,这里的参数是我的$suffix 值,你的值将会不同。因为我们选择导出默认值,所以现有的名称将使用默认值

部署我们的第一个资源,ADX 集群。模板通过参数指定了名称以及一组其他属性

```
          }
        ]
      },
      "sku": {
        "capacity": 1,
        "name": "Dev(No SLA)_Standard_D11_v2",
        "tier": "Basic"
      },
      "type": "Microsoft.Kusto/Clusters"
    },
    {
      "apiVersion": "2020-02-15",
      "dependsOn": [
        "[resourceId('Microsoft.Kusto/Clusters',
        ➥ parameters('Clusters_adxvladris_name'))]"
      ],
      "kind": "ReadWrite",
      "location": "Central US",
      "name": "[concat(parameters('Clusters_adxvladris_name'),
        ➥ '/telemetry')]",
      "properties": {},
      "type": "Microsoft.Kusto/Clusters/Databases"
    },
    {
      "apiVersion": "2020-02-15",
      "dependsOn": [
        "[resourceId('Microsoft.Kusto/Clusters',
        ➥ parameters('Clusters_adxvladris_name'))]"
      ],
      "name": "[concat(parameters('Clusters_adxvladris_name'),
        ➥ '/e0bd2cb3-cb3e-4942-82a3-76e67f739905')]",
      "properties": {
        "principalId": "vladris@outlook.com",
        "principalType": "User",
        "role": "AllDatabasesAdmin",
        "tenantId":
        ➥ "0b3ff2b5-20bc-4f48-9455-da8535828246"
      },
      "type": "Microsoft.Kusto/Clusters/
      ➥ PrincipalAssignments"
    },
    {
      "apiVersion": "2020-02-15",
      "dependsOn": [
        "[resourceId('Microsoft.Kusto/Clusters/Databases',
        ➥ parameters('Clusters_adxvladris_name'), 'telemetry')]",
        "[resourceId('Microsoft.Kusto/Clusters',
        ➥ parameters('Clusters_adxvladris_name'))]"
      ],
      "name": "[concat(parameters('Clusters_adxvladris_name'),
        ➥ '/telemetry/9a1512eb-8dd8-4af9-bf18-43a910bc40ab')]",
      "properties": {
        "principalId": "vladris@outlook.com",
        "principalType": "User",
```

这是我们在使用 Azure CLI 创建集群时指定的 SKU

资源类型指定为 Kusto 集群(记住，Kusto 是 ADX 的代号)

此资源依赖于前一个资源。它告诉 ARM 在依赖项准备就绪时部署此资源一次

telemetry 数据库，一个读/写数据库。其名称是集群名称参数加上/telemetry

资源类型指定为 Kusto 集群数据库

资源类型为 AllDatabaseAdmin，上一章我们已经授予了权限。在你的模板中，principalId 和 tenantId 将会不同

```
      "role": "Admin",
      "tenantId": "0b3ff2b5-20bc-4f48-9455-da8535828246"
    },
    "type": "Microsoft.Kusto/Clusters/Databases/
  ➥ PrincipalAssignments"
  }
],
"variables": {}
}
```

> 最后一个资源为数据库级别的主体分配。因为我拥有集群级别的 AllDatabasesAdmin 权限,所以我是 telemetry 数据库的管理员

这个模板看起来挺复杂,现在你理解我们为什么不使用文本编辑器手动编写它了吧。尽管如此,了解其结构很重要,因为这是自动部署基础设施的首选方法。接下来将其提交到 Git 并推送到 DevOps 远程存储库。代码清单 3.9 是这个过程的详细步骤。

代码清单 3.9 将 adx-rg.json 推送到 DevOps 远程存储库

```
git add *                                     将 adx-rg.json 添
git commit -m "ADX ARM template"              加到 Git 并提交

git remote add origin "https://dataengineering-$suffix
➥ dev.azure.com/dataengineering-$suffix/DE/_git/DE"  ◄

git push -u origin   ◄── 将更改推送到远程存储库
```

> 为本地 Git 存储库添加远程 origin。指定 DevOps 项目中的 DE Git 存储库的 URL,并使用 $suffix 变量确保唯一性

完成以上步骤后,我们的更改将保存在 DevOps Git 中。你可使用 Web UI 浏览 DevOps 实例以检查文件是否都成功保存了。

总结我们到目前为止所做的工作,我们将现有的 Azure 部署(包括 Azure Data Explorer 集群及其数据库和主体分配)导出为 Azure Resource Manager 模板,并将其保存到源代码控制。下一步是构建一个管道,从 Git 中获取此模板并将其部署到 Azure。这样就可根据需要重新创建 Azure Data Explorer 集群,而不必进行任何手动步骤。我们将使用 Azure Pipelines 部署 Azure Resource Manager 模板。Azure Pipelines 是 Azure DevOps 的一部分。

定义 Azure Pipelines 是一个云服务,可使用它自动构建和测试代码,将其发布给其他用户,并自动部署它。

管道是 DevOps 故事的关键部分。我们将所有内容存储在 Git 中,并通过管道部署所有内容。在开始编写管道前,还需要进行一步操作,即将 Azure DevOps 项目连接到 Azure 订阅。

3.3.2 创建 Azure DevOps 服务连接

要将 Azure DevOps 项目连接到 Azure 订阅,必须要创建服务连接。Azure DevOps Pipelines 需要服务连接才能够连接 Azure 订阅下的其他服务,如图 3.8 所示。

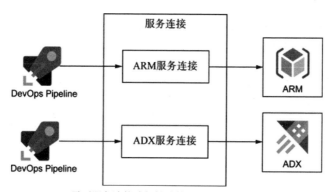

图 3.8　Azure DevOps Pipelines 需要服务连接才能够连接 Azure 订阅下的其他服务。例如，Azure DevOps Pipelines 需要通过 Azure Resource Manager 服务连接才能连接到 Azure Resource Manager，需要通过 Azure Data Explorer 服务连接才能连接到 Azure Data Explorer 集群

我们为什么需要服务连接？因为管道作为 Azure DevOps 的一部分在云中运行，所以无法使用我们的用户账户以人类的身份进行身份验证。而由于 Azure 订阅的安全设置，必须创建一个服务主体并明确授予相关权限，否则管道将没有权限进行任何更改。为了做到这一点，我们将在 Azure Active Directory(AAD)中创建一个服务主体。注意，服务主体用于表示应用程序而不表示人类身份。然后，将使用此服务主体创建 Azure DevOps 服务连接。

服务主体在 Azure Active Directory 中存有身份标识和密钥。如果外部服务(如管道)声称自己是服务主体，只要能提供此密钥，就会被授权。这样，Azure AD 就知道主体是属于它的，否则它不会知道密钥。代码清单 3.10 是在 Azure Active Directory 中创建服务主体的具体命令。

代码清单 3.10　在 Azure Active Directory 中创建服务主体

```
$sp = az ad sp create-for-rbac | ConvertFrom-Json
```
在 AAD 中创建服务主体，然后将其从 JSON 转换为 PowerShell 对象并保存在 $sp 变量中

如果想查看服务主体的详细信息，请在命令行终端中输入 $sp 以打印变量。应该看到以下五个字段：

- appId——表示服务主体的 Azure Active Directory ID 的 GUID(全局唯一标识符)。
- displayName——主体的显示名称。因为你没有指定，所以它是自动生成的。
- name——主体的内部名称，是自动生成的。
- password——密钥。它应该看起来像一长串随机字母、数字和符号。
- tenant——对应于你的 Azure 订阅的 Azure Active Directory 租户。

现在使用这个主体创建一个服务连接。Azure DevOps 需要通过服务连接来连接各种其他服务，如 Azure 订阅、NuGet 软件包源、GitHub 账户等。在本例中，我们希望

连接到 Azure Resource Manager 以访问 Azure 订阅。代码清单 3.11 展示了如何使用 Azure CLI 完成这个操作。

代码清单 3.11　创建 Azure Resource Manager 服务连接

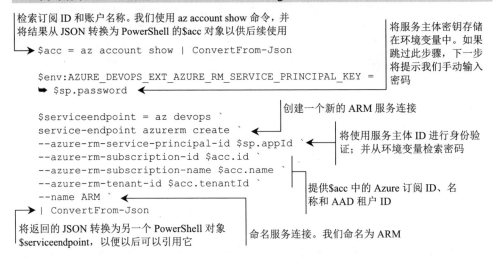

现在我们已经建立了服务连接。可使用 Web UI，导航到 Azure DevOps 中的 DE 项目，单击 Project Settings，然后在 Pipelines 下面，应该看到刚才建立的服务连接。如果单击 Pipelines，应该看到名为 ARM 的 Azure Resource Manager 服务连接。

在继续编写管道之前，还需要完成最后一个快速步骤：需要授权管道使用这个服务连接。Azure 默认不允许管道使用服务连接，除非明确授权。代码清单 3.12 展示了如何授权此 Azure DevOps 项目中的所有管道访问 Azure Resource Manager 服务连接。

代码清单 3.12　授权所有管道访问 ARM 服务连接

现在已完成创建管道的一切准备工作了。我们将使用管道从 Git 中获取 Azure Resource Manager 模板，然后部署到 Azure。

3.3.3　部署 Azure Resource Manager 模板

首先介绍如何设置一个管道来部署 Azure Resource Manager 模板，然后下一节将进一步讨论 Azure Pipelines。如果你看不懂本节中的某些步骤，不用担心，将在下一节中详细解释。

管道也体现了基础设施即代码的理念，使用了 YAML 的子集进行定义。以下是

YAML 的更多信息。

> **YAML**
>
> 　　YAML 是 YAML Ain't Markup Language 的首字母简写。它是 JSON 的超集,这意味着任何 JSON 文档都可以转换为 YAML,但有些 YAML 文档无法转换为 JSON。
>
> 　　Azure Pipelines 使用 YAML 而不是 JSON 的原因是 YAML 更容易被人类阅读和编写。与 Azure Resource Manager 模板不同(可以导出和调整而不必手动编写 Azure Resource Manager 模板),我们需要手动定义管道中的步骤。YAML 使我们更容易做到这一点。可以在 Learn X in Y Minutes 网站上找到 YAML 的快速参考,网址为 https://learnxinyminutes.com/docs/yaml/。
>
> 　　虽然需要手动编写 YAML,但是有一些方法可以辅助你,让你编写起来更轻松。可使用 DevOps Web UI 进行编辑,它有 IntelliSense 支持和各种任务的模板(你只要填写这些模板即可)。也可使用 Visual Studio Code+Azure Pipelines 扩展来编辑。

　　现在在存储 Azure Resource Manager 模板的 DE Git 存储库中创建另一个子文件夹 YML,然后在该子文件夹中创建一个文件 deploy-adx.yml。代码清单 3.13 显示了全部步骤。

代码清单 3.13　创建子文件夹 YML 和 deploy-adx.yml 文件

```
mkdir YML        ←── 创建一个名为 YML 的新子文件夹

New-Item -Name deploy-adx.yml `
-Path YML -ItemType File         ←── 在 YML 子文件夹下创建一个名为 deploy-adx.yml
                                     的新项(类型为文件)。这是使用 PowerShell 创建
                                     新文件的方式
```

　　然后用你喜欢的文本编辑器打开刚才新建的文件,并将代码清单 3.14 的内容粘贴到其中。

代码清单 3.14　粘贴到 deploy-adx.yml

```
trigger:
  branches:
    include:
    - master
  paths:
    include:
    - ./ARM

jobs:
  - job:
    displayName: Deploy ADX cluster
    steps:
    - task: AzureResourceManagerTemplateDeployment@3
      inputs:
        deploymentScope: 'Resource Group'
```

```
azureResourceManagerConnection: 'ARM'
subscriptionId: '<GUID>'  ◄─────────────────────
action: 'Create Or Update Resource Group'
resourceGroupName: 'adx-rg'
location: 'Central US'                            将<GUID>替换为你的订阅 ID。
templateLocation: 'Linked artifact'               因为它已存储在$acc 变量中,
csmFile: 'ARM/adx-rg.json'                         所以你可通过在终端中打印
deploymentMode: 'Incremental'                      $acc.id 来找到它
```

接下来分别介绍文件的触发器和作业部分。熟悉 Azure Pipelines 和 YAML 非常重要, 因为它们是 DevOps 的基础。代码清单 3.15 是触发器部分的代码。

代码清单 3.15　管道触发器

指定触发管道的分支

触发器定义了何时自动运行管道

```
trigger:
  branches:          将主分支包括在内,以便对主分支的更改触发管道。还可使用排除分支语
    include:         法,然后所有在这些分支之外的提交都会触发管道。如果没有指定任何内
      - master       容,则任何分支上的提交都会触发管道
  paths:
    include:         这里设置为只有在./ARM 文件夹中有更改时,才希望触发构建。
      - ./ARM        (因为部署 ARM 模板)
```

还可以指定路径来触发管道

通过以上触发器配置, 在主分支提交了./ARM 子文件夹中的更改后, 管道会自动运行。其他更改则不会触发管道, 这正是我们想要的。如果 Azure Resource Manager 模板没有更改, 我们不希望重新部署, 如果有人在其个人分支上提交更改, 我们也不希望重新部署。

注意, 始终可以手动触发管道(在设置好以上配置后)。接下来是管道作业部分的代码清单 3.16。

代码清单 3.16　管道作业

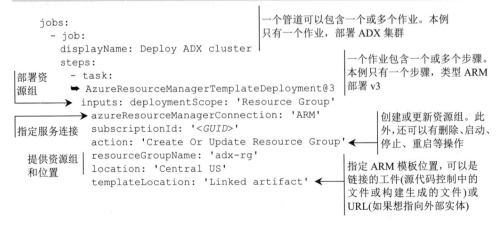

```
jobs:                                            一个管道可以包含一个或多个作业。本例
  - job:                                         只有一个作业,部署 ADX 集群
    displayName: Deploy ADX cluster
    steps:                                       一个作业包含一个或多个步骤。
      - task:                                    本例只有一个步骤,类型 ARM
        AzureResourceManagerTemplateDeployment@3 部署 v3
        inputs: deploymentScope: 'Resource Group'
        azureResourceManagerConnection: 'ARM'    创建或更新资源组。此
        subscriptionId: '<GUID>'                 外,还可以有删除、启动、
        action: 'Create Or Update Resource Group' 停止、重启等操作
        resourceGroupName: 'adx-rg'
        location: 'Central US'                   指定 ARM 模板位置,可以是
        templateLocation: 'Linked artifact'      链接的工件(源代码控制中的
                                                 文件或构建生成的文件)或
                                                 URL(如果想指向外部实体)
```

部署资源组

指定服务连接

提供资源组和位置

```
              csmFile: 'ARM/adx-rg.json'
              deploymentMode: 'Incremental'
```

增量部署意味着现有资源保持不变。而全
量部署将会删除所有资源并重新创建

指定 ARM 模板 adx-rg.json

现在已经定义完管道。接下来将其推送到存储库,并根据此定义在 Azure Pipelines 中创建一个管道。代码清单 3.17 显示了如何执行此操作。

代码清单 3.17　创建管道

```
git add *
git commit -m "ADX deployment pipeline"
git push

az pipelines create `
--name 'Deploy ADX' `
--repository DE `
--repository-type tfsgit `
--yml-path YML/deploy-adx.yml `
--skip-run
```

将 deploy-adx.yml 提交到 Git 并推送到远程存储库

创建一个新的管道

命令管道(本例为 Deploy ADX)

将 Azure Pipelines 指向可以找到管道定义的存储库(本例为类型 tfsgit 的 DE 存储库)

提供定义文件的路径

默认情况下,创建后管道会立即启动。通过此标志可以避免创建后管道立即启动

管道现在已经准备就绪。可通过 Web UI 导航到 DE 项目的 Pipelines 以查看它。由于本例使用了增量部署,因此运行它之后应该不会有任何影响,因为我们的资源已预配好。可使用代码清单 3.18 所示的命令从 Azure CLI 手动启动管道。

代码清单 3.18　启动 ADX 部署管道

```
az pipelines run `
--name "Deploy ADX" `
--open
```

通过名称或 ID 指定管道

使用可选的--open 标志打开一个浏览器窗口,可通过它查看管道的进度

注意,可以很容易地在不同的资源组中创建另一个管道,然后通过该管道提供类似的集群基础设施。代码清单 3.19 是第二个管道的定义,我们指出了哪些地方不同。

代码清单 3.19　基于相同模板部署第二个 ADX 集群

```
trigger:
  branches:
    include:
    - master
  paths:
    include:
    - ./ARM
```

使用 overrideParameters 设置覆盖 ARM 模板中的集群名称参数。本例
包含我的别名，Clusters_adx$suffix_name；你的参数名称可能不同

```
jobs:
  - job:
    displayName: Deploy second ADX cluster
    steps:
      - task: AzureResourceManagerTemplateDeployment@3
      inputs:
        deploymentScope: 'Resource Group'
        azureResourceManagerConnection: 'ARM'
        subscriptionId: '<GUID>'
        action: 'Create Or Update Resource Group'
        resourceGroupName: 'adx-rg2'
        location: 'Central US'
        templateLocation: 'Linked artifact'
        csmFile: 'ARM/adx-rg.json'
        overrideParameters:
        ➥ '-Clusters_adxvladris_name adx2vladris'
        deploymentMode: 'Incremental'
```

指定一个不同的资源组(adx-rg2 而不是 adx-rg)

需要为集群选择一个在整个 Azure 范围内都唯一的名称，因此我们将名称作为参数以便很方便地使用 overrideParameters 进行修改。如果使用以上修改后的文件创建另一个管道，将可使用相同的配置部署两个集群(相同的 SKU，相同的数据库，相同的配置访问权限)。

参数可通过 csm-ParametersFile 属性提供的 JSON 文件覆盖或在模板本身中(使用 overrideParameters)覆盖，具体方式如下(可以传递任意数量的参数名称和值，用空格分隔)。

```
overrideParameters: '-param1 newValue1 -param2 newValue2'
```

我们可以按照这种方式调整模板，例如，将区域参数化，这样就可在多个区域复制基础设施。或者，可以插入另一个订阅 ID，从而可在不同的订阅中部署。

3.3.4　理解 Azure Pipelines

至此，我们已实现了一个管道定义，并基于此创建了一个管道。现在回过头来更深入地了解 Azure Pipelines 的工作原理。Azure Pipelines 的定义由几个部分组成，其中大部分是可选的。

- 触发器部分指定了触发管道运行时的更改。正如之前所见，可以指定要包含(或排除)的 Git 分支以及要包含(或排除)的文件夹。
- 调度部分定义了管道如何定期运行。有时可以放弃持续部署，选择在每周固定时间部署。调度部分可以帮助我们自动化这个过程。
- 池部分指定了执行管道的虚拟机池。在这里，可以从 Azure DevOps 提供的操作系统中选择所需的操作系统；或者对于更高级的用途，可以将自定义的虚拟机(VM)提供给 Azure DevOps。

在本书的示例中，不需要特殊的 VM，因为不会进行任何复杂的代码构建。我们

将使用默认设置，但注意，管道足够灵活，可以配置在哪里运行它们。

- 作业部分定义了实际的管道步骤。在这里，可以定义一个或多个作业。每个作业可以定义一个或多个任务。任务就是一个工作单元(例如"部署 ARM 模板")。可使用管道自动化几乎任何事情。图 3.9 显示了整个流程的步骤。

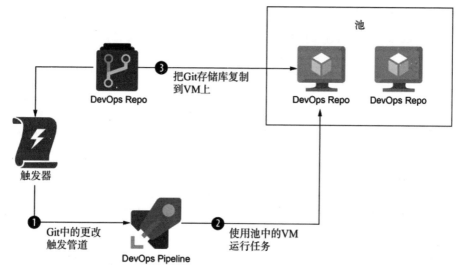

图 3.9　Git 中的更改将触发管道。管道会排队等待池中的 VM 可用，然后会将 Git 存储库复制到 VM 上，这样这些源文件在执行环境中就可用了

当管道触发后，通常是由 Git 中的更改触发(尽管也可以是定期运行或手动启动触发的)，管道将会排队，直到池中的 VM 可用来执行它。当 VM 可用之后，会把 Git 存储库复制到 VM 上，以便这些源文件在执行环境中可用。所有池中的 VM 都运行一个 DevOps 代理，它知道如何执行管道任务。这些管道任务可以是任何事情：构建代码，运行脚本，部署资源等。

Azure Pipelines 还可以与 GitHub 和其他服务集成。本书使用 Azure DevOps Repos 只是为了减少需要处理的服务数量。可以将 Azure DevOps Repos 换成 GitHub，这样 DevOps 的作用就只是为了执行管道。现在我们已经理解了 Azure Pipelines 并且有了一种部署基础设施的方法，我们回到 Mary 的页面浏览总次数查询，看看如何将 DevOps 应用于 Azure Data Explorer 对象和分析。

3.4　部署 Azure Data Explorer 对象和分析

在 Git 中追踪基础设施并从中自动部署是一种标准的软件工程实践。对于数据工程，同样的方法也适用于业务领域特定的工件。在我们的示例中，业务领域特定的工件就是 PageViews 表和用于计算页面浏览总次数的查询。它们都是 Azure Data Explorer

对象。

　　表和查询存在于比基础设施更高的抽象级别，所以在本例中 ARM 无法帮助我们。我们需要从 DevOps 连接到 Azure Data Explorer 并在管道中执行命令。首先，我们将扩展 DE 存储库，为追踪 Azure Data Explorer 对象创建一个文件夹结构。代码清单 3.20 显示了如何创建新的文件夹。

代码清单 3.20　创建 ADX 对象的文件夹结构

```
mkdir -p ADX\telemetry\tables
mkdir -p ADX\telemetry\functions
```

　　我们创建了一个基本的 Azure Data Explorer 文件夹，在其下创建一个特定于数据库的子文件夹(telemetry)，然后再在数据库子文件夹创建一些子文件夹，一个用于表，一个用于打包为函数的查询。然后，将在/tables 下添加一个 PageViews.csl 文件，其内容如代码清单 3.21 所示。

代码清单 3.21　ADX/telemetry/tables/PageViews.csl 的内容

```
.create-merge table PageViews (UserId: long, Page: string,
➥ Timestamp: datetime)
```

　　.create-merge table 命令用于创建或更新表模式。如果表模式已经存在，则不会发生任何更改。这很重要！因为将运行部署管道多次，所以需要 Azure Data Explorer 命令具有幂等性。

定义　幂等性(Idempotence)是指无论应用一次操作还是多次操作，其效果都是相同的。

　　在 Azure Data Explorer 中，可以将查询封装为函数，然后将其存储在数据库中。这样就可以命名和保存常见的查询。代码清单 3.22 显示了如何将页面浏览总次数查询打包为 TotalPageViews 函数。

代码清单 3.22　ADX/telemetry/functions/TotalPageViews.csl 的内容

```
.create-or-alter function TotalPageViews() {
  PageViews
  | where Timestamp > startofmonth(now()) and UserId != 12345
  | count
}
```

　　与表的幂等.create-merge table 命令类似，我们使用.create-or-alter function 命令来创建一个新函数或更新一个已经存在的函数。如果函数已经存在并且具有相同的定义，则运行此命令不会产生任何效果。

　　现在使用 Git 追踪数据库对象。我们将提交这两个新文件并将它们推送到 DevOps

存储库。代码清单 3.23 显示了这个过程的步骤。

代码清单 3.23　推送到 Git

```
git add *
git commit -m "ADX objects"
git push
```

现在我们在 Git 中既有基础设施又有对象。我们仍然需要设置部署管道来执行 Azure Data Explorer 命令以对集群进行部署。

3.4.1　使用 Azure DevOps 市场扩展

DevOps 没有提供直接连接到 Azure Data Explorer 并执行命令的方法。因为我们可以(而且应该)将 DevOps 用于所有事情，所以该服务是可扩展的。对此，Azure 有一个市场，Microsoft 和其他合作伙伴可以在该市场发布各种扩展。DevOps 示例的管理员可以安装这些扩展以增强服务的功能。

在我们的示例中，将安装 Azure Data Explorer Pipeline Tools 扩展，该扩展带有一个 Azure Data Explorer 端点(通过它能够从 DevOps 设置 Azure Data Explorer 连接)，以及一个 PublishToAdx 部署任务(通过它能够执行像我们在 PageViews.csl 和 TotalPageViews.csl 中存储的命令)。我们将使用 Azure CLI 完成所有这些操作，但是通过 Web UI 使用扩展通常更容易，所以请随意尝试这两种方法以确定哪种最适合你。代码清单 3.24 显示了如何搜索市场并安装市场上的扩展。

代码清单 3.24　安装 PublishToAdx 扩展

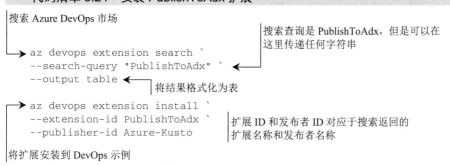

安装完扩展后，DevOps 可以调用 Azure Data Explorer 了。就像必须设置 ARM 连接来部署基础设施一样，我们将不得不设置 Azure Data Explorer 连接来部署数据库对象。

第一步是授予在前一节创建的服务主体对 Azure Data Explorer 集群运行命令的权限。在实际环境中，应该考虑使用不同的服务主体来部署基础设施和连接到 Azure Data Explorer。这种隔离是一种安全最佳实践。但是为了简单起见，我们将重用已经存储在$sp 变量中的服务主体的详细信息。

代码清单 3.25 显示了如何授予该主体数据库管理员权限。这里使用 Kusto Azure CLI 扩展，而不是开箱即用的 Kusto 命令。如果你还没有安装 Kusto Azure CLI 扩展，请先运行 az extension add -n kusto 进行安装。

代码清单 3.25　授予服务主体 ADX 权限

```
我们使用在设置集群时的
相同命令

az kusto cluster-principal-assignment create `
  --cluster-name "adx$suffix" `        指定集群名称和资源组
  --resource-group adx-rg `
  --principal-id $sp.appId `
  --principal-type App `               指定来自$sp 变量的主体 ID 和
  --tenant-id $sp.tenant `             租户。主体类型为 App
  --role AllDatabasesAdmin `
  --principal-assignment-name devopsadmin    为所有数据库授予此
                                             主体管理员权限
将所需的主体分配命名为 devopsadmin
```

现在服务主体可以连接到 Azure Data Explorer，接下来我们将创建一个类似于为 ARM 设置的服务连接。这次我们使用 UI，看看是否会更简单。

az devops service-endpoint 命令有一种简单的方法来配置与 Azure Resource Manager 和 Git 的连接，可以在命令行中传递所有必需的参数。对于所有其他端点，需要提供一个包含所有必需参数的 JSON 文件。弄清楚该文件中应该包含什么并不直观，所以在大多数情况下，最好使用 Web UI 创建新的服务连接。这是因为 UI 提供了一个表单，可通过该表单填写所有必需的参数。代码清单 3.26 是一个 config.json 文件，可使用它创建一个 Azure Data Explorer 连接。

代码清单 3.26　config.json 的内容

```
{
  "authorization": {
    "parameters": {                          使用带有密钥的服务
    "authenticationType": "spnKey",          主体进行身份验证
      "serviceprincipalid":
      ➥ "<replace with $sp.appId>",
      "serviceprincipalkey":                 用$sp 的详细信息
      ➥ "<replace with $sp.password>",       替换这些属性
      "tenantid": "<replace with $sp.tenant>"
    }, "scheme": "ServicePrincipal"
  },
  "name": "ADX",
  "owner": "library",
  "serviceEndpointProjectReferences": [
    {
      "name": "ADX",
      "projectReference": {
        "name": "DE"
```

```
      }
    }
  ],
  "type": "AzureDataExplorer",
  "url": "https://adx<replace with $suffix>.centralus
  ➥ .kusto.windows.net/"  ◄─────
}
```
用你的 $suffix 替换此
URL, $suffix 应该是你
的 ADX 集群的 URL

代码清单 3.27 显示了如何创建该端点。创建完之后将删除 JSON 文件,因为我们
不希望将服务主体密钥保留下来,从而被其他人发现。

代码清单 3.27　创建 ADX 端点

除非我们连接到 ARM 或 Git,否则需要提
供一个特定于服务的配置 JSON

```
$adxendpoint = az devops `
service-endpoint create `
--service-endpoint-configuration config.json `
| ConvertFrom-Json
                        删除文件,从而避免服务主体
rm config.json  ◄────   密钥被其他人发现

az devops service-endpoint update `
--id $adxendpoint.id `        与我们的 ARM 端点一样,允
--enable-for-all             许所有管道使用 ADX 端点
```

现在我们有了 Azure Data Explorer 端点,可以创建一个管道来部署 Azure Data
Explorer 对象。可以在之前的管道中添加另一个步骤,但是我们预计,与更新基础设
施相比,更新数据库对象会更频繁。我们预计每天会添加更多的表和查询,而基础设
施的更改只会偶尔发生(比如如果需要扩展或复制我们的环境)。所以我们单独创建一
个 deploy-adx-objects.yml 文件,并放在 YML 文件夹下,详见代码清单 3.28。

代码清单 3.28　YML/deploy-adx-objects.yml 的内容

```
trigger:           触发器查找 ADX 路径(对应基
  branches:        础设施部署中的 ARM 路径)下
    include:       的更改
    - master
  paths:                        指定从市场获得的
    include:                    PublishToADX 任务
    - ./ADX  ◄─────
jobs:
  - job:
    displayName: Deploy ADX objects
    steps:
      - task: PublishToADX@1  ◄─────
```

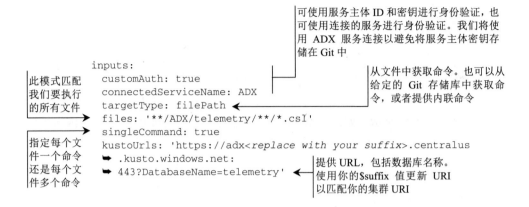

```
inputs:
    customAuth: true
    connectedServiceName: ADX
    targetType: filePath
    files: '**/ADX/telemetry/**/*.csl'
    singleCommand: true
    kustoUrls: 'https://adx<replace with your suffix>.centralus
➡ .kusto.windows.net:
➡ 443?DatabaseName=telemetry'
```

此模式匹配我们要执行的所有文件

指定每个文件一个命令还是每个文件多个命令

可使用服务主体 ID 和密钥进行身份验证, 也可使用连接的服务进行身份验证。我们将使用 ADX 服务连接以避免将服务主体密钥存储在 Git 中

从文件中获取命令。也可以从给定的 Git 存储库中获取命令, 或者提供内联命令

提供 URL, 包括数据库名称。使用你的 $suffix 值更新 URI 以匹配你的集群 URI

注意, 在 Web UI 中编写此文件将得到 IntelliSense 代码完成功能。当不知道需要传递给某个任务的参数时, IntelliSense 代码完成功能会非常有用。

现在假设在本地创建了管道定义, 下一步是将 YAML 文件推送到 DevOps 存储库并基于它创建新的管道。这个过程的相关步骤详见代码清单 3.29。

代码清单 3.29 创建 Azure Data Explorer 的对象管道

```
git add *
git commit -m "ADX objects pipeline"
git push

az pipelines create `
--name 'Deploy ADX objects' `
--repository DE `
--repository-type tfsgit `
--branch master `
--yml-path YML/deploy-adx-objects.yml `
--skip-run
```

使用与代码清单 3.17 相同的命令

将此管道命名为 Deploy ADX objects

使用我们的新定义

跳过自动运行, 手动启动它

现在我们已经拥有部署 Azure Data Explorer 对象所需的一切。代码清单 3.30 显示了如何调用该管道。

注意, 如前所述, 为了避免产生不必要的费用, 平时我们是停止 Azure Data Explorer 集群的。在使用本书示例时, 请确保在不使用时停止 Azure Data Explorer 集群, 并在运行部署之前才启动。

代码清单 3.30 运行 Azure Data Explorer 的对象管道

```
az pipelines run `
--name "Deploy ADX objects" `
--open
```

完成后, 应该在 telemetry 数据库中看到新部署的 TotalPageViews 函数。现在使用 Azure Data Explorer Web UI(https://dataexplorer.azure.com/)或从 Azure 门户导航到你的集群并单击 Query 选项卡来连接到集群。展开 telemetry 数据库，你应该能够看到新的函数。

3.4.2　将所有内容都存储在 Git 并自动部署所有内容

工程学中的一个关键原则是将所有内容都存储在 Git 并自动部署所有内容。正如我们从软件工程中学到的那样，通过源代码控制，可以协作编写代码；可以保留更改历史，以便在出现问题时可以还原到先前的状态；最重要的是，确保不会丢失任何内容。

源代码控制结合自动部署使我们能够复制环境，以便在需要时可以复制它。如果环境不可用，可以重新构建它，并在更改发生时自动更新它。我们将这些软件工程的经验应用到数据世界中，将我们的基础设施和领域对象都视为代码。图 3.10 显示了我们当前的设置。

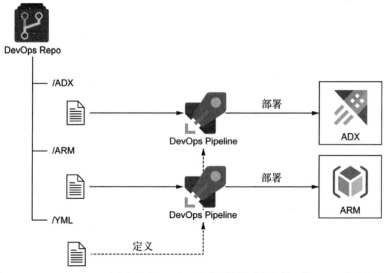

图 3.10　将 Azure Data Explorer 对象存储在 Git 中，并使用管道进行部署。将 Azure 基础设施存储在 Git
　　　中，并使用管道进行部署。甚至将这些管道本身也存储在 Git 中

现在从第 2 章的使用 Azure CLI 进行一次性基础设施部署转变为使用存储在 Git 中的 ARM 模板进行自动化部署。现在可以轻松更新、重新部署或复制我们的基础设施。通常的步骤是：使用 Azure CLI 或门户进行部署，导出 ARM 模板，并将其存储在 Git 中。

我们还简要介绍了分析部署。将 PageViews 表和 Mary 的查询存储在 Git 中，并启用了一个管道来更新它们。Git 允许数据科学家协作查询，审查代码，并确保捕捉到所有细微之处(比如我们的测试流量问题)。我们将在第 6 章更详细地讨论分析的 DevOps。我们不仅在源代码控制中捕捉了整个环境，甚至用于自动化部署的管道也以 YAML 文件的形式存储在 Git 中。这是基础设施即代码的另一个示例。

本章重点介绍了数据工程中可能最重要的工程方面：DevOps。我们为数据平台添加了 DevOps 功能，使其更加强大。下一章我们将添加最后的核心基础设施组件：编排和监控。

3.5　本章小结

- 我们的口号是：一切都在 Git 中，一切都自动部署。
- Azure DevOps 是微软的 DevOps 解决方案，包括了 Git 存储库和管道。
- 可使用 YAML 文件描述 Azure Pipelines，包括触发器、作业等。
- Azure Resource Manager(ARM)处理 Azure 资源的部署和配置。
- ARM 模板是一种基础设施即代码的方式，用于存储和部署 Azure 资源。
- Azure DevOps 可通过服务连接来连接外部服务。
- 还可以将业务领域对象存储在 Git 中(在本例中为 Azure Data Explorer(ADX) 表和函数)。
- 可通过 DevOps 市场找到第三方部署任务。

第 *4* 章

编　排

本章涵盖以下主题：

- 构建数据摄取管道
- 介绍 Azure Data Factory
- Azure Data Factory 的 DevOps
- 使用 Azure Monitor 进行监控

本章介绍数据平台的最后两个核心基础设施部分：编排和监控。第 3 章讲述了使用 DevOps 存储所有代码和配置并部署服务。第 2 章讲述了数据平台用于存储数据的部分——存储层，我们摄取数据并在其上运行工作任务。本章讲述的编排层将处理数据移动和所有其他自动化处理。图 4.1 突出了本章讲述的编排层所处的位置。

我们将从一个真实的场景开始：将 Bing COVID-19 开放数据集摄取到我们的数据平台中。微软提供了几个开放数据集供大家使用。其中一个追踪 COVID-19 病例。我们将使用 Azure Data Factory(ADF)创建一个管道，将这个数据集导入 Azure Data Explorer(ADX)集群。

Azure Data Factory 是 Azure 的云 ETL(extract、transform、load 三个单词首字母的简写)服务，它是一种无服务器的服务，可以根据需要自动扩展。而不需要管理服务器的规模和容量，它可用于数据集成和数据转换。本章将搭建一个 Azure Data Factory 实例，设置管道，并概述 Azure Data Factory 的组件。运行管道后，数据将存储在 Azure Data Explorer 集群。然后，将为 Azure Data Factory 设置 DevOps，并讨论如何设置持续集成/持续部署(CI/CD)，如何设置开发环境和生产环境。记住，所有内容都存储在 Git 中，并且所有部署都是自动完成的。

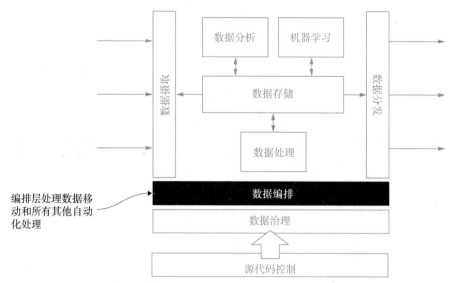

图 4.1 编排层处理数据移动和所有其他自动化处理

在设置过程中，将注意安全性，并确保在访问控制方面使用最佳实践，从而避免造成任何数据泄漏。为此，将引入并使用 Azure Key Vault 存储密码。

最后，将为数据工厂启用监控。将设置 Azure Monitor 在管道失败时向我们发送电子邮件，并讨论一些 Azure Monitor 提供的其他功能。我们开始吧！

4.1 导入 Bing COVID-19 开放数据集

Azure 拥有一系列开放数据集，可通过 https://azure.microsoft.com/en-us/services/open-datasets/访问它们。本章所讲的 Bing COVID-19 开放数据集位于 https://learn.microsoft.com/en-us/azure/open-datasets/dataset-bing-covid-19?tabs=azure-storage。该数据集包含多种格式：CSV、JSON、JSON-Lines 和 Parquet。它有许多列，但我们不会使用所有列[1]。只导入表 4.1 中的这些列。

表 4.1 Covid19 ingested schema

Column	name	Type	Description
id	int	Unique identifier	28325786
updated	datetime	As at date, for the record	2020-07-21
confirmed	int	Confirmed case count	200
deaths	int	for the region	2
country_region	string	Death case count for the	Norway

---

1 所有列详见：https://azure.microsoft.com/en-us/services/open-datasets/catalog/bing-covid-19-data/。

(续表)

Column	name	Type	Description
load_time	datetime	region Country/region The date and time the file was loaded from the Bing source on GitHub	2020-07-30 00:05:34.121000

　　我们将以 JSON 格式下载数据，并将其导入 Azure Data Explorer 的一个表中，我们将执行全量加载。管道将把整个数据集导入一个临时表，然后将该表与 Covid19 表交换。这就是我们在第 2 章提到过的在 Azure Data Explorer 执行全量加载的模式。图 4.2 显示了整个数据流程。

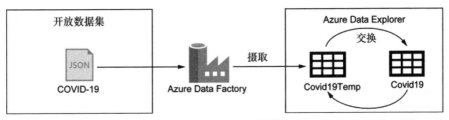

图 4.2　使用 Azure Data Factory 将 COVID-19 开放数据集导入 Covid19Temp 表，然后将该表与 Covid19 表交换

ETL 管道有以下四个步骤：

(1) 创建 Covid19Temp 表

(2) 将 Covid19 开放数据集导入 Covid19Temp 表

(3) 将 Covid19Temp 表与 Covid19 表交换

(4) 删除 Covid19Temp 表(变成 oldCovid19 表)

　　首先在 Azure Data Explorer 中创建一个表来存储 Covid19 数据。如果你已经停止了 Azure Data Explorer 集群，请启动它。可以依赖第 3 章的 DevOps 设置来完成此操作。可以将 Covid19.csl 文件推送到 Git 的/ADX/telemetry/Tables 文件夹下，而不是直接对数据库运行命令。代码清单 4.1 显示了 Covid19.csl 文件的内容。

代码清单 4.1　/ADX/telemetry/Tables/Covid19.csl 文件的内容

```
.create-merge table Covid19 (id: int, updated: datetime, confirmed: int,
➡ confirmed_change: int, deaths: int, deaths_change: int, country_region:
➡ string, load_time: datetime)
```

创建文件后，将其推送到 Git。代码清单 4.2 显示了该操作的具体命令。

```
git add *
git commit -m "Covid19 table"
git push
```

我们将在 Azure Pipelines 中运行脚本来部署 Azure Data Explorer 对象。可通过 Web UI 连接到 Azure Data Explorer 来检查 Covid19 表是否已创建。现在我们有了源(开放数据集)和目标(新建的 Azure Data Explorer 表),将开始进行编排工作。下面先介绍 Azure Data Factory。

4.2　Azure Data Factory 简介

本节将搭建一个 Azure Data Factory 实例,并设置所有必要的组件,从而每天将数据从 Bing COVID-19 开放数据集移到新创建的表中。如果你想跳过这一步,可以运行本书配套 GitHub 存储库 Chapter4 文件夹中的 setup.ps1 脚本,然后直接跳到第 4.2.3 节。

注意　COVID-19 开放数据集可在 http://mng.bz/y9vy 获取。

该脚本是用来创建 Azure Data Factory 实例和实现数据移动管道的前提条件。虽然你可以跳过,但是建议你完成所有这些步骤,完成这些步骤将有助于你理解和实现后续的数据移动管道。我们将从基础设施开始。代码清单 4.3 显示了如何创建一个新的 Azure Data Factory 实例。

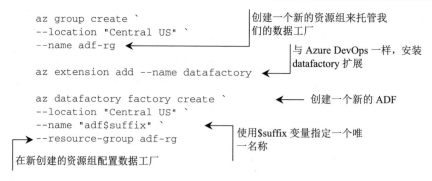

```
az group create `
--location "Central US" `
--name adf-rg
```
创建一个新的资源组来托管我们的数据工厂

```
az extension add --name datafactory
```
与 Azure DevOps 一样,安装 datafactory 扩展

```
az datafactory factory create `
--location "Central US" `
--name "adf$suffix" `
--resource-group adf-rg
```
创建一个新的 ADF
使用 $suffix 变量指定一个唯一名称
在新创建的资源组配置数据工厂

Azure Data Factory 有一个很好的可视化编辑器,可使用它编写 ETL 管道。可以从 Azure Data Factory 的 Azure 门户页面(点击 Author & Monitor 链接)或直接访问 https://adf.azure.com/并选择你的工厂来访问这个编辑器。

通常可使用这个可视化编辑器设置数据移动。不过这里将使用 Azure CLI,因为

它更简洁；与其通过一系列的截图展示操作步骤，不如使用 Azure CLI(命令行界面)
创建一个 JSON 文件并运行一个命令来完成相同的操作。不过我还是鼓励你使用 UI
检查创建的对象，并尝试从那里重新创建这些对象。事实上，在为 Azure Data Factory
设置了 DevOps 之后，我们就不应该使用 CLI 配置对象。接下来，将讲述如何设置数
据源。

4.2.1　设置数据源

首先，需要设置数据源：Bing COVID-19 开放数据集。我们将从创建一个链接服
务开始。

定义　链接服务(linked services)类似于连接字符串。它们定义了数据工厂连接到外部资
　　　　源所需的连接信息。

Azure Data Factory 可以连接许多外部资源，包括从 Azure 原生服务(如 Azure SQL、
Azure Data Explorer 和 Azure Data Lake Storage)到 Amazon S3、SAP HANA，以及其他
通用资源(如 FTP 共享、HTTP 服务器等)。对于我们的场景，需要连接一个 HTTP 服
务器作为数据源，连接 Azure Data Explorer 作为目标。可通过简单的 HTTP GET 请求
加载它——不需要身份验证。

代码清单 4.4 显示了指向由 Microsoft 托管的 Bing COVID-19 开放数据集的类型
为 HttpServer 的链接服务的 JSON 描述。

代码清单4.4　bingcovid19.json 的内容

```
{
    "type": "HttpServer",          ← 指定该链接服务是调用 HTTP 服务器的
    "typeProperties": {            ← 不同链接服务的类型属性是不同的，具体取决于类型
"url": "https://pandemicdatalake.blob.core.windows.net/",   ← 指定根 URL
        "enableServerCertificateValidation": true,
        "authenticationType": "Anonymous"          ← 本例我们不需要身份验证
    }
}
```

然后使用以下命令基于以上 JSON 文件创建一个链接服务(见代码清单 4.5)。

代码清单4.5　创建一个 HttpServer 链接服务

```
az datafactory linked-service create `    ← 在 ADF 中创建一个链接服务
--factory-name "adf$suffix" `             ← 对于大多数 ADF 命令，需要提供工厂名称和其资源组
--resource-group adf-rg `
```

```
  --name bingcovid19 `
→ --properties '@bingcovid19.json'        将链接服务命名为bingcovid19
```
属性可以是内联 JSON 字符串或@前缀+文件名

　　我们刚刚配置了 Azure Data Factory 以通过 HTTP 连接到开放数据集。图 4.3 显示了这一步。接下来先介绍数据集在此处的定义。

定义　此处的数据集(dataset)是指 ADF 对数据的命名视图，仅仅是要使用的数据的引用而已。

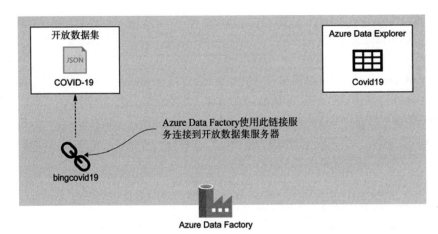

图 4.3　链接服务使数据工厂能够通过 HTTP 连接到 COVID-19 开放数据集

　　链接服务告诉 Azure Data Factory 如何连接到外部资源。数据集告诉 Azure Data Factory 在哪里可以找到要使用的数据。代码清单 4.6 显示了描述 COVID-19 数据集的 JSON 内容。

代码清单4.6　bingcovid19dataset.json 的内容

```
{
    "linkedServiceName": {                    通过连接到 bingcovid19 链接
        "referenceName": "bingcovid19",   ◄   服务来获得此数据集
        "type": "LinkedServiceReference" },
    "type": "Json",
    "typeProperties": {                   ◄   为通过 HTTP 下载的 JSON
        "location": {                         对象定义类型属性
            "type": "HttpServerLocation",
            "relativeUrl": "public/curated/covid-19/bing_covid-19_data/
            ➥ latest/bing_covid-19_data.json"     定义用于 GET
        }                                          请求的相对路径
    }
}
```
该数据集的类型(格式)为 JSON

我们将此 JSON 传给 az datafactory dataset create 命令,如代码清单 4.7 所示。这
条命令将在 Azure Data Factory 中创建数据集。该命令与代码清单 4.5 的命令几乎相同,
只是这里调用的是 dataset create 而不是 linked-service create。

代码清单 4.7 创建 bingcovid19dataset

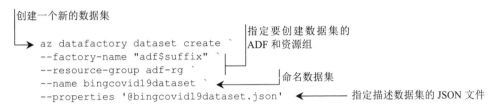

```
创建一个新的数据集
                                   指定要创建数据集的
                                   ADF 和资源组
az datafactory dataset create `
--factory-name "adf$suffix" `
--resource-group adf-rg `
                                   命名数据集
--name bingcovid19dataset `
--properties '@bingcovid19dataset.json'        指定描述数据集的 JSON 文件
```

此时,应该打开 Azure Data Factory UI 并检查刚刚创建的链接服务和数据集。应
该看到其他可用选项。图 4.4 显示了我们目前的设置。

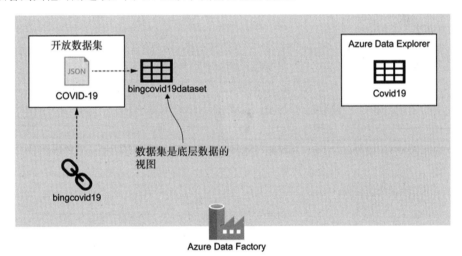

图 4.4 bingcovid19dataset 数据集提供了底层 JSON Covid19 数据集的视图。Bing COVID-19
     开放数据集是数据的源

接下来,将设置目标链接服务和数据集,即 Azure Data Explorer 集群。在数据工
厂术语中,将数据复制的目标称为接收器(sink)。

4.2.2 设置数据接收器

在更新数据工厂之前,将创建一个服务主体,Azure Data Factory 可使用它连接
Azure Data Explorer 集群。需要授予该集群主体执行所需所有操作的权限。代码清单 4.8
显示了如何执行此操作。(这个操作类似于在第 3 章使用服务主体授予 Azure DevOps 访
问权限时的操作。)

代码清单 4.8　创建服务主体并授予 Azure Data Explorer 访问权限

```
$sp = az ad sp create-for-rbac | ConvertFrom-Json          ◄─ 创建一个服务主体并将结
                                                               果保存在 JSON 对象中
az kusto database-principal-assignment create `  ◄── 分配数据库级别的权限
--cluster-name "adx$suffix" `          指定 ADX 集群和
--database-name telemetry `            telemetry 数据库
--principal-id $sp.appId `
--principal-type App `                 指定主体的 ID 和类型
--role "Admin" `
--tenant-id $sp.tenant `
--principal-assignment-name adf `
--resource-group adx-rg
```

授予 Admin 权限来操作
数据库

在继续之前，请先阅读以下重要安全提示。

安全提示

前面已经为 Azure DevOps 创建了一个服务主体，以用于连接 Azure Data Explorer。我们之所以在这里不重用它，是因为每个主体(无论是服务还是用户)都应该只具有执行其任务所需的权限。如果在许多系统中重用同一个主体，它最终会获得所有系统所需权限的超集。如果它被攻击者入侵，后果将是灾难性的——攻击者将获得所有这些权限！

本例希望授予 Azure DevOps 访问其他数据库的权限。但如果重用相同的服务主体，Azure Data Factory 也会获得额外的访问权限，即使我们不需要这些访问权限。记住！不要重用服务主体。

你可能还注意到，我们将 Admin 角色授予了 Azure Data Factory 服务主体。这样做的原因是要执行全量加载步骤。Azure Data Explorer 有几个安全角色：

- Ingestor 角色只能用于摄取数据，此外没有任何访问权限(无法读取数据)。
- Viewer 角色只能读取数据。
- User 角色除了能读取数据之外，还可以创建表和函数。
- Admin 角色可以执行数据库的任何操作。

在管道中，将执行四个操作：创建临时表(User 可以执行此操作)，将数据摄入其中(Ingestor 可以执行此操作)，交换表(Admin 可以执行此操作)和删除表(Admin 也可以执行此操作)。因此，必须给予服务主体 Admin 权限，但不应该将其作为默认设置。记住！在进行权限设置时，应该尽量只给予用户所需的最小权限数量，而不要给予过多的权限。这样可以减少潜在的安全风险和滥用权限的可能性。

现在可使用新的服务主体创建 Azure Data Explorer 的链接服务来连接它。代码清单 4.9 是描述 Azure Data Explorer 链接服务的 JSON 文件。

代码清单 4.9　adx.json 的内容

```
{
    "type": "AzureDataExplorer",
    "typeProperties": {
        "endpoint": "https://adx<use $suffix>.centralus.kusto.windows.net",
        "tenant": "<use $sp.tenant>",
        "servicePrincipalId": "<use $sp.appId>",
        "servicePrincipalKey": {
            "type": "SecureString",
            "value": "<use $sp.password>"
        },
        "database": "telemetry"
    }
}
```

这是一个 ADX 链接服务

ADX 的 URL。请确保使用了你的$suffix

服务主体的租户、ID 和密钥。请将其替换为$sp 中的值

连接到 telemetry 数据库

我们将 JSON 文件传递给代码清单 4.10 所示的命令。此命令将在 Azure Data Factory 中创建链接服务。

代码清单 4.10　创建 Azure Data Explorer 链接服务

```
az datafactory linked-service create `
--factory-name "adf$suffix" `
--resource-group adf-rg `
--name adx `
--properties '@adx.json'
```

创建一个链接服务

定义 ADF 和资源组以创建链接服务

命名链接服务

指定链接服务的 JSON 定义文件

现在创建了另一个链接服务；这个链接服务是为 Azure Data Explorer 实例而创建的。图 4.5 显示了环境中的最新情况。

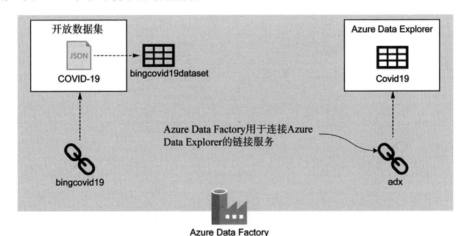

图 4.5　我们添加了 ADX 链接服务，以便 Azure Data Factory 可使用它连接 Azure Data Explorer 集群

现在我们开始为 Azure Data Explorer 创建 COVID-19 数据集。因为我们想要对数

据进行全量加载并交换表，所以使用 Covid19Temp 表而不是最终目标表 Covid19。代码清单 4.11 是描述此数据集的 JSON 内容。

代码清单 4.11　adxtempcovid19dataset.json 的内容

```
{
    "linkedServiceName": {
        "referenceName": "adx",
        "type": "LinkedServiceReference"
    },
    "type": "AzureDataExplorerTable",     ←── 该数据集描述了一个 ADX 表
    "typeProperties": {
        "table": "Covid19Temp"     ←── 命名了 ADX 表
    }
}
```

然后将该 JSON 文件传递给以下命令来创建数据集(见代码清单 4.12)。

代码清单 4.12　创建 Azure Data Explorer Covid19 数据集(adxtempcovid19dataset)

```
az datafactory dataset create `      指定 ADF 和资源组以创建数据集
--factory-name "adf$suffix" `
--resource-group adf-rg `
--name adxtempcovid19dataset `       命名数据集
--properties '@adxtempcovid19dataset.json'  ←── 指定描述数据集的 JSON 文件
```
创建一个新的数据集

现在已经定义了源数据集和目标数据集。可以在 Azure Data Factory UI 中查看它们。图 4.6 显示了我们目前的进展。

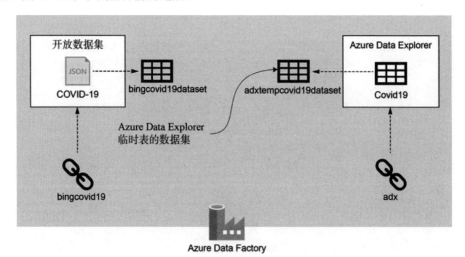

图 4.6　adxtempcovid19dataset 描述了将导入数据的 Azure Data Explorer 临时表

现在已经定义了源和接收器，可以创建复制数据的管道了。下一节将描述这个过程。

4.2.3　设置管道

我们想要构建的 ETL 管道在 Azure Data Factory 中被称为 pipeline(不要与我们在第 3 章介绍的 Azure DevOps Pipelines 混淆)。

定义　Azure Data Factory 中的 pipeline 是指一组逻辑上相关的 activity，它们共同执行一个任务。

我们将 pipeline 定义为 activity 的集合。下面也定义 activity。

定义　Azure Data Factory 中的 activity 是指对数据执行的操作。这些 activity 代表 Azure Data Factory 需要执行的步骤。

我们的示例包含了如下步骤：创建一个临时表，将数据导入该表，交换表，然后删除旧表。对于第二步，将使用 Copy data activity，即从源头将数据复制到接收器的 Azure Data Factory activity。对于其他步骤，将使用 Azure Data Explorer Command activity，这类 activity 通过链接服务向 Azure Data Explorer 发出命令。图 4.7 是 pipeline 的可视化表示，我们能够在 Azure Data Factory 用户界面中看到它。

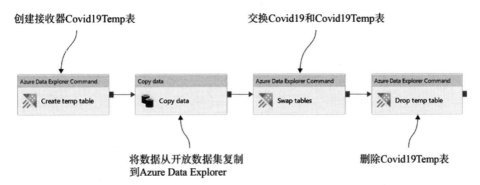

图 4.7　pipeline 包括创建临时表、复制数据、交换表和删除临时表这四个 activity

代码清单 4.13 显示了描述以上 pipeline 的相应 JSON 文件。整个文件非常长，但不要害怕，你不需要一个一个字母地去编写它。可通过在 Azure Data Factory UI 中使用拖放 activity 和填写属性来创建它。这里我们指出和讲述重要的地方。

代码清单 4.13　ingestcovid19data.json 的内容

```
{
    "activities": [
        {
            "name": "Create temp table",
            "type": "AzureDataExplorerCommand",
            "typeProperties": {
```

```
        "command": ".create-merge table Covid19Temp (id: int,
      ➥ updated: datetime, confirmed: int, deaths: int,
      ➥ country_region: string,
      ➥ load_time: datetime)",              创建 Covid19Temp 表。该
        "commandTimeout": "00:20:00"         activity 发出 ADX 命令
    },
    "linkedServiceName": {
        "referenceName": "adx",
        "type": "LinkedServiceReference"
    }
},
{
    "name": "Copy data",                     复制数据(第二个 activity),
    "type": "Copy",                          该 activity 依赖于第一个
    "dependsOn": [                           activity,并且仅在第一个
        {                                    activity 成功运行后才运行
            "activity": "Create temp table",
            "dependencyConditions": [
                "Succeeded"
            ]
        }
    ],                                       JSON 源具有一些附加属
    "typeProperties": {                      性;这定义了要使用的请求
        "source": {                          方法(在本例中为 GET)
            "type": "JsonSource",
            "storeSettings": {
                "type": "HttpReadSettings",
                "requestMethod": "GET"
            },
            "formatSettings": {
                "type": "JsonReadSettings"
            }
        },
        "sink": {
            "type": "AzureDataExplorerSink"
        },
        "enableStaging": false               将 bingcovid19dataset 指定
    },                                       为复制数据 activity 的输入
    "inputs": [
{           "referenceName": "bingcovid19dataset",
            "type": "DatasetReference"
        }                                    将 adxtempcovid19dataset 指定
    ],                                       为复制数据 activity 的输出
    "outputs": [
        {
            "referenceName": "adxtempcovid19dataset",
            "type": "DatasetReference"
        }
    ]
},
{
    "name": "Swap tables",
    "type": "AzureDataExplorerCommand",
    "dependsOn": [
        {
```

```
                    "activity": "Copy data",
                    "dependencyConditions": [
                        "Succeeded"
                    ]
                }
            ],
            "typeProperties": {
                "command": ".rename tables Covid19 = Covid19Temp,
            ➥ Covid19Temp = Covid19",
                "commandTimeout": "00:20:00"
            },
            "linkedServiceName": {
                "referenceName": "adx",
                "type": "LinkedServiceReference"
            }
        },
        {
            "name": "Drop temp table",
            "type": "AzureDataExplorerCommand",
            "dependsOn": [
                {
                    "activity": "Swap tables",
                    "dependencyConditions": [
                        "Succeeded"
                    ]
                }
            ],
            "typeProperties": {
                "command": ".drop table Covid19Temp",
                "commandTimeout": "00:20:00"
            },
            "linkedServiceName": {
                "referenceName": "adx",
                "type": "LinkedServiceReference"
            }
        }
    ]
}
```

复制数据(第三个 activity)，仅在第二个 activity 成功运行后才运行

通过.rename tables 命令交换这两个表

根据先前的命令交换表(最后一个 activity)

通过.drop table 命令丢弃临时(现在是旧的)表

我们将使用 Azure CLI 在 Azure Data Factory 中设置该 pipeline。代码清单 4.14 是具体的命令。它与先前的命令类似，不同的是使用了 pipeline 子命令。

代码清单 4.14 设置 pipeline

```
az datafactory pipeline create `
--factory-name "adf$suffix" `
--name ingestcovid19data `
--resource-group adf-rg `
--pipeline '@ingestcovid19data.json'
```

现在可以将数据复制到 Azure Data Explorer 集群中。图 4.8 展示了我们当前的设置。

现在我们试运行，看看效果。可以单击 UI 上的 Debug 按钮或者执行以下命令运行(见代码清单 4.15)。

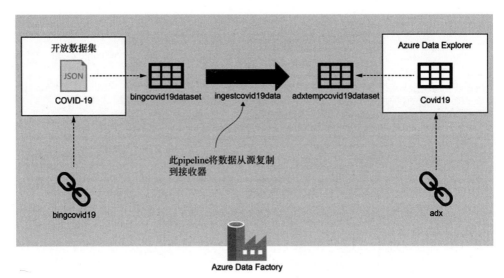

图 4.8　展示了 pipeline 将数据从源(开放数据集)复制到接收器(Azure Data Explorer 表)

代码清单 4.15　运行 pipeline

```
az datafactory pipeline create-run `          pipeline create-run 命令
--factory-name "adf$suffix" `                  将启动一个 pipeline
--resource-group adf-rg `
--name ingestcovid19data                       除了工厂名称和资源组,还需
                                               要提供 pipeline 的名称
```

当 pipeline 执行完成后,数据应该可以在 Azure Data Explorer 中使用了。现在我们可以运行一些查询来探索数据集。

至此,我们已经了解了移动数据所需的组件:链接服务(使 Azure Data Factory 能够连接到外部资源);数据集(描述数据);以及由 activity 组成的 pipeline(执行 ETL 步骤)。然而还缺少一个组件:自动执行 pipeline。

4.2.4　设置触发器

在 Azure Data Factory 中,可使用触发器调度执行。触发器是这么一个处理单元,它确定何时执行 pipeline。

在 Azure Data Factory 中,可以创建多种类型的触发器。包括且不限于:

- 定时触发器按照预定的时间执行 pipeline。
- 滚动窗口触发器按照周期性间隔执行 pipeline。
- 基于事件的触发器根据事件触发执行 pipeline。

我们将在 pipeline 中使用一个定时触发器。代码清单 4.16 所示的 JSON 文件将设置一个触发器,该触发器将于每天 UTC 时间凌晨 2 点触发。

代码清单 4.16　dailytrigger.json 的内容

```
{
    "runtimeState": "Stopped",          ← 可以设置触发器的状态。我们将创建
    "pipelines": [                         一个处于停止状态的触发器
        {
            "pipelineReference": {
                "referenceName": "ingestcovid19data",
                "type": "PipelineReference"
            }
        }
    ],
    "type": "ScheduleTrigger",          ← 定义了一个定时触发器
    "typeProperties": {
        "recurrence": {                     将频率定义为每天一次
            "frequency": "Day",
            "interval": 1,
            "startTime": "2020-07-28T02:00:00.000Z",   将在 2020 年 7 月 28 日 UTC
            "timeZone": "UTC"                            时间凌晨 2 点开始
        }
    }
}
```

一个触发器可以启动多个 pipeline

然后可使用代码清单 4.17 所示的命令基于以上 JSON 文件来创建触发器。图 4.9 显示了刚刚创建的所有对象的完整图像。

代码清单 4.17　创建触发器

```
az datafactory trigger create `
--factory-name "adf$suffix" `
--resource-group adf-rg `
--name daily `
--properties '@dailytrigger.json'
```

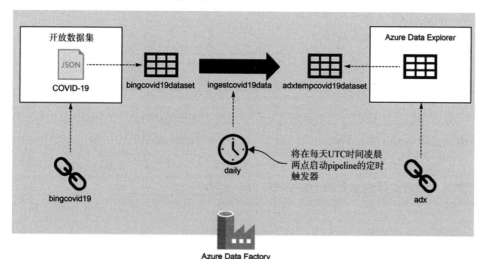

图 4.9　每天将由触发器自动执行 pipeline

4.2.5　使用 Azure Data Factory 进行编排

在进入下一节之前，我们回顾到目前为止所做的事情，并看看为什么 Azure Data Factory 是编排服务的好选择。

我们创建了一些链接服务、数据集、pipeline 和触发器。现在应该很明显，Azure Data Factory 在数据传输方面表现出色。我们可以连接几乎任何源和任何接收器，无论数据来自何处。Azure Data Factory 具有许多链接服务类型，以适应大多数场景。当没有开箱即用的功能时，总是可以实现一个 Web 服务来处理任何自定义逻辑，并从 Azure Data Factory 调用该 Web activity。

pipeline 可以很简单，也可以很复杂。本章创建了一个由四个 activity 组成的简单 pipeline，但 Azure Data Factory 的功能远不止于此；pipeline 可以包含循环(使用 For Each 或 Until activities)和条件分支(使用 If Condition 或 Switch activities)。pipeline 指定了一个简单的依赖链，其中每个 activity 依赖于前一个 activity，但一个 activity 可以依赖于多个其他 activity，并且可以(有条件地)在某些前一个 activity 成功、失败或完成的情况下运行，而不管结果如何。

我们的简单示例是硬编码的，但 pipeline 还支持变量和动态内容。我们可以很简单地将各种属性配置为动态的，然后在运行时使用变量值解析这些属性，从而使得系统更加灵活和可配置。例如，源表或目标表可以被参数化，pipeline 可以在多个示例中重复使用，并可以具有不同的参数。

关于 Azure Data Factory 还有很多要说的，但本书无法涵盖所有内容。我们不会深入探讨 Azure Data Factory，因为本书的目的是全面了解数据平台的各个方面，编排只是其中之一。但我可以告诉你，我的团队一直在大规模运行：每天运行数百个 pipeline，复制数据，处理数据，并运行机器学习(将在第 7 章详细介绍)。如果你正在试验和研究究竟应该使用哪种编排解决方案，我鼓励你阅读更多关于 Azure Data Factory 的信息，并探索其功能。

注意　数据平台的编排解决方案应具有良好的可扩展性，在数据传输方面表现出色、足够灵活以进行扩展和定制，并具有出色的调度功能。

你可能已经注意到这一节缺少了一些内容，我们还没有讨论过 DevOps。接下来，介绍如何将 Azure Data Factory 与 Git 同步，并通过源代码控制进行部署。

4.3　Azure Data Factory 的 DevOps

至此，我们使用 CLI 或 UI 更新了 Azure Data Factory。UI 和 Azure CLI 都连接到创建的 Azure Data Factory 服务，读取其配置并进行更新。图 4.10 说明了这一点。

现在我们将 DevOps Repos 加入其中，看看如何将 Azure Data Factory 的配置持久化到 Git。可使用 Azure CLI 完成这个任务，但在撰写本文时，只有 UI 提供了将现有配置导入 Git 的选项，所以我们将通过 UI 进行设置。图 4.11 显示了如何进行设置。

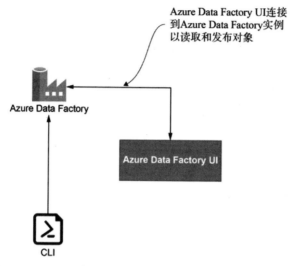

图 4.10　Azure CLI 和 Azure Data Factory UI 都连接到创建的数据工厂

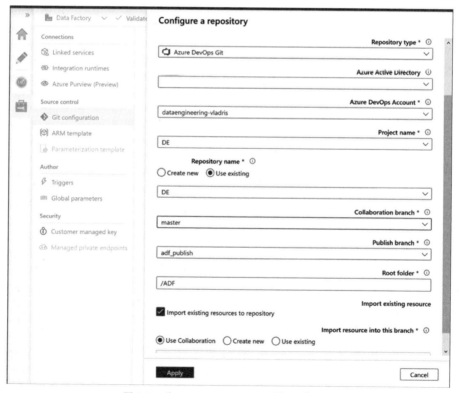

图 4.11　为 Azure Data Factory 配置 Git 存储库

从 Manage 菜单中选择 Git Configuration，填写表单并选择 Azure DevOps Git 作为存储库类型。使用你当前的订阅。选择 dataengineering-$suffix 账户(在我这里是 dataengineering-vladris)。项目名称为 DE，即我们在第 3 章创建的项目。选择 Use Existing repository 单选按钮，然后从下拉列表中选择 DE。我们将使用 master 分支进行协作，根文件夹为/ADF。勾选 Import Existing Resources to Repository，并选择 Use Collaboration 作为分支。

最后单击 Apply 按钮。应该在 Git 中看到一个新的 ADF 文件夹，其中包含在前面章节中创建的所有 Azure Data Factory 对象的定义。图 4.12 显示了文件夹结构。

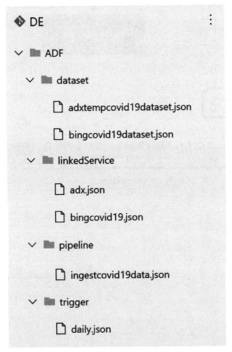

图 4.12　Azure Data Factory 在 Git 中的文件夹结构包括链接服务、数据集、pipeline 和触发器等 JSON 定义文件的文件夹

如果打开其中一个 JSON 文件，它应该看起来与在前一节创建的文件类似，尽管不完全相同。我们只指定了每个对象的属性部分。目前这些属性包括名称和类型。在某些情况下，完全省略了一些属性，Azure Data Factory 会创建默认值。例如，如果你查看 ingestcovid19data.json pipeline 的定义，将看到每个 activity 还包括执行策略，包括超时时间、重试次数等。

此时，不应再使用 Azure CLI，因为如本章 4.2 节开头所述，当我们为 Azure Data Factory 设置了 DevOps 之后，就不应该使用 CLI 配置对象了。图 4.13 显示了新的配置。

与图 4.10 相比，图 4.10 中的 UI 和 CLI 仅连接到服务。现在，如果使用 CLI 创建一个新的链接服务,它会更新 Azure Data Factory 实例,但这个更改不会在 Git 中被捕获。Azure Data Factory UI 不再从 Azure Data Factory 实例读取状态,而是从 Git 中读取。这两者不同步,这点不是你希望的,因为这将是一个噩梦,会导致出问题时你很难弄清楚发生了什么。

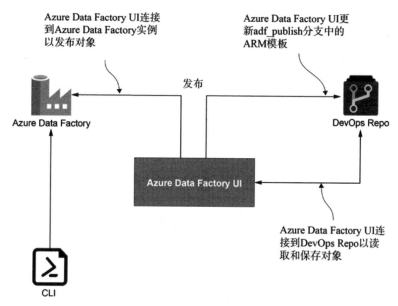

图 4.13　Azure Data Factory UI 现在将 Azure Data Factory 的状态读取和保存到 Git 中,而 Azure CLI 仍然直接连接到 Azure Data Factory 实例

　　启用 Git 后,当你在 UI 中单击 Save 按钮后,更改会立即反映在 Git 中。但是,Azure Data Factory 实例不会被更新。要发布更改,需要单击 Publish 按钮。然后不仅 Azure Data Factory 会被更新,Git 中的名为 adf_publish 的特殊分支也会被更新。该特殊分支包含了设置 Azure Resource Manager 部署所需的 Azure Resource Manager 模板和参数文件。

4.3.1　从 Git 部署 Azure Data Factory

　　Azure Data Factory 的 DevOps 集成是这样设计的:所有的开发都在数据工厂的开发环境实例上进行,团队成员在该实例上编写 pipeline 并发布。然后,DevOps Pipeline 将生成的 Azure Resource Manager 模板(位于 Git 的 adf_publish 分支)部署到生产环境中。图 4.14 显示了整个流程。

　　这是本书第一次提到开发环境和生产环境,所以在设置 DevOps 部署之前,我们稍微谈一下这个问题。环境分离是软件领域的另一种工程实践,可以将其引入数据领域。团队中的每个人都可使用开发环境,有时可能会出现故障,通常用于尝试各种事物。当开发完成后,工件(代码、服务、Azure Data Factory pipeline 等)将移到生产环境。生产环境必须保证始终正常工作，并进行主动监控，访问权限仅限于少数团队成员，以防止意外破坏。那么如何设置访问权限呢？接下来介绍如何设置访问控制。

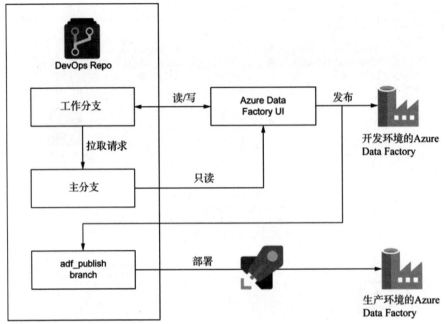

图 4.14　开发人员使用工作分支进行协作。可使用仅接受拉取请求的分支策略锁定主分支。通过 Azure Data
　　　　Factory UI 发布主分支不仅会更新开发 Azure Data Factory，还会更新 adf_publish 中的 Azure
　　　　Resource Manager 模板。然后，DevOps Pipeline 将 Azure Resource Manager 模板部署到生产数据
　　　　工厂

4.3.2　设置访问控制

为什么对于 Azure Data Factory 来说，访问控制是一件好事呢？还记得我们之前是如何给 Azure Data Factory 使用的服务主体授予管理员级别的权限，以连接到 Azure Data Explorer 的吗？这意味着团队中的任何人都可通过 Azure Data Factory activity 向 Azure Data Explorer telemetry 数据库发出管理员级别的命令，即使他们的个人账户没有这个级别的访问权限。这可能会造成安全漏洞！如果数据库中有敏感数据，根据合规要求，只有少数人应该能够查看，那该怎么办呢？

环境分离可以帮助解决这个问题。链接服务在 Azure Resource Manager 模板中是可以作为参数存在的，因此我们可以针对开发坏境和生产环境使用不同的端点。这意味着在开发环境中，每个人都可以访问一个不包含任何敏感数据的开发数据库。在生产环境中，可以将链接服务与一个连接到包含敏感数据的生产数据库的服务进行交换，并且此时开发人员将无法访问该数据库。

现在我们实操一遍。

首先，在 Azure Data Explorer 中创建一个生产数据库和一个新的服务主体，并向其授予管理员级别的访问权限。代码清单 4.18 是相关命令。

代码清单 4.18 创建一个生产环境数据库和一个新的服务主体

```
az kusto database create `
--cluster-name "adx$suffix" `          这是在第 2 章中使用的相同命
--database-name production `            令，只是数据库名称不同
--resource-group adx-rg `
--read-write-database `
location="Central US"

$prodsp = az ad sp `                    创建一个新的服务主体，即我们的生
create-for-rbac | ConvertFrom-Json ◄    产环境服务主体

az kusto database-principal-assignment create `
--cluster-name "adx$suffix" `
--database-name production `            为生产环境数据库授予生产
--principal-id $prodsp.appId `          环境服务主体的管理员权限
--principal-type App `
--role "Admin" `
--tenant-id $prodsp.tenant `
--principal-assignment-name adf `
--resource-group adx-rg
```

我们几乎已经准备好设置部署了，只剩下一个前提条件：需要向 DevOps 管道提供服务主体密钥，以便它可以填充 Azure Resource Manager 模板参数。将此密钥存储在管道 YAML 中并不是一个好主意。这会使得任何具有 Git 存储库访问权限的人都能看到它，这是一个很大的安全漏洞。相反，应该将密钥存储在 Azure Key Vault 中。

Azure Key Vault 是一个密钥存储解决方案。可以将密钥保存在保险库中，并控制谁可以访问它们。我们将创建一个 Azure Key Vault，并将$prodsp.password 存储在其中。代码清单 4.19 是具体的命令内容。

代码清单 4.19 创建 Azure Key Vault 并存储密钥

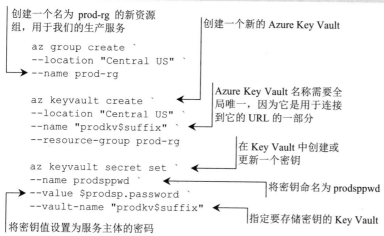

```
创建一个名为 prod-rg 的新资源
组，用于我们的生产服务
                                        创建一个新的 Azure Key Vault
    az group create `
    --location "Central US" `
──► --name prod-rg

    az keyvault create `                Azure Key Vault 名称需要全
    --location "Central US" `           局唯一，因为它是用于连接
    --name "prodkv$suffix" `            到它的 URL 的一部分
    --resource-group prod-rg
                                        在 Key Vault 中创建或
                                        更新一个密钥
    az keyvault secret set `
    --name prodsppwd `
──► --value $prodsp.password `          将密钥命名为 prodsppwd
    --vault-name "prodkv$suffix"
                                        指定要存储密钥的 Key Vault
将密钥值设置为服务主体的密码
```

服务主体现在是安全的。实际上,它是如此安全,没有人可以读取它!包括我们的 Azure DevOps,所以需要添加一个访问策略,以允许 Azure DevOps 读取该密钥。这样,在运行时,管道就可使用它,而不需要将其存储在 Git 中的任何地方。Azure DevOps 使用以下命名模式注册应用程序。

```
<organization name>-<project name>-<subscription id>
```

接下来将对应用程序授予访问权限。我们将查询 Azure Active Directory,查找以 dataengineering-$suffix 开头(我们将其命名为我们的组织)的应用程序。Azure Active Directory 是 Azure 提供的身份管理解决方案。每个 Azure 账户都有自己的 Azure Active Directory 实例,用于管理该租户内的用户和应用程序。我们将获取此应用程序的 ID,并授予其读取密钥的权限。代码清单 4.20 是详细的命令。

代码清单 4.20 授予 Azure DevOps 读取 Azure Key Vault 的访问权限

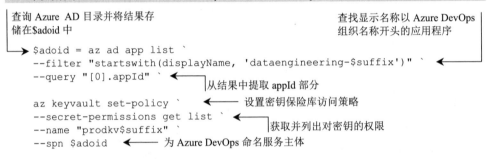

还可使用 Azure 门户 UI 从 Key Vault 的 Access Policies 选项卡中授予此访问权限。现在我们已经安全地存储该密钥,接下来将基于位于 adf_publish 的 Azure Resource Manager 模板设置一个管道来部署生产环境的 Azure Data Factory。

4.3.3 部署生产环境的 Azure Data Factory

我们将在/YML 文件夹下创建另一个部署管道定义文件。该管道有两个步骤:从 Azure Key Vault 获取服务主体,并部署 Azure Resource Manager 模板,填充一些参数。这些参数区分了用于开发的原始 Azure Data Factory 和生产环境的 Azure Data Factory。

我们将称生产环境的 Azure Data Factory 为 prodadf$suffix,并将其放置在 prod-rg 资源组中。我们创建这个 Azure Data Factory,保持为空,然后通过部署管道进行更新。代码清单 4.21 是创建生产环境 Azure Data Factory 的命令。

代码清单 4.21 创建生产环境 ADF

```
az datafactory factory create `
--location "Central US" `
--name "prodadf$suffix" `
--resource-group prod-rg
```

当从开发环境 Azure Data Factory 部署 Azure Resource Manager 模板时，将更改名称，并更新 Azure Data Explorer 链接服务，以便使用生产服务主体连接到生产数据库。代码清单 4.22 是新 deploy-adf.yml 文件的内容。

代码清单 4.22　deploy-adf.yml 的内容

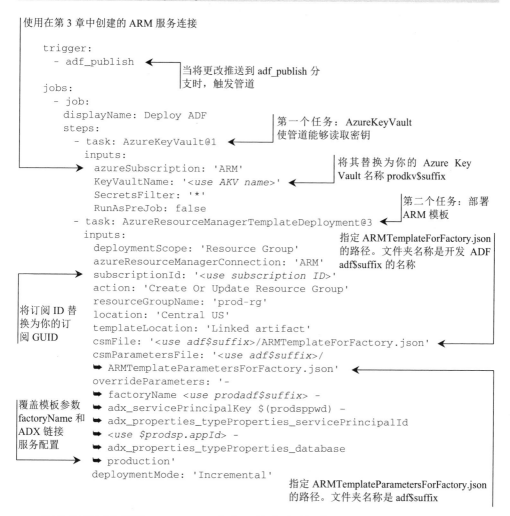

使用在第 3 章中创建的 ARM 服务连接

```
trigger:
  - adf_publish          ← 当将更改推送到 adf_publish 分
                           支时，触发管道
jobs:
  - job:
    displayName: Deploy ADF
    steps:                              第一个任务：AzureKeyVault
      - task: AzureKeyVault@1    ←      使管道能够读取密钥
        inputs:
                                        将其替换为你的 Azure Key
          azureSubscription: 'ARM'      Vault 名称 prodkv$suffix
          KeyVaultName: '<use AKV name>'  ←
          SecretsFilter: '*'
          RunAsPreJob: false                    第二个任务：部署
      - task: AzureResourceManagerTemplateDeployment@3  ←  ARM 模板
        inputs:
                                            指定 ARMTemplateForFactory.json
          deploymentScope: 'Resource Group'  的路径。文件夹名称是开发 ADF
          azureResourceManagerConnection: 'ARM'  adf$suffix 的名称
          subscriptionId: '<use subscription ID>'
          action: 'Create Or Update Resource Group'
          resourceGroupName: 'prod-rg'
          location: 'Central US'
          templateLocation: 'Linked artifact'
          csmFile: '<use adf$suffix>/ARMTemplateForFactory.json'  ←
          csmParametersFile: '<use adf$suffix>/
          ➥ ARMTemplateParametersForFactory.json'  ←
          overrideParameters: '-
          ➥ factoryName <use prodadf$suffix> -
          ➥ adx_servicePrincipalKey $(prodsppwd) -
          ➥ adx_properties_typeProperties_servicePrincipalId
          ➥ <use $prodsp.appId> -
          ➥ adx_properties_typeProperties_database
          ➥ production'
          deploymentMode: 'Incremental'
```

将订阅 ID 替换为你的订阅 GUID

覆盖模板参数 factoryName 和 ADX 链接服务配置

指定 ARMTemplateParametersForFactory.json 的路径。文件夹名称是 adf$suffix

因为我们正在部署 adf_publish 分支，所以需要提交 deploy-adf.yml 到该分支。代码清单 4.23 是详细的命令内容。

代码清单 4.23　将 YML 文件推送到 adf_publish 分支

```
git pull
git checkout -b adf_publish
... create the YML folder and place the file inside it
git add *
```

```
git commit -m "ADF deployment pipeline"
git push -set-upstream origin adf_publish
```

我们将基于这个定义创建一个管道，就像在第 3 章为 Azure Data Explorer 和 Azure Data Explorer 的对象管道所做的那样。代码清单 4.24 是详细的命令内容。

代码清单 4.24　创建 Azure Data Factory 部署管道

```
az pipelines create `
--name 'Deploy ADF' `
--repository DE `                    与之前创建的管道唯一的区别是
--branch adf_publish `  ←───────┘    这里指定了一个分支
--repository-type tfsgit `
--yml-path YML/deploy-adf.yml `
--skip-run
```

现在，当在 Azure Data Factory UI 上单击 Publish 按钮之后，管道将会启动，并将更新应用到生产环境的 Azure Data Factory 中。启动管道后，登录 Azure Data Factory UI 并查看生产环境的 Azure Data Factory。它应该与开发环境的 Azure Data Factory 具有相同的链接服务、数据集和 pipeline，只是 Azure Data Explorer 链接服务连接到生产数据库，并使用生产服务主体。

最后需要注意的是，在真实的生产环境中，我们的管道需要多几个步骤。首先，在部署之前，需要暂停生产环境的触发器，以便更新它们(Azure Data Factory 不允许更新处于运行状态的触发器，否则导致部署失败)。接下来，在部署完成后，需要恢复触发器的运行(前面因为要更新触发器，所以暂停了它)。Azure Data Factory 团队提供了用于此操作的 PowerShell 脚本。可以在这里找到它们：http://mng.bz/Mg5o。我们将更新部署管道，使其在 Azure Resource Manager 部署之前运行暂停脚本，然后运行恢复脚本。

4.3.4　小结

本节讲到这里，我们做了很多工作。现在停下来回顾一下整个流程。最初，有一个 Azure Data Factory，即开发数据工厂，我们想要实施 DevOps。使用了 Azure Data Factory 的推荐设置来进行设置。将开发 Azure Data Factory 连接到 Git，然后设置了一个部署管道来将更改移到生产数据工厂。我们看到了 Azure Resource Manager 模板部署如何支持我们可以覆盖的参数。一切都在 Git 中，并且一切都会自动部署。

我们还学习了一些关于访问控制和密钥管理的知识。Azure Key Vault 是用于存储密钥的 Azure 服务。至此，我们不需要使用它；开发 Azure Data Factory 中的主要密码由 Azure Data Factory 加密，因此是安全的。一般来说，接受密钥的 Azure 服务在保护密钥方面做得很好。问题出现在需要将密钥传递给存储在 Git 中的管道的时候。不能在 Git 中以明文保存密码，所以使用了 Azure Key Vault。

提示　请始终保持密钥的安全，永远不要将它们存储在源代码控制中！Azure、AWS、
　　　GCP 或任何一个体面的云提供商都有专门的密钥管理解决方案，正是出于这
　　　个原因。

我们简单介绍了开发和生产环境。在本书第 II 部分，即考虑如何支持各种工作任
务时将再次涉及它们。一般来说，开发环境对任何人开放，不会 24/7 监控，并且也
不能包含或允许访问敏感数据。另一方面，生产环境对较少的人开放(值班人员或站
点可靠性工程师等)，会进行主动监控，并且只要得到适当的安全保护，是可以包含
敏感数据的。

本章快要结束了。在进入本书第 II 部分之前，将在本章的最后一节讨论监控。介
绍如何使用 Azure Monitor 设置警报，当 Azure Data Factory 的 pipeline 运行失败时发
送电子邮件给我们。

4.4　使用 Azure Monitor 进行监控

Azure Monitor 是 Azure 提供的集中式监控解决方案。它收集订阅中运行的其他
Azure 服务的遥测数据，并使我们能够查询日志、监视资源并配置警报。

我们不会详细介绍 Azure Monitor 的所有功能，而只是介绍如何使用它检查数据
平台的各个组件。现在，我们希望在生产环境数据工厂中的 pipeline 运行失败时收到
通知。图 4.15 展示了整个流程。

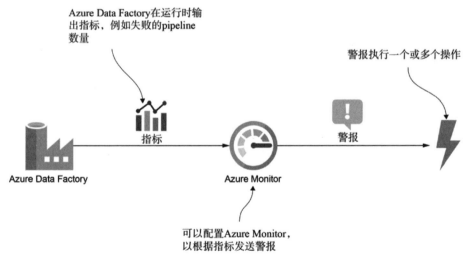

图 4.15　Azure Data Factory(以及其他服务)输出指标。可以根据这些指标定义 Azure Monitor 警报。
　　　　　警报可以执行一个或多个操作

我们从操作开始。操作通知用户发生了某些事情。Azure Monitor 提供多个操作：发送电子邮件、发送短信、调用 Azure 函数、启动 Azure 逻辑应用程序、调用 Webhook 等。操作可以在操作组中定义。操作组是 Azure Monitor 用于通知用户触发了警报的一组通知操作。我们创建一个操作组来触发电子邮件通知。代码清单 4.25 是具体的命令内容。

代码清单 4.25　创建一个操作组

```
az monitor action-group create `
--name notify `
--resource-group prod-rg `
--action email "<use a name>" "<use your email address>"
```

创建一个新的操作组

该组包含一个单独的电子邮件操作。请确保使用一个名称和一个真实的电子邮件地址

类似 Azure Data Factory 的服务会输出指标。指标是指描述系统在特定时间某个方面的数值。指标将以固定的间隔收集，并且对于警报非常有用，因为它们可以频繁地进行采样，并且一旦检测到问题，就可以触发警报。Azure Data Factory 输出的一个指标是 PipelineFailedRuns，表示在特定时间窗口内失败的 pipeline。我们将设置一个围绕这个指标的警报。

定义　Azure Monitor 中的指标警报是基于多维度指标的。指标警报定期进行评估，以检查一个或多个指标时间序列的条件是否为真，并在满足评估条件时通知我们。

我们将设置一个每五分钟运行一次的警报，并且如果失败的 pipeline 总数大于 0，则触发刚刚创建的操作组。代码清单 4.26 是详细的命令内容。

代码清单 4.26　创建一个指标警报

```
$adf = az datafactory factory show `
--name "prodadf$suffix" --resource-group prod-rg `
| ConvertFrom-Json


az monitor metrics alert create `
--name pipelinefailure `
--resource-group prod-rg `
--scopes $adf.id `
--condition "total PipelineFailedRuns > 0" `
--window-size 5m `
--evaluation-frequency 5m `
--description "Pipeline failure" `
--action notify
```

检索与生产 ADF 相对应的对象

创建一个 Azure Monitor 指标警报

指定一个名称和一个资源组

范围是 ADF 的 ID

触发警报的条件；失败的 pipeline 运行总数大于 0

指定在代码清单 4.24 中创建的通知操作组

Azure Monitor 每五分钟评估一次条件，回顾前五分钟的情况

就是这么简单。试一试吧。停止 Azure Data Explorer 集群并运行 Covid19 数据摄取管道。这应该会失败(因为目标不可用),并且你应该在五分钟内收到一封电子邮件,告诉你出了问题。

我们刚刚讲述完基础设施的一个重要组成部分:开发和生产环境分离,应用 DevOps,并使用 Azure Monitor 进行监控。现在已经准备好协调数据的移动和处理。接下来,将进入本书的第 II 部分,讨论在第 I 部分所述的基础设施上运行的工作任务。具体包括数据处理、运行数据分析和机器学习。

4.5 本章小结

- Azure Data Factory 是用于数据移动和编排的 Azure 服务。
- 链接服务可以连接到外部资源。Azure Data Factory 中的数据集是指对外部数据的视图,pipeline 定义了一系列操作的顺序。触发器启动 pipeline。
- 使用支持 Git 的开发数据工厂进行开发,然后可以从 Git 将 Azure Data Factory 对象部署到生产数据工厂。
- 使用 Azure Key Vault 存储机密信息,不要将机密信息存储在源代码控制中。
- 生产 Azure Data Factory 可使用不同的链接服务连接到生产环境。
- Azure 服务可以输出指标,Azure Monitor 可以查询这些指标并在满足某些条件时通知你。

第 II 部分

具体的工作任务

第 II 部分涵盖了数据平台需要支持的三个主要工作任务：数据处理、运行数据分析和机器学习(ML)。

- 第 5 章讨论了如何将原始输入数据处理成更适合分析需求的内容。我们将介绍常见的模式，并介绍身份钥匙环是如何将系统中的各种身份联系在一起的，以及时间线视图如何将不同的事件整合在一起。

- 第 6 章涵盖了运行数据分析。它还介绍了数据工程如何通过建立一个环境来支持数据科学，使任何人都能够在生产环境中进行原型和部署分析，同时保持生产环境的良好状态。

- 第 7 章涵盖了机器学习。我们将从人工使用 Python 脚本运行 ML 模型转化为使用由 DevOps 支持的生产管道来进行自动化。这一章我们将介绍 Azure Machine Learning，并了解它如何帮助我们自动化这些步骤。

数 据 处 理

本章主要讨论数据处理。在本书的第 I 部分，我们介绍了数据平台的基础设施。现在我们有了这些基础设施，将把重点转向数据平台所支持的常见工作任务：数据处理、运行数据分析和机器学习。本章的重点是数据处理，即将摄取的原始数据重塑成更适合分析需求的形式。图 5.1 突出显示了本章所述内容在全书内容的位置。

首先，我们将讨论一些常见的数据建模概念，例如将数据规范化以减少重复并确保完整性，以及将数据反规范化以提高查询性能。我们将了解事实表和维度表以及常用的星型模式和雪花模式。接下来，将构建一个身份钥匙环，并看看它如何帮助我们连接企业中不同组织管理的所有不同身份。这是在平台上摄取的原始数据之上构建的数据模型，将原始数据处理成更好的结构，从而有助于数据分析。

另一个常见的数据模型是将来自不同团队的数据点聚合到一个公共模式中的时间线视图。我们将看到如何构建时间线视图，并且如何与钥匙环结合使用，以提供对所有系统中发生的情况的广泛视图。

最后，将介绍如何应用 DevOps 实践持续进行这项工作。我们将利用前几章建立的基础设施来追踪 Git 中的所有内容并持续运行处理。将从基本的数据处理开始，并逐步构建起来。

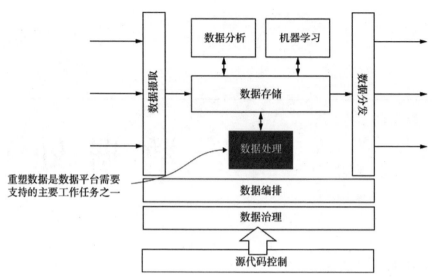

图 5.1　数据处理，具体而言，是将摄取的原始数据重塑成更适合分析需求的形式

5.1　数据建模技术

当我们将数据集摄取入平台时，可以重塑它们以更好地满足需求。

本节将讨论各种重塑数据的方式，将讲述规范化和反规范化。

5.1.1　规范化和反规范化

假设我们有一个用户资料数据集，包含姓名、信用卡和账单地址。还有一个用户订单数据集。一种选择是将它们存储在两个单独的表中，如图 5.2 所示。

User Profiles

User ID	Name	Credit Card	Billing Address
10000	Ava Smith	****	...
10001	Oliver Miller	****	...
10002	Emma Johnson	****	...
10003	John Davis	****	...

Orders

User ID	Item	Quantity
10002	Programming with Types	2
10002	Data Engineering on Azure	1
10003	Data Science Bookcamp	1

图 5.2　将用户资料存储在一个表，将订单存储在另一个表。如果需要，可以根据用户 ID
　　　　将这两个表连接起来

我们将在 Azure Data Explorer (ADX)中创建这些表。启动 Azure Data Explorer 集群，并在代码清单 5.1 的 telemetry 数据库上下文中运行命令。

代码清单 5.1　创建用户资料和订单表

将查询结果通过<|导入表中

```
.set UserProfiles <|
datatable (UserId: int, Name: string, CreditCard: string,
  BillingAddress: string) [          通过 datatable 命令指定一组数
    10000, 'Ava Smith', '***', '...',   据(用户资料表的模拟数据)
    10001, 'Oliver Miller', '***', '...',
    10002, 'Emma Johnson', '***', '...',
    10003, 'John Davis', '***', '...'
]

.set Orders <|
datatable (UserId: int, Item: string, Quantity: int) [     使用.set 和 datatable
    10002, 'Programming with Types', 2,                    命令指定订单表的模
    10002, 'Data Engineering on Azure', 1,                 拟数据
    10003, 'Data Science Bookcamp', 1
]
```

如果想从订单中检索用户详细信息，需要连接这两个表，见代码清单 5.2。

代码清单 5.2　将订单表与用户资料表连接

```
Orders
| join kind=inner UserProfiles on UserId
| project Item, Name
```

默认情况下，Azure Data Explorer 连接是内部唯一的，这意味着只选择右侧表中的一行。如果想要与所有匹配的行连接，需要将连接指定为内部连接。

需要考虑的是，随着数据量的增长，连接操作将变得越来越昂贵。数据库引擎需要匹配来自不同表的行，而找到这些匹配并不便宜。另一种选择是将所有内容都存储在一个表中，如图 5.3 所示。

Orders

User ID	Name	Credit Card	Billing Address	Item	Quantity
10002	Emma Johnson	****	...	Programming with Types	2
10002	Emma Johnson	****	...	Data Engineering on Azure	1
10003	John Davis	****	...	Data Science Bookcamp	1

图 5.3　将用户资料和订单都存储在同一个表中。这会引入一些冗余；例如，用户 10002 的姓名、信用卡和账单地址在每个订单中都会重复出现

这种设计将存在冗余数据，因为必须在每个订单中重复用户资料数据。不过，查询这个表不涉及任何连接；如果需要订单的用户资料数据，我们可以直接使用。将在 Azure Data Explorer 中设置这个表。代码清单 5.3 是具体的运行命令。

代码清单5.3 创建用户订单表

```
.set UserOrders <|
datatable (UserId: int, Name: string, CreditCard: string,
➥ BillingAddress: string, Item: string, Quantity: int) [
    10002, 'Emma Johnson', '***', '...', 'Programming with Types', 2,
    10002, 'Emma Johnson', '***', '...', 'Data Engineering on Azure', 1,
    10003, 'John Davis', '***', '...', 'Data Science Bookcamp', 1
]
```

现在，如果想要检索与每个订单相关联的用户姓名，不需要任何连接。代码清单5.4所示是对应的查询。

代码清单5.4 查询与每个订单相关联的用户姓名

```
UserOrders
| project Item, Name
```

这种方法的一个缺点是，如果用户资料数据发生更改，那么我们无法在一个地方进行更改，因为同一条数据被复制到多个地方了。在这种方法中，需要小心维护数据的完整性。通过将数据存储在多个表中并连接这些表来消除数据库中的冗余称为规范化。

定义 规范化(normalization)是将关系数据库结构化的过程，以减少数据冗余并提高完整性。

这就是我们在用户资料和订单的第一个版本的做法，将用户资料表与订单表连接起来。而第二个版本，为了避免连接而内联数据则称为反规范化。

定义 反规范化(denormalization)是通过添加冗余数据来提高先前规范化数据库的性能的过程。

第二个版本的用户资料和订单数据都存储在同一个表中，这就是数据的反规范化形式。在此我们不会讲述所有不同级别的规范化，但注意这背后有坚实的理论。数据可以采用多种规范形式来重塑，并且可通过特定的步骤将数据从一种规范形式转换为另一种规范形式，使其符合不同的规范要求[1]。现在使用代码清单5.5所示的命令清理表，然后介绍一些数据仓库概念。

代码清单5.5 清理表

```
.drop tables (UserProfiles, Orders, UserOrders)     ◄──── 删除多个表
```

---

[1] 有关规范形式的更多信息，请参阅 https://en.wikipedia.org/wiki/Database_normalization#Normal_forms。

5.1.2 数据仓库

数据仓库将来自多个来源的数据进行整合并存储起来以供报告和分析使用。在规范化概念的基础上，数据仓库常见的数据建模实践是将数据集拆分为维度表和事实表。

> **定义** 维度表(dimension table)由主键和与该键相关联的一组属性组成，维度表用于描述业务过程中涉及的各个维度，如姓名、信用卡、地址等。它包含了这些维度的属性信息，并通过一个唯一主键来标识每个维度记录。维度表提供了对业务数据的各个维度进行分析和查询的能力。事实表(fact table)由业务事实和链接到维度表的外键组成，事实表用于存储业务过程中产生的事实数据，如订单内容等。事实表中的每条记录通常包含了与业务事实相关的度量值以及指向维度表的外键。通过维度表的外键，我们可以将事实表中的业务事实数据与各个维度进行关联，从而实现多维数据分析。

在上一节的规范化示例中，用户资料表是一个维度表，我们将多个属性(姓名、信用卡、地址等)附加到用户 ID 上。订单表是一个事实表，它记录订单详细信息，并使用用户 ID 列链接到用户资料表。

在实践中，我们通常有一个中心事实表和几个围绕它的维度表来表示业务的某个方面。例如，可以建模一个更复杂的订单，包括时间戳(订单下达时间)、用户 ID、商品 ID 和数量。用户 ID 链接到用户资料维度表。商品 ID 链接到一个商品维度表，该表记录商品的详细信息(对于我们的示例，商品详细信息包括标题、作者、ISBN 等，因为我们销售图书)。通常会得到一个如图 5.4 所示的模式。

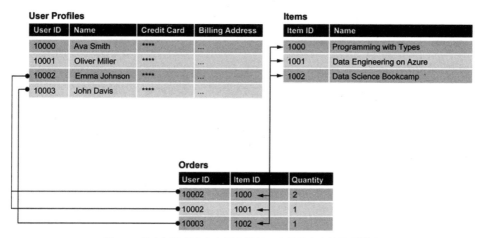

图 5.4 带有订单事实表和用户资料、商品维度表的星型模式

这种模式称为星型模式，因为多个维度表链接到一个中心事实表，使得布局呈星形。

定义 星型模式由一个(或多个)事实表引用任意数量的维度表组成。这是一种广泛使用的存储业务数据的方法。

在某些情况下，可能有进一步引用其他维度表的维度表。例如，我们的商品维度表可能有一个作者 ID 列，该列链接到一个包含作者相关信息的作者维度表。具有多个层级链接使得这种布局看起来不像星形，而更像雪花形。因此，我们将其称为雪花模式。

定义 雪花模式是指中心事实表引用了维度表，而这些维度表又连接了其他维度表。

从规范化和反规范化数据的角度来看，在星型模式中，所有维度表都是反规范化的，因此我们只将中心事实表与维度表连接起来。如果进一步对维度表进行规范化，就会得到多个表和连接，这就是雪花模式。

这些类型的模式经常遇到，所以了解它们很有好处。在许多情况下，上游数据就是这样布局的。在有些情况下，我们可能希望将数据平台内的数据重塑为星型模式等。最后，介绍如果有一些无法适应固定列的数据时，我们该怎么办。

图 5.5 显示了星型模式和雪花模式的缩小视图。

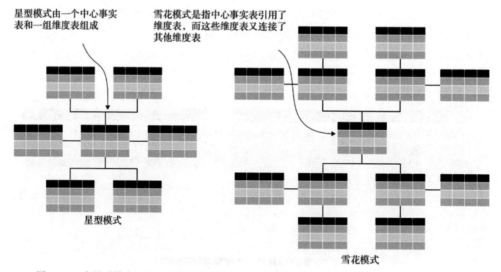

图 5.5   一个星型模式，由一个中心事实表和一组维度表组成；以及一个雪花模式，有一个中心事实表，周围是维度表，这些维度表又连接到其他维度表

5.1.3 半结构化数据

在某些情况下，我们需要处理的数据无法直接映射到一组固定的列。例如，假设我们的系统既接受个人也接受公司下订单。对于个人，我们将其个人资料存储为姓名、

信用卡和账单地址。对于公司，我们将其资料存储为公司名称、总部地址和账号。对
于这种情况，我们有多种方式可以处理。

　　一种方式是针对用户资料和公司资料使用不同的表，并在订单表中使用一个
Profile Type 列来区分两者。图 5.6 显示了这种布局。然后使用代码清单 5.6 在 Azure
Data Explorer 中创建这个布局。

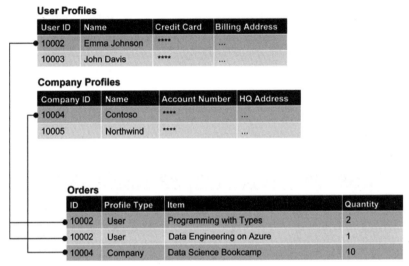

图 5.6　订单表链接到用户资料和公司资料表。然后使用 Profile Type 列告诉我们要与哪个表连接

代码清单 5.6　创建用户资料、公司资料和订单表

```
.set UserProfiles <|
datatable (UserId: int, Name: string, CreditCard: string,
➥ BillingAddress: string) [
    10002, 'Emma Johnson', '***', '...',
    10003, 'John Davis', '***', '...'
]

.set CompanyProfiles <|
datatable (CompanyId: int, Name: string,
➥ AccountNumber: string, HQAddress: string) [
    10004, 'Contoso', '***', '...',
    10005, 'Northwind', '***', '...'
]

.set Orders <|
datatable (Id: int, ProfileType: string, Item: string, Quantity: int) [
    10002, 'User', 'Programming with Types', 2,
    10002, 'User', 'Data Engineering on Azure', 1,
    10004, 'Company', 'Data Science Bookcamp', 10
]
```

　　我们有足够的信息来根据需要决定是查询用户资料还是查询公司资料表。例如，

以下查询将会检索公司资料表(见代码清单5.7)。

代码清单5.7 检索公司资料表

```
Orders
| where ProfileType == 'Company'
| join kind=inner CompanyProfiles on $left.Id == $right.CompanyId
| project Item, HQAddress
```

另一种方式是将所有资料都存储在一个表中,保留一个ID列和一个Profile Type列,然后将其余数据存储在一个可以存储任意数据的列中(可使用Azure Data Explorer的动态数据类型)。

这个动态列可以存储多个键值对、数组和嵌套数据。与JSON对象类似,动态值可以存储复杂的任意数据。可以在查询时根据需要"解包"这些数据。图5.7显示了如何使用动态列以半结构化的方式存储资料。

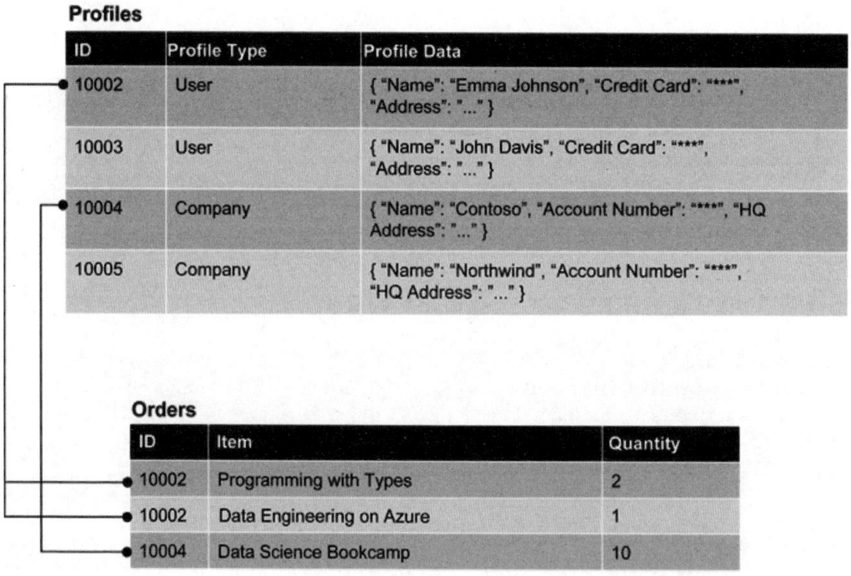

Profiles

ID	Profile Type	Profile Data
10002	User	{ "Name": "Emma Johnson", "Credit Card": "****", "Address": "..." }
10003	User	{ "Name": "John Davis", "Credit Card": "****", "Address": "..." }
10004	Company	{ "Name": "Contoso", "Account Number": "****", "HQ Address": "..." }
10005	Company	{ "Name": "Northwind", "Account Number": "****", "HQ Address": "..." }

Orders

ID	Item	Quantity
10002	Programming with Types	2
10002	Data Engineering on Azure	1
10004	Data Science Bookcamp	10

图5.7 使用动态Profile Data列以半结构化的方式存储资料

现在使用代码清单5.8所示的命令清理上一种方法创建的表,然后创建带有动态列的Profiles表。

代码清单5.8 清理Profiles和Orders表

```
.drop tables (UserProfiles, CompanyProfiles, Orders)

.set Profiles <|
datatable (Id: int, ProfileType: string, ProfileData: dynamic) [
    10002, 'User', dynamic({"Name": "Emma Johnson",
```

```
        "CreditCard": "***", "Address": "..."}),
    10003, 'User', dynamic({"Name": "John Davis",
        "CreditCard": "***", "Address": "..."}),
    10004, 'Company', dynamic({"Name": "Contoso",
        "AccountNumber": "***", "HQAddress": "..."}),
    10005, 'Company', dynamic({"Name": "Northwind",
        "AccountNumber": "***", "HQAddress": "..."}),
]

.set Orders <|
datatable (Id: int, Item: string, Quantity: int) [
    10002, 'Programming with Types', 2,
    10002, 'Data Engineering on Azure', 1,
    10004, 'Data Science Bookcamp', 10
]
```

将动态集合的属性作为 JSON 对象传递给 dynamic()

现在，用户资料和公司资料数据已经打包在动态列中，然后可以根据需要提取它们。例如，如果想要检索订单的公司的总部地址，可以运行代码清单 5.9 所示的查询。

代码清单 5.9　检索公司总部地址

```
Orders
| join kind=inner Profiles on Id
| where ProfileType == 'Company'
| project Item, ProfileData['HQAddress']
```

通过只在公司资料数据中查询来确保数据会有 HQAddress 属性

从动态列中获取 Item 和 HQAddress 属性

最后使用代码清单 5.10 所示的命令清理在本节创建的示例表，然后快速回顾所涉及的数据处理要点。

代码清单 5.10　清理

```
.drop tables (Profiles, Orders)
```

5.1.4　小结

本节首先讲述了规范化和反规范化数据。规范化的数据集将会建模为多个表，当需要跨表查询时，可通过连接这些表来实现。反规范化的数据集将所有数据存储在一个表中，但存在存储冗余数据的风险(例如，为每个用户下的订单重复存储用户资料信息)。规范化数据更易于维护和保持一致性(用户资料的更改只会影响用户资料表中的一行)。反规范化数据更易于大规模查询(不需要额外的连接操作)。

事实表包含一些业务事实(例如订单)并链接到包含各种属性的维度表(例如下订单的用户的用户资料)。这种模式(事实表连接到多个维度表)被称为星型模式。如果维度表进一步规范化，也链接到其他表，那么我们就有了雪花模式。这些模式在数据建模中常被使用。

最后，有时我们会有一些无法适应固定列的数据。在本例中，一种处理方式是依赖多个表(例如，一个用于用户资料，一个用于公司用户资料)和一个类型列，告诉我们应该与哪个表进行连接。另一种选择是使用半结构化数据，将不同的属性打包到一列中，并根据需要进行解包。在 Azure Data Explorer 中，可通过使用动态数据类型实现这一点。现在我们已介绍了一些数据建模的基础知识，下面介绍另一个将不同数据集组合在一起的常见概念：身份钥匙环。

5.2　身份钥匙环

在一个足够大的企业中，了解系统的使用情况并不容易。通常情况下，不同部门会生成和管理自己的身份标识。

例如，网站团队使用 cookie ID 识别未登录用户，使用个人资料 ID 识别已登录用户。支付团队使用客户 ID 识别客户，并使用订阅 ID 追踪客户购买的订阅。客户支持团队使用客服工单 ID 识别他们系统中的客户。他们还存储客户的 Email。身份钥匙环将不同系统中的所有这些身份标识汇集在一起，使我们能够快速找到所有的连接。图 5.8 显示了不同团队使用的各种身份标识以及钥匙环如何将它们分组在一起。

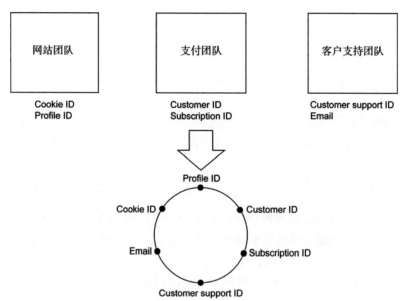

图 5.8　网站、支付和客户支持团队都管理自己的身份标识。钥匙环将这些身份标识串在一起

企业越大，我们拥有的身份标识就越多，了解用户如何互动就越困难。通过身份钥匙环我们可以关联各个系统中的活动；例如，我们可以看到客户支持团队解决客户

问题所需的时间如何影响用户留存率，而这一指标是由支付团队追踪的。或者我们可以看到在网站上运行的 A/B 测试如何影响用户订阅的情况。

5.2.1 构建身份钥匙环

各种系统之间存在一些身份的连接。例如，网站团队可能有一个表，一旦用户登录，就会将 cookie ID 与用户资料 ID 进行匹配，用户资料 ID 又能关联到 Email。支付团队则拥有客户 ID 与订阅 ID 之间的映射，以及客户 ID 和用户资料 ID 之间的映射。客户支持团队则将他们自己的 ID 与 Email 进行连接。图 5.9 显示了这些连接以及将它们汇集在一起如何关联系统中的所有身份。

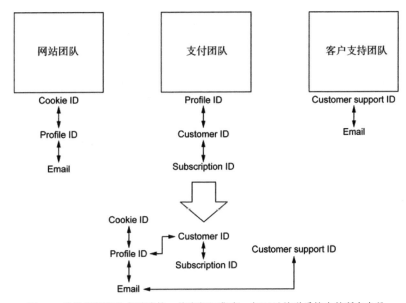

图 5.9　各种系统维护各种连接。将它们汇集在一起可以关联系统中的所有身份

使用代码清单 5.11 的命令创建包含这些身份的 Azure Data Explorer 表。我们将创建一个 Profiles 表，其中包含一些用户资料 ID、Email 和 cookie ID；一个 Customers 表，将客户 ID 与用户资料 ID 关联起来；一个 Subscriptions 表，将客户 ID 与订阅 ID 关联起来；以及一个 Customers Support 表，其中包含一些客户支持 ID 和 Email。

代码清单 5.11　包含 ID 和连接的表

```
.set Profiles <|
datatable (ProfileId: int, Email: string, CookieId: guid) [
    10002, 'emma@hotmail.com', '657d31b9-0614-4df7-8be6-d576738a9661',
    10003, 'oliver@hotmail.com', '0864c60d-cc36-4384-81a3-e4c1eee14fe7'
]

.set Customers <
datatable (CustomerId: int, ProfileId: int) [
```

```
    1001, 10002,
    1005, 10003
]

.set Subscriptions <|
datatable (CustomerId: int, SubscriptionId: guid) [
    1001, 'fd10b613-8378-4d37-b8e7-bb665999d122',
    1005, '55979377-ed34-4911-badf-05e07755334c'
]

.set SupportCustomers <|
datatable (SupportCustomerId: int, Email: string) [
    21, 'emma@hotmail.com',
    22, 'oliver@hotmail.com'
]
```

这些表来自不同的系统，但最终都会摄取到我们的数据平台中。一旦我们有了这些原始数据，就可以构建一个钥匙环。

Keyring(钥匙环)表包括三列：GroupId(Keyring 表的 ID 列)、KeyType(对应于身份类型)、KeyValue(对应于身份的值)。我们将从摄取用户资料数据开始。

首先生成新的 GUID，并将 KeyType 设置为 ProfileId，将 KeyValue 设置为 Profiles 表中的用户资料 ID。然后将 Profiles 表与 Keyring 表通过 ProfileId 进行连接，以获取 GroupId，然后添加 Email。最后，将 Profiles 表与 Keyring 表通过 ProfileId 进行连接，并添加 cookie ID 值。详细命令如代码清单 5.12 所示。

代码清单 5.12　将用户资料导入钥匙环

```
.create table Keyring(GroupId: guid, KeyType: string, KeyValue: string)

.append Keyring <| Profiles                              ◄──────  .append 类似于.set，但是.set
| project GroupId=new_guid(), KeyType='ProfileId',               创建一个新表，而.append 则
  ➥ KeyValue=tostring(ProfileId)                                 操作一个已存在的表

.append Keyring <| Profiles
| join (Keyring | where KeyType == 'ProfileId'           将 Profiles 表与 Keyring 表
    | project GroupId,                                   通过 ProfileId 进行连接，以
        ProfileId=toint(KeyValue)) on ProfileId    ◄──┘  获取 GroupId
| project GroupId, KeyType='Email', Email  ◄──
                                                         将 Email 添加到 Keyring 表
.append Keyring <| Profiles
| join (Keyring | where KeyType == 'ProfileId'
    | project GroupId, ProfileId=toint(KeyValue)) on ProfileId
| project GroupId, KeyType='CookieId',
    tostring(CookieId)  ◄───────
                        将 CookieId 添加到 Keyring 表
```

现在已将 Profiles 表中的 ID 数据添加到 Keyring 表中。接下来将支付团队中的 CustomerId 和 SubscriptionId 也添加到 Keyring 表。代码清单 5.13 是导入 CustomerId 和 SubscriptionId 的详细命令。

代码清单 5.13　导入 CustomerId 和 SubscriptionId

```
.append Keyring <| Customers
| join (Keyring | where KeyType == 'ProfileId'
    | project GroupId, ProfileId=toint(KeyValue)) on ProfileId
| project GroupId, KeyType='CustomerId', tostring(CustomerId)

.append Keyring <| Subscriptions
| join (Keyring | where KeyType == 'CustomerId'
    | project GroupId, CustomerId=toint(KeyValue)) on CustomerId
| project GroupId, KeyType='SubscriptionId', tostring(SubscriptionId)
```

这与之前所做的类似，只是当导入 SubscriptionId 时，需要根据 CustomerId 而不是 ProfileId 进行连接。这不是问题。可以根据身份钥匙环中已有的任何身份标识进行连接，以找到 GroupId 并扩展该组的其他身份标识。最后将添加 SupportCustomerId，根据 Email 进行连接，具体命令如代码清单 5.14 所示。

代码清单 5.14　导入 SupportCustomerId

我们可以与身份钥匙环中已有的任何身份标识进行连接。这里使用 Email 而不是 ProfileId

```
.append Keyring <| SupportCustomers
| join (Keyring | where KeyType == 'Email'
    | project GroupId, Email = KeyValue) on Email
| project GroupId, KeyType='SupportCustomerId', tostring(SupportCustomerId)
```

5.2.2　理解钥匙环

至此，我们已经将来自所有不同表的这些 ID 汇总到了一个表中并进行分组。现在，如果查询 Keyring 表，将看到类似表 5.1 的内容。

表 5.1　Keyring 表内容

Group ID	Key Type	Key Value
f03c9e90-5d97-4a11-82aa-480f74325a2c	CookieId	657d31b9-0614-4df7-8be6-d576738a9661
62159798-2447-41e3-b0ef-f1a239d55978	CookieId	0864c60d-cc36-4384-81a3-e4c1eee14fe7
f03c9e90-5d97-4a11-82aa-480f74325a2c	ProfileId	10002
62159798-2447-41e3-b0ef-f1a239d55978	ProfileId	10003
f03c9e90-5d97-4a11-82aa-	Email	emma@hotmail.com

(续表)

Group ID	Key Type	Key Value
480f74325a2c		
62159798-2447-41e3-b0ef-f1a239d55978	Email	oliver@hotmail.com
f03c9e90-5d97-4a11-82aa-480f74325a2c	SupportCustomerId	21
62159798-2447-41e3-b0ef-f1a239d55978	SupportCustomerId	22
f03c9e90-5d97-4a11-82aa-480f74325a2c	CustomerId	1001
62159798-2447-41e3-b0ef-f1a239d55978	CustomerId	1005
f03c9e90-5d97-4a11-82aa-480f74325a2c	SubscriptionId	fd10b613-8378-4d37-b8e7-bb665999d122
62159798-2447-41e3-b0ef-f1a239d55978	SubscriptionId	55979377-ed34-4911-badf-05e07755334c

现在,给定系统中的任何 ID,我们可以轻松地从 Keyring 表检索出所有相关的 ID。例如,可使用代码清单 5.15 所示的命令根据 SupportCustomerId(21)检索所有相关的 ID。

代码清单 5.15　检索与 SupportCustomerId 相关的所有 ID

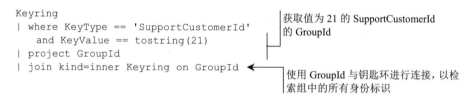

```
Keyring
| where KeyType == 'SupportCustomerId'
    and KeyValue == tostring(21)          获取值为 21 的 SupportCustomerId
| project GroupId                          的 GroupId
| join kind=inner Keyring on GroupId  ←
                                           使用 GroupId 与钥匙环进行连接,以检
                                           索组中的所有身份标识
```

钥匙环使我们能够关联不同的数据集,并全面了解我们的系统是如何使用的。我们使用了一个模式,可以插入多种类型的 ID,其中 KeyType 列给出了 ID 的类型,KeyValue 列存储了实际的 ID 值。

构建钥匙环的步骤如下。有关如何构建钥匙环的图视图,请参见后文。

(1) 生成一个 GroupId 并导入一个身份(在我们的示例中为 ProfileId)。

(2) 对于新的身份类型,通过已知的连接与钥匙环进行连接,以获取 GroupId。

(3) 将新的身份添加到它们各自的组中。

钥匙环为我们提供了对系统中所有身份的统一视图。另一个有用的视图是显示系统中发生的所有事件的时间线。

将身份钥匙环视为图

另一种思考身份钥匙环的方式是将其视为图问题。系统中的每个身份都代表图中的一个节点,每个已知的连接代表一条边。例如,ProfileId 和 Email 是节点,并且因为它们连接在一起(在 Profiles 表中)，所以这些节点之间有边。

构建钥匙环意味着识别所有连接的身份组。在图术语中，这意味着识别图的所有连通分量，并为每个连通分量分配一个组 ID。作为提醒，图中的连通分量是一个子图，在该子图中，任意一对节点之间存在路径，并且没有其他连接到超图的连接。

因此构建钥匙环的另一种方式是利用图数据库。我们加载所有节点和边，然后遍历以找到连通分量。

5.3　时间线

可使用常见的时间线视图帮助我们了解用户与系统的各种交互。假设我们想要了解客户支持与用户留存度之间的关联，那么需要看到客服工单何时打开和关闭，以及用户何时取消订阅。这些数据点再次来自不同的团队：客户支持团队处理工单，支付团队知道用户何时取消订阅。图 5.10 展示了如何在时间线上绘制这些数据。

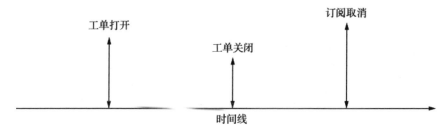

图 5.10　多个事件的时间线视图：工单何时打开和关闭，以及订阅何时被取消

5.3.1　构建时间线视图

可使用 Timestamp 列定义这些事件的通用模式，以捕获事件发生的时间；使用 KeyType 和 KeyValue 列捕获与事件相关的身份类型和值；使用 EventType 列捕获事件类型；以及使用 EvenProperties 动态属性列捕获特定事件的属性。我们将再次利用半结构化数据打包不同类型的属性，因为各种事件类型都有其自己的相关属性。代码清单 5.16 是创建这个表的完整命令。

代码清单 5.16　创建 Timeline 表

```
.create table Timeline (Timestamp: datetime,
➥ KeyType: string, KeyValue: string, EventType: string,
➥ EvenProperties: dynamic)
```

现在假设想要从客户支持系统中摄取一个工单表和从支付系统中摄取一个订阅订单表(该表记录了新订阅和取消订阅的情况)。然后使用代码清单 5.17 所示的示例数据填充这些表。

代码清单 5.17   填充 SupportTickets 和 SubscriptionOrders

```
.set SupportTickets <|
datatable (Timestamp: datetime, SupportCustomerId: int,
 TicketId: int, Status: string, Message: string) [
   datetime(2020-07-01), 21, 5001, 'Opened', '...',
   datetime(2020-07-03), 21, 5002, 'Opened', '...',
   datetime(2020-07-04), 21, 5001, 'Updated', '...',
   datetime(2020-07-05), 21, 5001, 'Closed', '...',
   datetime(2020-07-19), 21, 5002, 'Closed', '...',
]

.set SubscriptionOrders <|
datatable (Timestamp: datetime, CustomerId: int,
 SubscriptionId: guid, Order: string) [
   datetime(2020-06-01), 1001,
     'fd10b613-8378-4d37-b8e7-bb665999d122', 'Create',
   datetime(2020-07-19), 1001,
     'fd10b613-8378-4d37-b8e7-bb665999d122', 'Cancel'
]
```

然后使用代码清单 5.18 所示的命令将这些表摄取到 Timeline 表中。

代码清单 5.18   摄取到 Timeline 表中

```
.append Timeline <| SupportTickets
| where Status == 'Opened'
| project Timestamp, KeyType='SupportCustomerId',
   KeyValue=tostring(SupportCustomerId),
   EventType='SupportTicketOpened',
   EventProperties=pack("Message", Message)        ◄───┐ pack()函数可以根据一组属性
                                                        │ 名称和值创建一个动态值
.append Timeline <| SupportTickets
| where Status == 'Closed'
| project Timestamp, KeyType='SupportCustomerId',
   KeyValue=tostring(SupportCustomerId),
   EventType='SupportTicketClosed',
   EventProperties=pack("Message", Message)

.append Timeline <| SubscriptionOrders
| where Order == 'Create'
| project Timestamp, KeyType='CustomerId',
   KeyValue=tostring(CustomerId),
   EventType='SubscriptionCreate',
   EventProperties=pack("SubscriptionId", SubscriptionId)

.append Timeline <| SubscriptionOrders
| where Order == 'Cancel'
| project Timestamp, KeyType='CustomerId',
   KeyValue=tostring(CustomerId),
   EventType='SubscriptionClose',
   EventProperties=pack("SubscriptionId", SubscriptionId)
```

5.3.2 使用时间线

如果查询 Timeline 表，会得到类似表 5.2 的内容。

表 5.2 Timeline 表内容

Timestamp	Key Type	Key Value	Event Type	Event Properties
2020-06-01T00:00:00Z	CustomerId	1001	Subscription-Create	{"SubscriptionId": "fd10b613-8378-4d37-b8e7-bb665999d122"}
2020-07-01T00:00:00Z	Support-CustomerId	21	SupportTicket-Opened	{"Message":"..."}
2020-07-03T00:00:00Z	Support-CustomerId	21	SupportTicket-Opened	{"Message":"..."}
2020-07-05T00:00:00Z	Support-CustomerId	21	SupportTicket-Closed	{"Message":"..."}
2020-07-19T00:00:00Z	Support-CustomerId	21	SupportTicket-Closed	{"Message":"..."}
2020-07-19T00:00:00Z	CustomerId	1001	Subscription-Close	{"SubscriptionId": "fd10b613-8378-4d37-b8e7-bb665999d122"}

我们在时间线上有各种事件，它们的具体属性被记录在 Event Properties 列中。将这些与钥匙环相结合，我们就可以很好地了解系统如何被使用。

回到我们的示例，我们想要将工单与订阅取消相关联。可使用代码清单 5.19 所示的查询检索在订阅取消之前 30 天内打开的所有工单。

代码清单 5.19 在订阅取消之前 30 天内打开的所有工单

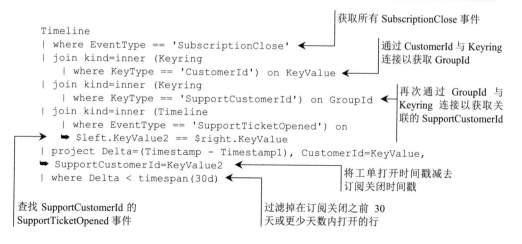

```
Timeline
| where EventType == 'SubscriptionClose'          获取所有 SubscriptionClose 事件
| join kind=inner (Keyring                         通过 CustomerId 与 Keyring
    | where KeyType == 'CustomerId') on KeyValue   连接以获取 GroupId
| join kind=inner (Keyring
    | where KeyType == 'SupportCustomerId') on GroupId   再次通过 GroupId 与
| join kind=inner (Timeline                        Keyring 连接以获取关联的 SupportCustomerId
    | where EventType == 'SupportTicketOpened') on
    $left.KeyValue2 == $right.KeyValue
| project Delta=(Timestamp - Timestamp1), CustomerId=KeyValue,
  SupportCustomerId=KeyValue2
| where Delta < timespan(30d)
```

查找 SupportCustomerId 的 SupportTicketOpened 事件

将工单打开时间戳减去订阅关闭时间戳

过滤掉在订阅关闭之前 30 天或更少天数内打开的行

这里的关键是这些数据点(工单的打开/关闭，取消的订阅)来自我们企业的不同系统，并且使用不同的 ID 进行标识。使用身份钥匙环和时间线，将这些聚合到一个通用模式中，从中可以生成业务报告。

做个小结，钥匙环和时间线都是我们可以建立在系统中可用的原始数据之上的通用数据模型。它们有助于连接各个数据集，并将其整合成用户如何与我们的系统交互的统一视图。建立和维护这样的模型是数据工程师的责任。当然，数据处理也需要按计划可靠地运行。接下来，我们将 DevOps 应用于钥匙环和时间线摄取以保证能够按计划可靠地进行数据处理。

5.4   应用 DevOps 以保证数据处理能够按计划可靠地运行

现在可以对数据处理工作流应用 DevOps 了。我们将对钥匙环的一个子集进行操作，以便可以掌握工作原理。相同的模式可以应用于所有的钥匙环构建步骤和时间线的构建。正如我们在第 3 章讨论 DevOps 时所看到的，我们希望将所有步骤都记录在 Git 中。前面已经设置了一个 Azure DevOps pipeline 来部署 Azure Data Explorer 对象，所以只需要将每个构建步骤封装在一个函数中并将它们存储在 Git 中即可。

5.4.1   使用 Git 追踪和处理函数

代码清单 5.20 显示了如何将 ProfileId 摄取步骤封装为一个函数。Azure Data Explorer 中的函数是一种很方便的方式，可以保存查询并重新运行它们，而不必重新输入。我们将其命名为 KeyringIngestProfileId.csl，并将其推送到 Git 存储库的 ADX/telemetry/functions 路径下。

注意   在运行这些示例之前，请确保你在主分支上(之前的代码清单将我们带到了另一个分支)。可通过运行 git checkout master，然后 git pull 获取最新的更改来实现这一点。确认你已经回到主分支后，则可以运行代码清单 5.20 以及后面的代码了。

代码清单 5.20   创建 ADX/telemetry/functions/KeyringIngestProfileId.csl

```
.create-or-alter function
  KeyringIngestProfileIds() {        ◀——————    将 ProfileId 摄取步骤封装为
    Profiles                                     一个没有参数的函数
    | project GroupId=new_guid(),
      KeyType='ProfileId', KeyValue=tostring(ProfileId)
}
```

代码清单 5.21 所示是 Email 摄取步骤的函数。

代码清单 5.21　创建 ADX/telemetry/functions/KeyringIngestEmail.csl

```
.create-or-alter function KeyringIngestEmails() {
    Profiles
    | join (Keyring | where KeyType == 'ProfileId'
        | project GroupId, ProfileId=toint(KeyValue)) on ProfileId
    | project GroupId, KeyType='Email', Email
}
```

将 Email 摄取步骤封装为一个没有参数的函数

这里就不再浪费篇幅为其他 ID 创建函数了，因为现在已经明显讲述清楚了整个过程：将每个单独的查询封装成一个 Azure Data Explorer 函数。接下来创建一个元数据函数，用于列出构建身份钥匙环时需要调用的所有函数。我们将其命名为 KeyringIngestionSteps.csl。代码清单 5.22 是 KeyringIngestionSteps.csl 的具体内容。

代码清单 5.22　创建 ADX/telemetry/functions/KeyringIngestionSteps.csl

```
.create-or-alter function KeyringIngestionSteps() {
    datatable (FunctionName: string) [
        'KeyringIngestProfileIds',
        'KeyringIngestEmails'
    ]
}
```

将这些文件添加到 Git 并将它们推送到存储库后，我们设置的 DevOps Pipeline 应该会启动并将它们应用到 Azure Data Explorer 集群上。代码清单 5.23 是将这些文件添加和推送到 Git 的命令。

代码清单 5.23　推送到 Git

```
git add *
git commit -m "Keyring functions"
git push
```

当我们想要将另一个 ID 添加到钥匙环时，可以创建另一个摄取函数，并通过将新函数添加到 Keyring Ingestion Steps 表中来更新它。现在已经将所有这些步骤都封装成函数了，唯一剩下的步骤就是创建一个 Azure Data Factory(ADF) pipeline，依次调用它们以重新构建身份钥匙环。

5.4.2　使用 Azure Data Factory 构建钥匙环

现在将创建一个 Azure Data Factory(ADF) pipeline 来构建身份钥匙环。我们将使用 KeyringIngestionSteps 函数来驱动这个 pipeline。第一步是根据这个函数定义一个数据集。代码清单 5.24 是描述这个新数据集的 JSON 代码。

代码清单 5.24　ADF/dataset/KeyringIngestionSteps.json 的内容

```json
{
    "name": "KeyringIngestionSteps",
    "properties": {
        "linkedServiceName": {
            "referenceName": "adx",
            "type": "LinkedServiceReference"
        },
        "annotations": [],
        "type": "AzureDataExplorerTable",
        "schema": [],
        "typeProperties": {
            "table": "KeyringIngestionSteps"    ← 只要函数不需要任何参数，
        }                                          就可以将其当作表来调用
    }
}
```

可使用 Azure Data Factory UI 创建此数据集，将 KeyringIngestionSteps 数据集定义为 Azure Data Explorer 表，然后使用 Azure Data Explorer 链接服务、telemetry 数据库，以及把 KeyringIngestionSteps 函数当作表来调用。(幸运的是，在 Azure Data Factory 中可以将函数当作表来调用。)在 UI 上单击 Save 按钮后，代码清单 5.23 中的 JSON 文件将显示在 Git 中。我们的 pipeline 将如图 5.11 所示。

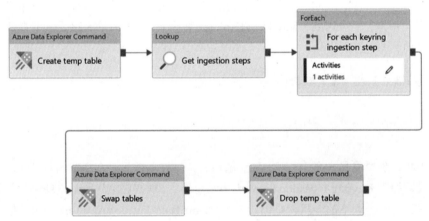

图 5.11　身份钥匙环构建 pipeline，我们在其中创建一个临时表，获取摄取步骤，执行每个摄取步骤，交换表，然后删除临时表

在查看 JSON 之前，我们先了解一下这个 pipeline。第一步是创建一个临时表，用于摄取更新后的身份钥匙环。具体命令是：

```
.create table Staging_Keyring(GroupId: guid, KeyType: string, KeyValue: string)
```

接下来，读取刚刚定义的 KeyringIngestionSteps 数据集。然后，循环遍历从 KeyringIngestionSteps 数据集返回的每一行，并进行摄取。循环包含一个单独的

activity(另一个调用了身份钥匙环摄取步骤的 Azure Data Explorer 命令)。

```
append Staging_Keyring <| @{item().FunctionName}
```

Azure Data Factory pipeline 支持动态内容，即表达式语言，通过这点我们可以引用参数和变量[1]。在示例中，ForEach 循环遍历数据集的行，每次迭代时，当前行可以被引用为 item()。列名为 Function Name，因此可通过 item().FunctionName 进行调用。

可使用@{...}语法将表达式的结果插入命令中。注意，这是 Azure Data Factory 的一个很好的功能，使得 pipeline 非常灵活——我们不限于硬编码的值。在我们的示例中，使用存储在 Azure Data Explorer 中的步骤驱动摄取。当我们在临时表摄取了所有内容之后，就可以将其与旧的 Keyring 表进行交换。这个 Azure Data Explorer activity 的命令是：

```
.rename tables Staging_Keyring=Keyring, Keyring=Staging_Keyring
```

最后，删除临时表(现在是旧的 Keyring 表了)：

```
.drop table Staging_Keyring
```

代码清单 5.25 展示了在保存管道后应该在 Git 中出现的 JSON 内容。我们将突出显示重要的细节，你可以对照你的实现进行交叉验证，但注意，不需要手动创建这些内容，可使用 Azure Data Factory UI 创建。在保存后，对应的 JSON 文件会出现在 Git 中。

代码清单 5.25　ADF/pipeline/buildkeyring.json 的内容

```
{
    "name": "buildkeyring",
    "properties": {
        "activities": [
            {
                "name": "Create temp table",
                "type": "AzureDataExplorerCommand",
                "dependsOn": [],
                "policy": {
                "timeout": "7.00:00:00",
                "retry": 0,
                "retryIntervalInSeconds": 30,
                "secureOutput": false,
                "secureInput": false
            },
            "userProperties": [],
            "typeProperties": {
                "command": ".create table Staging_Keyring(
                ➥ GroupId: guid,KeyType: string,
                ➥ KeyValue: string)",          ←──── 创建临时表
```

---

1 有关 Azure Data Factory 中表达式和函数的更多信息，请参阅 http://mng.bz/gxR8。

```
                    "commandTimeout": "00:20:00"
                },
                "linkedServiceName": {
                    "referenceName": "adx",
                    "type": "LinkedServiceReference"
                }
            },
            {
                "name": "Get ingestion steps",
                "type": "Lookup",
                "dependsOn": [
                    {
                        "activity": "Create temp table",
                        "dependencyConditions": [
                            "Succeeded"
                        ]
                    }
                ],
                "policy": {
                    "timeout": "7.00:00:00",
                    "retry": 0,
                    "retryIntervalInSeconds": 30,
                    "secureOutput": false,
                    "secureInput": false
                },
                "userProperties": [],
                "typeProperties": {
                    "source": {
                        "type": "AzureDataExplorerSource",
                        "query":
                        ➥ "KeyringIngestionSteps",
                        "queryTimeout": "00:10:00"
                    },
                    "dataset": {
                        "referenceName":
                        ➥ "KeyringIngestionSteps",
                        "type": "DatasetReference"
                    },
                    "firstRowOnly": false
                }
            },
            {
                "name": "For each keyring ingestion step",
                "type": "ForEach",
                "dependsOn": [
                    {
                        "activity": "Get ingestion steps",
                        "dependencyConditions": [
                            "Succeeded"
                        ]
                    }
                ],
                "userProperties": [],
                "typeProperties": {
                    "items": {
                        "value": "@activity('Get ingestion steps')
```

引用数据集。如果需要，可通过编辑查询属性来调整查询

我们在整个 pipeline 都使用了默认值，除了这个属性之外。它返回数据集中的所有行，而不仅仅是第一行

将前面 activity 中
的输出值设置为
循环用的 item()

```
        ➥ .output.value",
        "type": "Expression"
    },
    "activities": [
        {
            "name": "Ingest Id",
            "type": "AzureDataExplorerCommand",
            "dependsOn": [],
            "policy": {
                "timeout": "7.00:00:00",
                "retry": 0,
                "retryIntervalInSeconds": 30,
                "secureOutput": false,
                "secureInput": false
            },
            "userProperties": [],
            "typeProperties": {
                "command": {
                    "value": ".append Staging_Keyring <|
                    ➥ @{item().FunctionName}",
                    "type": "Expression"
                },
                "commandTimeout": "00:20:00"
            },
            "linkedServiceName": {
                "referenceName": "adx",
                "type": "LinkedServiceReference"
            }
        }
    ]
},
{
    "name": "Swap tables",
    "type": "AzureDataExplorerCommand",
    "dependsOn": [
        {
            "activity": "For each keyring ingestion step",
            "dependencyConditions": [
                "Succeeded"
            ]
        }
    ],
    "policy": {
        "timeout": "7.00:00:00",
        "retry": 0,
        "retryIntervalInSeconds": 30,
        "secureOutput": false,
        "secureInput": false
    },
    "userProperties": [],
    "typeProperties": {
        "command": ".rename tables Staging_Keyring=Keyring,
        ➥ Keyring=Staging_Keyring",
        "commandTimeout": "00:20:00"
    },
```

调用与当前迭代对应的函
数，并将结果导入临时表

将临时表与 Keyring
表交换

```
            "linkedServiceName": {
                "referenceName": "adx",
                "type": "LinkedServiceReference"
            }
        },
        {
            "name": "Drop temp table",
            "type": "AzureDataExplorerCommand",
            "dependsOn": [
                {
                    "activity": "Swap tables",
                    "dependencyConditions": [
                        "Succeeded"
                        ]
                }
                ],
                "policy": {
                    "timeout": "7.00:00:00",
                    "retry": 0,
                    "retryIntervalInSeconds": 30,
                    "secureOutput": false,
                    "secureInput": false
                },
                "userProperties": [],
                "typeProperties": {
                    "command":
                    ➥ ".drop table Staging_Keyring",        ◀──  删除临时表(现在是旧
                    "commandTimeout": "00:20:00"                   的 Keyring 表)
                },
                "linkedServiceName": {
                "referenceName": "adx",
                "type": "LinkedServiceReference"
            }
        }
    ],
    "annotations": []
    }
}
```

现在，向身份钥匙环添加新的 ID 不需要进行任何 pipeline 更新；只需要创建新的摄取函数并将其添加到 Keyring Ingestion Steps 数据表中即可。构建时间线的步骤类似，因此我们不会详细介绍整个实现过程，只是简单地描述一下需要进行的操作。

(1) 将每个事件摄取代码封装成一个函数。

(2) 将所有这些函数添加到 Timeline Ingestion Steps 数据表中。

(3) 构建一个 Azure Data Factory pipeline，迭代执行这些摄取步骤。

现在已将所有内容都存储在 Git 中，并且可以按计划触发运行。我们已在第 4 章设置了监控，所以如果出现任何问题，我们将收到通知。这个设置允许我们持续运行数据处理。

5.4.3 扩展规模

首先需要说明一下，正如我们在第 2 章(2.2.3 节)简要介绍的那样，Azure Data Explorer 对查询有一定的限制，所以在处理大型数据集时可能会遇到这些限制。提醒一下，一个查询最多可以返回 50 万行和 64 MB 的数据。那么对于身份钥匙环和时间线场景，我们可能会达到这些限制。

可通过分区摄取解决这个问题。这意味着可以将整个数据集分成多个批次来进行摄取，以保持数据量低于 Azure Data Explorer 的限制。现在我们相应地更新摄取函数。代码清单 5.26 是 Keyring Ingest Profile Id 表的分区版本。

代码清单 5.26 ADX/telemetry/functions/KeyringIngestProfileId.csl 的分区版本

```
.create-or-alter function KeyringIngestProfileIds(          添加 currentPartition 和
➥ currentPartition: int, partitionCount: int) {            partitionCount 参数
    Profiles
    | where hash(ProfileId,                                使用 hash()取模 partitionCount；只
    ➥ partitionCount) == currentPartition                  保留 hash 到当前分区的用户资料 ID
    | project GroupId=new_guid(),
    ➥ KeyType='ProfileId', KeyValue=tostring(ProfileId)
}
```

我们可使用 partitionCount 为 10 和 currentPartition 在 0 到 9 之间的值来调用这个更新后的函数，它将只返回 1/10 的用户资料 ID。

可以类似地更新 KeyringIngestEmail 函数，具体如代码清单 5.27 所示。

代码清单 5.27 更新 ADX/telemetry/functions/KeyringIngestEmail.csl

```
.create-or-alter function KeyringIngestEmails(currentPartition: int,
➥ partitionCount: int) {
    Profiles
    | where hash(Email, partitionCount) == currentPartition
    | join (Keyring | where KeyType == 'ProfileId'
      | project GroupId, ProfileId=toint(KeyValue)) on ProfileId
    | project GroupId, KeyType='Email', Email
}
```

可以将相同的模式应用于所有摄取函数。然后把 Azure Data Factory pipeline 中的 ForEach 循环内的单个摄取 activity 替换成如图 5.12 所示的 pipeline。

该 pipeline 有一个参数和两个变量。参数是 FunctionName，对应用于摄取的 Azure Data Explorer 函数。两个变量是 CurrentPartition 和 NextPartition。该 pipeline 的工作原理如下：

(1) 将 CurrentPartition 设置为 0。

(2) 重复直到 CurrentPartition 等于 10，即我们的分区计数。

(3) 在循环内，通过调用以下代码摄取一个分区。

```
.append Staging_Keyring
➥ <| @{pipeline().parameters.FunctionName}
➥ (int(variables('CurrentPartition')), 10)}
```

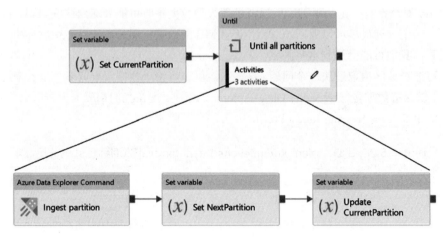

图 5.12　用于摄取分区的 pipeline

我们来解释一下。首先，从 pipeline 参数中使用 pipeline().parameters. FunctionName 获取函数名。然后，将 CurrentPartition 的值和分区计数(10)作为 int 传递给它。

(4) 增加 CurrentPartition。

在撰写本文时，Azure Data Factory 存在一个限制，即 Set Variable activity 在更新值时不能引用所设置的变量本身。这意味着不能直接增加 CurrentPartition。然而，可通过首先将 NextPartition 更新为 CurrentPartition + 1，然后将 CurrentPartition 设置为 NextPartition 来解决这个问题。

我们快速查看这个 pipeline 的 JSON。具体内容如代码清单 5.28 所示。

代码清单 5.28　ADF/pipeline/keyringingestionstep.json 的内容

```
{
    "name": "keyringingestionstep",
    "properties": {
        "activities": [
            {
                "name": "Set CurrentPartition",
                "type": "SetVariable",
                "dependsOn": [],
                "userProperties": [],                  将 CurrentPartition
                "typeProperties": {                     变量设置为 10
                    "variableName": "CurrentPartition",
                    "value": "0"
                }
            },
            {
                "name": "Until all partitions",
```

```
"type": "Until",
"dependsOn": [
    {
        "activity": "Set CurrentPartition",
        "dependencyConditions": [
            "Succeeded"
        ]
    }
],
"userProperties": [],
"typeProperties": {
    "expression": {
        "value": "@equals(int(variables(
        ➥ 'CurrentPartition')), 10)",
        "type": "Expression"
    },
    "activities": [
        {
            "name": "Ingest partition",
            "type": "AzureDataExplorerCommand",
            "dependsOn": [],
            "policy": {
                "timeout": "7.00:00:00",
                "retry": 0,
                "retryIntervalInSeconds": 30,
                "secureOutput": false,
                "secureInput": false
            },
            "userProperties": [],
            "typeProperties": {
                "command": {
                    "value": ".append Staging_Keyring \
    ➥ <| @{pipeline().parameters.FunctionName}
    ➥ (int(variables('CurrentPartition')), 10)}",
                    "type": "Expression"
                },
                "commandTimeout": "00:20:00"
            },
            "linkedServiceName": {
                "referenceName": "adx",
                "type": "LinkedServiceReference"
            }
        },
        {
            "name": "Set NextPartition",
            "type": "SetVariable",
            "dependsOn": [
                {
                    "activity": "Ingest partition",
                    "dependencyConditions": [
                        "Succeeded"
                    ]
                }
            ],
            "userProperties": [],
            "typeProperties": {
```

循环直到 CurrentPartition
等于 10

通过调用函数并使用当前分
区和分区计数来将数据摄取
到身份钥匙环中

```
                              "variableName": "NextPartition",
                              "value": {
                                  "value":
➤ "@{add(int(variables('CurrentPartition')), 1)}",
                                  "type": "Expression"
                              }
                          }
                      },
                      {
                          "name": "Update CurrentPartition",
                          "type": "SetVariable",
                          "dependsOn": [
                              {
                                  "activity": "Set NextPartition",
                                  "dependencyConditions": [
                                      "Succeeded"
                                  ]
                              }
                          ],
                          "userProperties": [],
                          "typeProperties": {
                              "variableName":
➤ "CurrentPartition",
                              "value": {
                                  "value":
➤ "@variables('NextPartition')",
                                  "type": "Expression"
                              }
                          }
                      }
                  ],
                  "timeout": "7.00:00:00"
              }
          }
      ],
      "parameters": {
          "FunctionName": {
              "type": "string",
              "defaultValue": " "
          }
      },
      "variables": {
          "CurrentPartition": {
              "type": "String",
              "defaultValue": "0"
          },
          "NextPartition": {
              "type": "String",
              "defaultValue": "0"
          }
      },
      "annotations": []
  }
}
```

将 NextPartition 设置为 CurrentPartition + 1

将 CurrentPartition 设置为 NextPartition

该 pipeline 有一个由 pipeline 调用者提供的参数 FunctionName

该 pipeline 还有两个变量，CurrentPartition 和 NextPartition

现在回到最上层的原始 pipeline，将 ForEach 循环中的单个摄取 activity 替换为调用该 pipeline，并提供 FunctionName 作为参数。注意，可通过将 PartitionCount 作为参数并更新 KeyringIngestionSteps 来使事情更加灵活，这样不仅可以追踪需要调用的函数，还可根据数据量确定每个函数所需的分区数量。这样，可以将行数较多的 ID 拆分成较多的分区，将行数较少的 ID 拆分成较少的分区。这里就不详细介绍代码了，但你可以自己编写这部分代码作为练习。

一般来说，可使用这种技术处理超出存储解决方案限制的大型数据集。分区的确切数量取决于数据集。当你在 Azure Data Explorer UI 中运行查询时，引擎不仅会返回查询结果，还会返回查询统计信息。这些统计信息包括返回数据集的行数和大小。这些都是确定分区大小的好的数据点，从而可以突破每个查询最多 50 万行和 64 MB 的限制。

简单小结一下，本章主要介绍了数据处理以及如何重塑我们平台上摄取的数据以更好地支持我们的工作任务。介绍了如何使用 DevOps 设置和 Azure Data Factory 来构建身份钥匙环。我们构建了一个使用 KeyringIngestionSteps 确定需要运行的步骤的 pipeline。为了扩展到大型数据集，介绍了如何对摄取函数进行分区，并创建一个处理分区摄取的 pipeline。可使用相同的模式构建时间线摄取 pipeline。这样就可以自动化数据处理了。

本章重点关注如何重塑原始数据。第 6 章将重点关注运行数据分析——数据科学团队将在数据平台和数据模型上运行数据分析。

5.5　本章小结

- 规范化数据可以减少重复并提高一致性；反规范化数据可以提高性能。
- 事实表包含业务事实并链接到维度表。
- 维度表捕获各种对象的附加属性。
- 星型模式以一个或多个事实表为中心，然后连接多个维度表。
- 雪花模式比星型模式更复杂，就是将星型模式中的维度表进一步规范化为多个其他维度表。
- 有时会有一些无法适应固定列的数据，需要以半结构化的形式存储起来。
- 身份钥匙环帮助我们连接由各个系统创建和掌握的身份标识。
- 时间线视图创建了一个企业系统中相关事件的整体视图，使我们能够关联本来无关的事件。
- 使用 DevOps 进行数据处理，将所有内容都通过 Git 追踪，并定期自动运行以进行更新。

第 *6* 章

数 据 分 析

本章涵盖以下主题：
- 开发环境和生产环境分离下如何访问数据
- 设计数据分析的工作流程
- 如何让数据科学家能够自己架设数据摄取管道，从而自助移动数据

　　本章的主题是数据分析，它是数据平台支持的主要工作任务之一。第 3 章提到过这个主题，当时使用了数据科学家 Mary 的一个查询作为示例，应用了 DevOps——使用源代码控制追踪并使用 Azure Pipeline 部署。本章将扩展这个主题。图 6.1 突出显示了本章内容在全书的位置。

　　本章将使用和第 5 章完全不同的方法进行介绍。第 5 章重点讲述了如何实现数据处理的各个方面，本章关注的是如何让数据科学家更好地开展工作。这意味着我们要搭建基础设施，让他们能够自助满足自己的需求，同时我们设置确保自助服务顺利进行的保护措施。

　　本章不会关注分析本身，而是关注如何最好地设计分析系统，从而最大限度地减少数据移动和数据处理，同时保证高质量标准。首先，我们将研究三种在开发环境和生产环境分离下存储数据的方法以及优缺点。接下来，将设计一个包含多个阶段的数据分析工作流程：原型、验收测试、部署到生产环境。我们将使用保留策略和访问控制。生产环境上的所有工作都通过 DevOps 进行。

　　我们将讲述数据科学家如何使用 Azure Data Factory(ADF)自助创建自己的 ETL(extract、transform、load，提取、转换、加载)管道而不需要依赖数据工程师或 SRE(Site Reliability Engineer，站点可靠性工程师)。我们将在生产环境中操作管道，并使用注解和构建时验证等保护措施，以确保开发环境中的数据不会影响生产环境中

的数据。数据工程师应该专门负责生产环境、整体运营和平台健康，同时不应成为阻碍数据分析工作的瓶颈。这意味着需要设计一个环境，让数据科学家能够自助满足其需求，而不会对生产环境造成负面影响。现在先从开发环境和生产环境分离下如何访问数据开始。

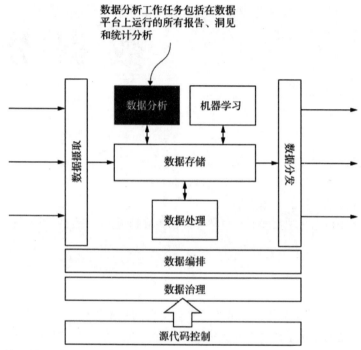

图 6.1　数据分析是数据平台需要支持的主要工作任务之一。具体包括数据科学家可能想要运行的所有报告、洞见和统计分析

6.1   开发环境和生产环境分离下如何访问数据

第 4 章简要介绍了开发环境与生产环境分离。我们创建了一个独立的生产数据库和两个 Azure Data Factory，一个用于开发环境，一个用于生产环境。现在扩展一下，介绍三种在开发环境和生产环境分离下访问数据的方法以及优缺点。

我们从软件工程领域知道，生产环境应该是锁定的，并且始终正常运行。只有值班的 SRE 可以更改生产环境。但是开发环境更加开放，有时可能会出现故障，但是不应该影响生产环境的工作任务。

所有团队成员都可以对开发环境进行更改。例如，一个网站至少有两个部署环境：生产环境(面向客户)，开发环境(供工程团队用于尝试新功能)。有时还会有一个用于集成的预生产环境，但这里暂时不考虑这个环境。图 6.2 显示了常见的设置。

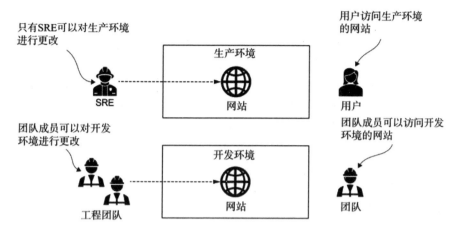

图 6.2   生产环境和开发环境。只有 SRE 可以对生产环境进行更改,包括部署新功能。团队中的任何人都
           可以对开发环境进行更改。用户访问生产环境的网站。负责网站的团队访问开发环境的网站

以上做法也可以应用于数据平台。我们可以有一个生产环境,所有自动化运行都
在其中进行,还有一个开发环境,供数据科学家进行实验。如果认为开发环境中的原
型有价值,可以将它升级到生产环境(由 SRE 部署)。图 6.3 展示了详情。

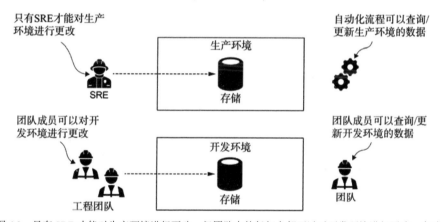

图 6.3   只有 SRE 才能对生产环境进行更改,但团队中的任何人都可以对开发环境进行更改。自动化
           流程连接到生产存储。团队成员连接到开发存储

与网站不同,在数据平台这里,可能不会让公司外部的用户直接连接到数据,但
我们会有各种流程(如数据建模、训练机器学习模型、将数据发布给下游数据使用者
或通过 API 提供服务等)。这些流程需要可靠地运行,因此单独提供一个生产环境是
有意义的:我们不希望初级数据科学家意外运行一个会占用所有计算资源的昂贵查
询,从而导致我们的 API 请求失败。对此,可通过以下几种方法让这位初级数据科学
家访问数据。

- 对生产数据处理后再部分复制到开发环境。

- 将生产数据完全复制到开发环境。
- 在开发环境中提供对生产数据的只读视图。

我们将介绍每种方法并讨论各自的优缺点。注意，这里谈论的是广义上的"访问"——谁可以访问生产环境数据，谁不能。实际上，我们还需要一个额外的、更细粒度的访问控制层来正确保护数据：某些人只能访问特定的数据集，而更敏感的数据将受到保护，并限制只有很少的人可以查看。第 10 章讨论合规的时候会详细介绍。本章只讨论访问控制的外层——谁可以访问环境中的一些数据。

6.1.1　对生产数据处理后再部分复制到开发环境

第一种方法是对生产数据处理后再部分复制到开发环境。在这种方法中，需要维护一个将数据从生产环境移到开发环境的摄取管道。通常只复制生产环境所有数据的一部分。这种方法有一个优点，可以对信息进一步进行过滤或者脱敏处理。

例如，假设想对客服工单消息进行情感分析。虽然可以将这些消息提供给 Azure Cognitive Services(Azure 认知服务)，但由于隐私影响，我们可能不希望将所有这些消息暴露给整个数据科学团队。图 6.4 展示了整个流程。

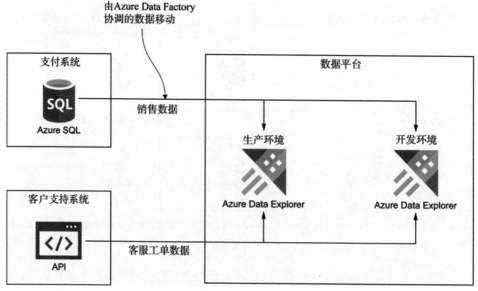

图 6.4　将支付系统和客户支持系统的数据摄取到生产环境和开发环境中。数据移动通过 Azure Data Factory 协调，并且可以根据需要进一步过滤摄取到开发存储中的数据

这种方法的主要缺点是必须维护这个将数据从生产环境移到开发环境的摄取管道。这会引入更多的故障点。我们更希望将精力放在保证生产环境管道平稳运行方面，不想额外花精力处理这个仅用于开发环境的 ETL 摄取管道的相关错误。此外，我们还需要额外花精力保持这个仅用于开发环境的 ETL 管道最新状态。例如，如果生产环境

中的模式更改，则需要确保这种更改也反映在这个仅用于开发环境的管道。总之，我不建议采用这种方法，因为它的维护成本很高，而且我们还有其他选择，比如将生产数据完全复制到开发环境、在开发环境中提供对生产数据的只读视图。

6.1.2 将生产数据完全复制到开发环境

将生产数据完全复制到开发环境通常更经济，因为不需要添加任何专门针对开发环境的逻辑。我们只需要确保生产环境中的所有内容全部复制到开发环境即可。图 6.5 展示了整个流程。

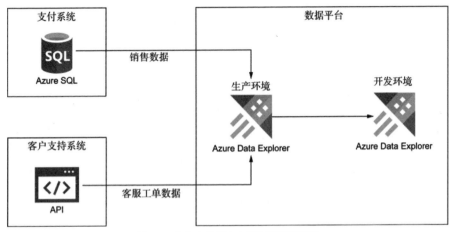

图 6.5 将生产数据完全复制到开发环境

不过采用这种方法，依然需要维护针对开发环境的 ETL 管道。但除了完全复制数据外，不需要做太多额外的工作。然而，还有一种更好的选择：在开发环境中提供生产数据的只读视图。这样就不需要维护 ETL 管道了。

6.1.3 在开发环境中提供生产数据的只读视图

在可能的情况下，最好的方法是在开发环境中提供生产数据的只读视图。与之前的方法相比，这种方法的关键区别在于没有任何额外的数据移动。我们只需要根据具体的存储解决方案设置只读访问权限。

如果数据存储在没有自己计算资源的存储服务中(如 Azure Data Lake Storage，ADLS)，我们在开发环境中简单授予对其的只读访问权限即可。除了一些大规模限制(参见 http://mng.bz/eMpG)之外，从 Azure Data Lake Storage 账户读取数据不应对正在读取或写入该账户的其他工作任务产生负面影响。

如果服务还拥有自己的计算资源，如 Azure SQL 或 Azure Data Explorer(ADX)，则需要更加小心。我们可能面临开发查询对服务的整体性能产生负面影响并影响生产工作任务的风险。幸运的是，这些类型的服务提供了自动复制数据的方法。

Azure SQL 中的自动复制数据库方法主要用于 API 后端，以提供多个读取副本，供不同区域更快地使用。不过可利用这一功能为团队创建只读数据库副本，供他们在开发环境中使用。对于 Azure Data Explorer，可使用 leader/follower 设置，将有两个集群，一个称为 leader，另一个称为 follower，follower 集群会自动复制 leader 集群的数据，并将其作为只读副本使用。通过这个功能，在 Azure Data Explorer 中，当从 leader 集群摄取数据后的几分钟内，数据会自动复制到 follower 集群中，而不需要任何额外的工作。

虽然数据是相同的，但生产工作任务在 Azure Data Explorer 生产集群中运行，使用其专用计算资源；然后在 Azure Data Explorer 开发集群中进行开发，使用该集群的计算资源，如图 6.6 所示。这样可以有效地将计算资源隔离开，从而确保在 Azure Data Explorer 开发集群中运行的查询不会影响在 Azure Data Explorer 生产集群中运行的查询。

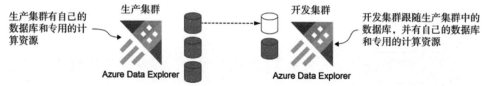

图 6.6   Azure Data Explorer 生产集群有自己的数据库和专用的计算资源。开发集群有自己的
         数据库和专用的计算资源。开发集群跟随生产集群中的数据库

接下来详细介绍如何创建这个设置。现在在我们已经有一个带有 telemetry 数据库的 adx$suffix 集群。我们将其视为生产集群，并建立一个 adxdev$suffix 来跟随该数据库。代码清单 6.1 显示了如何设置一个 follower 数据库，要在 adx$suffix 集群执行。

代码清单 6.1   设置 Azure Data Explorer 开发集群和 follower 数据库

两个集群的位置(详见后文)

```
az kusto cluster create `              第 2 章使用过这个命令创建
--location "Central US" `              adx$suffix 集群。这里使用
--cluster-name "adxdev$suffix" `       一个不同的名称
--resource-group adx-rg `
--sku name='Dev(No SLA)_Standard_D11_v2' capacity=1 tier='Basic'

$leader = az kusto cluster show `      检索 leader 的 adx$suffix
--resource-group adx-rg --clustername  信息作为对象
"adx$suffix" | ConvertFrom-Json

az kusto attached-database-configuration create `   创建一个 follower 数据库
--attached-database-configurationname
telemetryConfiguration `      命名配置，可以是任何名称
--cluster-name "adxdev$suffix" `       命名 follower 集群
--location "Central US" `
```

```
    --cluster-resource-id $leader.id `          命名 follower 数据库
    --database-name telemetry `
    --default-principals-modification-kind Union `     关于访问控制覆盖的详
    --resource-group adx-rg                             细信息请参见后文
                                                指定存储配置的资源组。
                                                将其保存在 adx-rg 中
leader 的资源 ID。我们从$leader
对象中获取该信息
```

现在，你应该能够使用 Web UI(https://dataexplorer.azure.com/)连接到新创建的集群 adxdev$suffix。telemetry 数据库将被复制到只读的 follower。你可以对数据发出查询(在 follower 的计算机上运行)。因为这是一个 follower，所以数据库是只读的；你只能在 leader 创建新对象或导入数据。以下是关于 Azure Data Explorer leader/follower 设置的更多信息。

> **关于 Azure Data Explorer leader/follower 设置的更多信息**
>
> 集群必须位于同一个 Azure 区域(代码清单 6.1 中为 Central US)，不能从位于不同区域的集群中跟随数据库。跟随是发生在数据库级别。集群 A 可以跟随集群 B 的数据库，同时集群 B 也可以跟随集群 A 的其他数据库。
>
> 有三种方法可以在跟随的数据库上配置访问控制覆盖：none(使用 leader 权限)、union(使用 leader 权限和在 follower 上配置的任何其他权限)、replace(仅使用在 follower 上配置的权限)。例如，这种覆盖允许授予数据科学家对 follower 开发集群的访问权限，而不授予其对生产集群的访问权限。
>
> 还可以覆盖缓存策略。缓存使 Azure Data Explorer 查询非常快，但会影响成本。缓存的越多，就需要更昂贵的集群 SKU。有时候 leader(生产环境)可能需要比 follower(开发环境)更大的缓存，这种情况下，可以覆盖缓存策略。具体操作命令详见 http://mng.bz/pJ6R。

6.1.4　小结

本节探讨了三种在开发环境和生产环境分离下访问数据的方法。第一种方法是为开发环境专门设置一个 ETL，对生产数据处理后再部分复制到开发环境。这使我们有机会在数据复制到开发环境之前对其进行过滤和处理，但这样做非常昂贵。我们将不得不维护和操作几乎是双倍数量的 ETL 管道。

第二种方法是将生产数据完全复制到开发环境。这种方法在维护方面比前一种方法稍微便宜一些，但仍然相当昂贵。第三种方法也是我们推荐的方法，在开发环境中提供对生产数据的只读视图。具体如何实施取决于使用的存储解决方案。

- 对于没有自己计算资源的存储服务(如 Azure Data Lake Storage)，简单地授予只读访问权限即可。
- 对于集成了存储和计算资源的服务(如 Azure SQL、Azure Data Explorer 等)，通常会采用它们提供的复制机制。例如对于 Azure Data Explorer，我们可以利用其 leader/follower 设置。

总之，我们希望提供一个锁定的生产环境，能够让团队中的大部分人访问我们在生产环境和开发环境中处理的数据，同时生产环境又不会受到开发环境中发生的事情的影响。接下来，将设计数据分析的工作流程。

6.2   设计数据分析的工作流程

本节将设计分析工作流程，数据科学家可以在开发环境中构建查询和报告，并在适当的情况下访问生产数据。在经过测试和验证后，这些查询和报告将进入锁定的生产环境。从概念上讲，整个分析工作流程包括：原型、开发和用户验收测试、部署到生产环境，具体如图 6.7 所示。

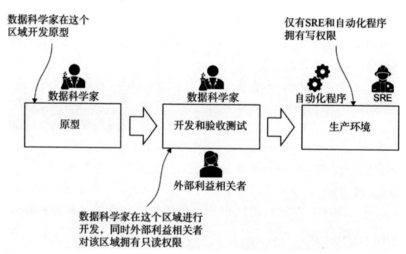

图 6.7   数据科学家在原型区域开发原型。然后他们在开发和用户验收测试区域进行开发，同时外部利益相关者
可以对该区域进行只读访问以进行验证。生产环境被锁定，只有自动化程序和 SRE 才有写权限

非常重要的一点是，依赖关系永远不会向后流动：生产环境永远不会依赖于尚未进入生产环境的数据集。这是因为无法为生产环境之外的东西提供任何保证(数据可能被删除，可能不会更新等)。生产环境是应用严密工程规范和提供各种保证的地方。

再次使用 Azure Data Explorer 完成这个场景，不过可以将相同模式应用于其他存储解决方案。现在，在 adxdev$suffix 集群创建与此环境相对应的数据库。具体命令如代码清单 6.2 所示。

代码清单6.2   创建原型和开发数据库

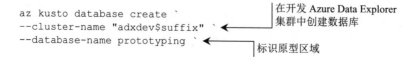

```
--resource-group adx-rg `
--read-write-database location="Central US"

az kusto database create `
--cluster-name "adxdev$suffix" `        标识开发(和用户验
--database-name development `◄──────    收测试)区域
--resource-group adx-rg `
--read-write-database location="Central US"
```

我们将把 telemetry 数据库视为生产区域。该数据库已经与 Azure DevOps(ADO)
连接(我们在第 3 章设置过)。接下来进行访问设置。

我们将为数据科学团队创建一个安全组,为需要进行验收测试的外部用户创建一
个安全组。这些安全组是 Azure Active Directory(AAD)安全组。然后将用户添加到这
些组中。创建安全组的命令如代码清单 6.3 所示。

代码清单 6.3　创建安全组

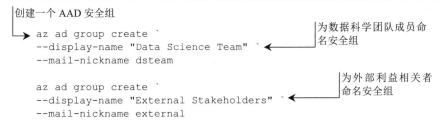

```
创建一个 AAD 安全组
┌──► az ad group create `                           为数据科学团队成员命
│    --display-name "Data Science Team" `◄──────    名安全组
│    --mail-nickname dsteam

     az ad group create `                           为外部利益相关者
     --display-name "External Stakeholders" `◄───   命名安全组
     --mail-nickname external
```

将这些安全组映射到我们的环境中:

- 原型——只有 dsteam 安全组对数据库具有读写权限。
- 开发——dsteam 安全组具有读写权限;external 安全组具有只读权限。
- 生产——dsteam 和 external 安全组都具有只读权限。

现在我们将获取两个组的 Azure AD 对象 ID。可通过 az ad group list 命令获取所
有安全组的列表。它们都应该有一个 objectId 属性。我们将在 Azure Data Explorer UI
中运行代码清单 6.4 所示的 Azure Data Explorer 命令。

代码清单 6.4　使用 Azure Data Explorer 分配权限

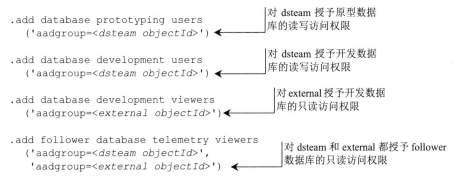

```
                                             对 dsteam 授予原型数据
.add database prototyping users              库的读写访问权限
   ('aadgroup=<dsteam objectId>')◄──────

                                             对 dsteam 授予开发数据
.add database development users              库的读写访问权限
   ('aadgroup=<dsteam objectId>')◄──────

                                             对 external 授予开发数据
.add database development viewers            库的只读访问权限
   ('aadgroup=<external objectId>')◄──────

                                             对 dsteam 和 external 都授予 follower
.add follower database telemetry viewers     数据库的只读访问权限
   ('aadgroup=<dsteam objectId>',
    'aadgroup=<external objectId>')◄──────
```

Azure Data Explorer 命令的一般形式为：.add <objectType> <objectName> <role> (<ID 列表>)。users 角色拥有读写访问权限，viewers 角色拥有只读访问权限。

对于 follower 数据库，命令是.add follower database。注意，访问权限仅在 follower 数据库上授予，不会在 leader 数据库上授予。这意味着数据科学团队成员和外部利益相关者可以在 adxdev$suffix 集群查询 telemetry 数据库，但不能在 adx$suffix leader 中查询。这样生产环境就能避免前面提到的运行超时查询等问题。现在我们已经创建了数据库并授予了访问权限，接下来更详细地讨论每个区域，先从原型区域开始。

6.2.1　原型

可以将原型视为一个分析游乐场，数据科学家可以在其中探索数据，引入各种数据集或数据样本，以发现潜在的洞见和新的可能性。对于一个庞大的数据科学团队来说，这很快会变得难以管理：一些废弃的原型可能仍然包含着业务所依赖的重要洞见；无法强制执行代码审查；文档稀缺等。不过这是正常现象，我们并不希望由数据工程师处理这些问题。这里只需要保证以下两点。

- 原型区域是安全的。
- 尽早完成原型工作进入下一阶段。

一旦明确了原型是业务可以依赖的东西，我们希望将其从该区域移到下一个区域(开发和用户验证测试)，并应用所有工程最佳实践(如源代码控制，确保代码经过审查，限制访问权限，以便不会意外引入破坏性的更改等)。

我们正在运营一个数据平台，通常会与多个外部利益相关者合作，他们需要使用我们的分析结果。第 11 章将讨论数据分发的模式。本章只需要保证：只有我们的数据科学团队才能访问原型区域。我们需要这样做是因为团队中的某个成员可能会将敏感数据合并到该区域中，而另一个团队成员可能希望与外部利益相关者共享他们的非敏感工作。将原型区域开放给外部人员可能会意外泄露共存的敏感数据，详见图 6.8。

我们需要保证的第一件关键事情是，只有团队成员才能访问原型区域，没有例外。这样就可以避免图 6.8 中的情况：敏感信息可能会泄露。我们希望做的第二件事是确保尽早完成原型工作，进入工作流程的下一步。这意味一旦明确了原型的价值，就会应用工程严密性，以便业务能够长期依赖它。其中一种激励方法是添加保留策略。

定义　保留策略(retention policy)是指我们指定记录保留的时长，到期后采取相应措施处理该记录。

例如，可以配置一个保留策略，使原型区域中的所有内容仅保留 30 天。该策略应该为数据科学家提供足够的时间来完成探索性工作并进入下一个阶段。在本例中，Azure Data Explore 可以直接提供这个功能。代码清单 6.5 给出了在原型数据库上配置一个 30 天的保留策略的具体命令。

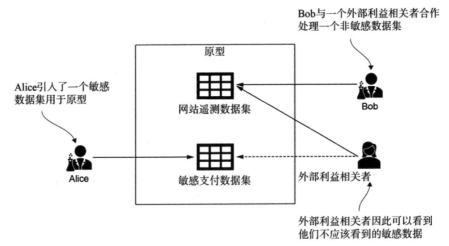

图 6.8 Alice 引入了一个敏感数据集用于原型。Bob 与一个外部利益相关者合作处理一些非敏感数据。
外部利益相关者因此可以看到他们不应该看到的敏感数据

代码清单 6.5 应用保留策略

```
.alter database prototyping policy retention '{
"SoftDeletePeriod": "30.00:00:00", "Recoverability": "Disabled" }'
```

保留策略由一个 JSON 对象表示,包含两个属性:SoftDeletePeriod 确定数据何时
被删除,Recoverability 确定删除的数据是否可以恢复。这样可以确保在该区域导入或
生成的任何数据都会被删除(在本例中是 30 天后),因此有强烈的动力进入下一个阶
段:开发和用户验收区域。

6.2.2 开发和用户验收测试

开发和原型之间的主要区别在于谁可以访问这些数据。在开发周期的某个时刻,
数据科学家需要向外部利益相关者展示他们的工作,进行验收测试。这意味着我们需
要小心避免敏感数据泄露的情况,同时允许团队外的一些人访问。我们还需要提供一
个激励机制,将这项工作推进到生产环境中。

从开发和用户验收测试的角度看,最好的方法是将其视为从治理角度看的生产环
境,而不是从 DevOps 角度看的开发环境。从 DevOps 的角度看,开发和用户验收测
试区域仍然是数据科学团队具有写入权限的区域。我们不一定需要部署自动化,而且
绝对不希望进行自动化监控。这仍然是一个开发活跃的区域。

从治理的角度看,情况有所不同。我们可能会在该区域存储敏感数据,因此希望
授予外部利益相关者对该区域中的某些数据的访问权限,但我们需要强制执行合规性
并避免数据泄露。

我们将在第 10 章讨论更细粒度的访问控制。目前,根据我们迄今为止所做的工

作，我们可以考虑的一种实现方法是将这个区域分成多个数据库。假设有非敏感数据
(网站流量)，但也有一些来自支付团队的敏感数据集，其中包含客户的送货地址。包
含姓名和街道地址的送货地址被视为可识别客户的信息，这更加敏感，需要进行不同
的处理。

　　在我们的示例中，我们与两个不同的团队合作。市场团队关心网站流量以及各种
营销活动对用户参与度的影响。物流团队关心客户地址，以便他们可以优化送货路线。
图 6.9 显示了我们的数据集以及它们与合作伙伴的对应关系。

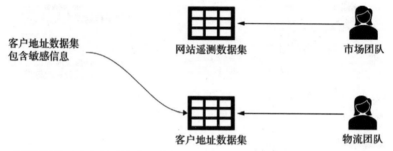

图 6.9　市场团队关心网站遥测数据集。物流团队关心客户地址数据集。客户地址被视为敏感信息

　　当生成新的数据或报告需要进行验收测试时，需要将市场团队或物流团队的成员
引入我们的环境，以便他们可以验证我们的输出。在本例中，可以在开发/用户验收
测试区域创建两个数据库，如图 6.10 所示。

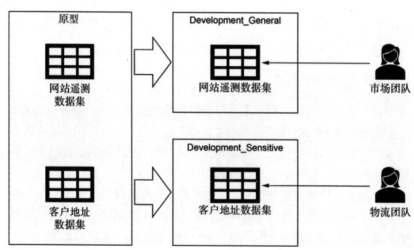

图 6.10　原型区域仅限于我们的团队，以便我们可以共享所有数据集。在进行开发/用户验收测试时，我们
　　　　　提供了一个 Development_General 区域和一个 Development_Sensitive 区域。我们向这些区域授予
　　　　　不同的安全组访问权限，以确保只有那些应该查看敏感数据的人可访问它

　　我们只向市场营销团队授予对 Development_General 数据库的访问权限，并且更
重要的是，只向物流团队授予对 Development_Sensitive 数据库的访问权限。现在，可

以安全地共享我们的网站流量分析工作，而不会将客户地址泄露给不应该看到它们的人。我们可以与物流团队共享 Development_Sensitive 数据库中的数据集，因为他们已经被授权查看客户地址。我们不会在 Azure Data Explorer 中重新创建设置，因为它与我们之前设置的区别不大，只是多了一个数据库和额外的安全组。

本书第Ⅲ部分将多次出现的一个关键点是教育：确保整个团队都了解正确的数据处理方法以及哪些数据集属于哪个数据库。特别是在本节的开发和用户验收测试区域，团队中的每个人都具有写入权限，确保我们的设置不会被一个错误地将物流数据放入网站流量数据的数据科学家绕过至关重要。

另一个鼓励工作流程采用的最佳实践是对只读安全组本身设置保留策略。这意味着如果网站团队的某个成员获得了对 Development_General 数据库的只读访问权限以验证某些分析结果，他们应该只在短时间内获得该访问权限。这样做可以阻止他们对仍处于开发阶段的内容产生任何生产依赖。在开发完成后，分析结果应该在生产环境中发布。

6.2.3　生产环境

生产环境是一切事情都需要自动和可靠运行的地方。第 3 章以数据科学团队的数据科学家 Mary 分析网站页面浏览量为例粗略讲述了一下。本章将扩展到数据科学团队产生的所有分析。

只有 SRE 可以访问生产环境。第 3 章已介绍了如何使用 Azure DevOps Pipelines 从 Git 部署 Azure Data Explorer 对象，以及如何将分析打包成 Azure Data Explorer 函数。图 6.11 所示是一个常规的流程。

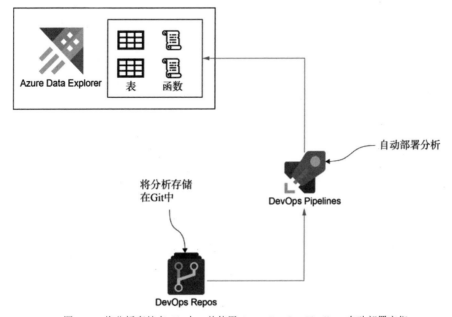

图 6.11　将分析存储在 Git 中，并使用 Azure DevOps Pipelines 自动部署它们

因为我们已经有了这个管道,所以不会重新构建它。本章将关注一些流程方面的内容。一旦一个工件进入生产环境,SRE/数据工程团队负责确保其可靠性。当然,SRE并不总是了解业务背景,所以如果有什么东西出现了根本性的问题,还是需要数据科学家参与以帮助修复。但是因为由 SRE 负责持续支持,所以我们需要实施一个良好的交接流程。

其中一个关键要素是代码审查(code review)。通常,数据科学家对业务背景和查询逻辑有很好的理解,而数据工程师更了解查询优化、存储效率等方面。代码审查允许数据工程师在工件进入生产环境之前进行签署。可以使用分支策略来强制执行这一点,这是 Git 工作流程的重要组成部分。

定义　分支策略(branch policy)可以将正在进行的工作与已完成的工作隔离,正在进行的工作完成之后必须经过代码审查以确认强制执行了最佳实践之后才能合并进主分支。

将在 Azure DevOps 创建一个审查团队来进行代码审查。我们将把工程团队(代码清单 6.6 中的 Data Engineering)成员添加到这个团队中。代码清单 6.6 是使用 Azure CLI 完成该操作的详细命令。

代码清单 6.6　创建一个数据工程 Azure DevOps 团队

```
az devops team create `        ←── 创建一个 Azure DevOps 团队
--name "Data Engineering"
```

这个 Azure DevOps 团队可以包含用户或安全组,从而允许我们为一组用户授予各种权限。

接下来设置分支策略:在 DE Git 存储库/ADX 路径下的更改只有满足策略(需要至少一个团队成员审查代码后进行签名)才能够提交到主分支。具体命令如代码清单 6.7 所示。

代码清单 6.7　应用分支策略

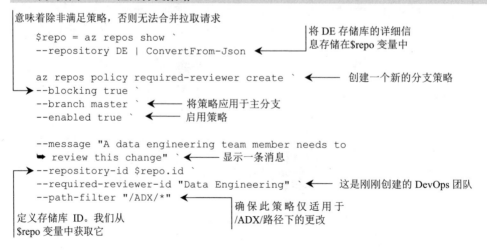

意味着除非满足策略,否则无法合并拉取请求

```
$repo = az repos show `              将 DE 存储库的详细信
--repository DE | ConvertFrom-Json ←──  息存储在$repo 变量中

az repos policy required-reviewer create `  ←── 创建一个新的分支策略
--blocking true `
--branch master `      ←── 将策略应用于主分支
--enabled true `       ←── 启用策略

--message "A data engineering team member needs to
 review this change" `  ←── 显示一条消息
--repository-id $repo.id `
--required-reviewer-id "Data Engineering" `  ←── 这是刚刚创建的 DevOps 团队
--path-filter "/ADX/*"
```

确保此策略仅适用于
/ADX/路径下的更改

定义存储库 ID。我们从
$repo 变量中获取它

现在，/ADX 路径下的所有更改和添加都需要进行代码审查。我们可以确保工程团队是生产 Azure Data Explorer 对象的守门人。

6.2.4 小结

本节设计了数据分析的工作流程，具体如图 6.7 所示。现在用图 6.12 再总结一遍，并且突出数据工程在每个步骤中能带来的最佳实践。

首先，有一个原型区域，该区域仅限于数据科学团队，可以做"任何事情"。这是探索性工作的地方。我们将严格限制访问权限，并且使用保留政策鼓励进入下一步。接下来的开发和用户验收测试区域是外部利益相关者可以在进入生产之前验证分析的地方。这里需要注意数据泄露，并根据允许查看的人员对数据集进行安全设置。最后，生产区域是锁定的，只有 SRE 和自动化程序可以对此进行更改。可使用 Azure DevOps Pipelines 从 Git 部署到此区域。

从开发到生产的过程是将工件从数据科学家交接给工程师/SRE 的过程。我们需要一个过程来促进这种交接，其中包括强制进行代码审查。我们看到了如何使用分支策略来实现这一点。这个流程可以应用在任何数据存储上，而不仅限于 Azure SQL、Azure Databricks。原型区域、开发和用户验收测试区域及生产环境区域等概念，以及谁可以访问什么，都可以应用在任何数据存储上而不限于 Azure 平台。

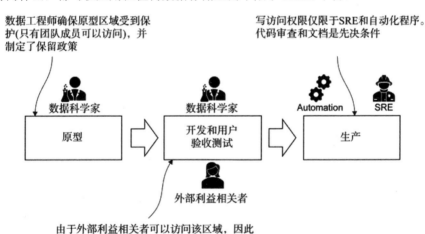

图 6.12　原型区域受到保护，只有团队成员可以访问。外部利益相关者可以进入开发和用户验收测试区域，因此每个人都需要了解适当的数据处理标准，以避免发生数据泄漏。生产区域被锁定，只有自动化程序和 SRE 具有写访问权限。将工件部署到生产环境需要进行代码审查、文档化等

通过本节设计的工作流程，数据科学家可通过分阶段区域逐步推进工作，并要求在进入生产之前对代码进行审查。接下来讲述如何让数据科学家能够自己架设数据摄取管道，从而能够自助移动数据。

6.3 让数据科学家能够自助移动数据

一个常见的场景是数据科学家被要求回答一些业务问题。例如，客服工单处理时长如何影响客户留存率？有时候回答这个问题所需要的数据尚未存在数据平台上，就需要从上游数据源获取这些数据了。

更具体地说，假设已经从支付系统获取了客户订阅数据并进行了相关处理，但是数据平台上没有来自客户支持系统的客服工单数据。这时候有两种方法可以摄取这些缺失的数据。

- 数据科学家可以请求数据工程师构建用于摄取这些数据的管道。
- 数据科学家自己构建摄取管道，然后将其交给数据工程师或 SRE 来操作。

第一种方法行得通，但是需要依赖数据工程师，数据工程团队因此成为所有数据摄取的瓶颈。这种方法的基础知识前面已经讲述过，就是使用 Azure Data Factory 进行 ETL，如图 6.13 所示。

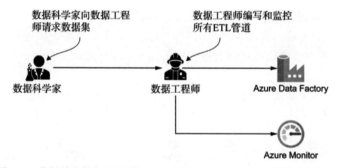

图 6.13 数据科学家请求新的数据集。数据工程师编写 ETL 管道并监控它们

另一种方法是赋予数据科学家创建自己 ETL 管道的能力，将其部署到生产环境，并由数据工程师(或 SRE)监控。图 6.14 展示了这种方法。

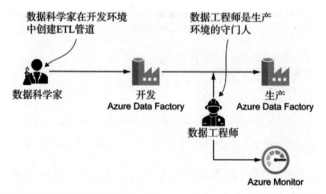

图 6.14 数据科学家可以在开发环境编写自己的 ETL 逻辑。数据工程师是生产环境的守门人。他们负责生产环境并监控生产环境的工作负载

与 6.2 节数据分析工作流程类似，本节的重点是建立正确的保护措施和流程，以支持自助数据摄取，同时确保质量和可维护性。我们首先讲一下基本原则和相关背景。

6.3.1　基本原则和相关背景

首先，我们需要明确责任。我们有一个开发用的 Azure Data Factory，数据科学家可以在其中开发将数据引入系统的管道。这个工作区与 Git 同步。使用 Azure DevOps Pipelines 部署生产环境的 Azure Data Factory。第 4 章已经介绍过这个设置，包括了如何通过 Azure Data Factory 进行编排，如何使用 Azure Monitor 进行监控。

我们提出的自助设置是，数据科学家在 Azure Data Factory 开发环境中进行开发，提交拉取请求以进行更改，然后将这些更改应用到生产环境中。我们的设计是：生产环境是锁定的，只有 SRE 才能访问。

采用这种方法的主要目标是扩展规模，只需要少量的 SRE 支持团队就能支持所有数据科学家开发的大量管道。需要澄清的是，这并不意味着一旦管道进入生产环境，SRE 就是唯一负责的人。因为这样无法扩展。如果只有一两个工程师维护几百个管道，则不能指望他们具备修复所有管道的所有上下文。可行的方法是，SRE 作为生产事故的前线来响应以下问题。

- 对于短暂问题(例如上游数据源由于负载过重而超时)，SRE 可以尝试手动重新运行管道来缓解问题。
- 对于较小的问题(例如上游重命名了一个列导致管道出错)，可以采取同样的方法。
- 对于更复杂的问题，SRE 会联系原始管道的开发人员。

为了解决问题，编写原始管道的数据科学家将需要给予数据集和利益相关者更多的上下文信息。本章的其余部分将讨论可以采取的一些保护措施，以确保这个过程顺利运行。我们先介绍数据合约。

6.3.2　数据合约

可通过检查管道的 JSON 或在 Azure Data Factory UI 中打开它来查看 Azure Data Factory 管道使用的源表和目标表。然而，这并不能显示一些重要的数据点，例如：

- 如果出现问题，应该联系哪些人？
- 这个管道适用于哪些场景？

可通过数据合约记录这些额外的信息。代码清单 6.8 展示了一个轻量级的、使用 Markdown 编写的数据合约模板。

定义　数据合约(data contract)是指随数据一起移动的文件，用于记录相关信息(如上游联系人、服务级别协议、适用的场景等)。

代码清单 6.8 数据合约模板

```
# Dataset source

Document source location and contacts.

# SLA
Service level agreement with upstream (e.g. how often is the data going to be

➥ refreshed).

# Dataset destination

Document destination location and contacts.

# Supported scenario

What scenario is this data enabling.

# Stakeholders

Who are the stakeholders for the scenario.
```

通过数据合约,可以回答以下重要问题。

- 如果这个管道遇到需要更多人参与的非瞬态问题,应该联系我们团队的哪些成员?
- 如果上游没有通知就中断了,应该联系上游团队的哪些成员?
- 如果该数据集存在数据问题,应该通知哪些利益相关者?
- 该数据集适用于哪些场景?

随着时间的推移,最后一个问题尤为重要。因为很多时候,场景已经不再相关。例如,数据科学家确定了客服工单处理时长和客户留存率之间的相关性并生成了详细报告之后,就没有人再关注这些数据了。通过记录适用场景的数据合约,我们可以清理环境并删除不再需要的管道。第 8 章将讲述如何通过数据集的元数据来处理相关情况。本节所列的问题使用数据合约就足够了。

此外,让开发人员(包括数据科学家)编写文档也很重要,这点往往会被忽视。一项激励措施是设置一个验证构建,拒绝没有所需文档的拉取请求。我们看看如何实现。

6.3.3 管道验证

本节将在 Azure DevOps 实施我们的防护措施。首先,为 Azure Data Factory 创建一个分支策略,就像对 Azure Data Explorer 对象所做的那样,如代码清单 6.9 所示。

代码清单 6.9　应用 Azure Data Factory 的分支策略

```
$repo = az repos show --repository DE | ConvertFrom-Json

az repos policy required-reviewer create `
--blocking true `
--branch master `
--enabled true `
--message "A data engineering team member needs to review this change" `
--repository-id $repo.id `
--required-reviewer-id "              此策略与代码清单 6.7 中的策
Data Engineering" `                   略唯一的区别是路径过滤器
--path-filter "/ADF/*"     ◀──────    (path-filter 参数)
```

可以对不同的场景设置不同的审查者。假设可以由 Azure Data Explorer 专家审查要部署到 Azure Data Explorer 的更改，由 Azure Data Factory 专家审查 Azure Data Factory 的更改。在示例中，将在 Azure DevOps 将 required-reviewer-id 参数设置为 Data Engineering，以指定数据工程团队处理这两方面。

现在，任何要合并到主分支的 Azure Data Factory 更改都必须由数据工程团队的成员进行审查。对此我们可以自动化强制执行。可以在 Azure Data Factory 管道里面添加注解(annotation)，这些注解可以是任意值。图 6.15 显示了如何在 Azure Data Factory UI 中添加注解。

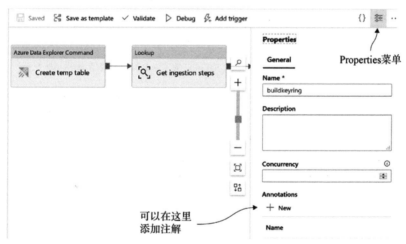

图 6.15　要在 Azure Data Factory UI 编辑器中创建注解，单击 Properties 菜单。在窗格底部，有一个 New 按钮用于添加注解

可以创建一个流程，要求所有管道都有一个关联的数据合约，并且有一个链接到该合约的注解。这里假设我们的 Azure Data Factory 存储在 Git 的/ADF 文件夹下，我们可以要求所有管道链接到一个新的/Docs 文件夹下的数据合约。对此，可使用类似 DataContract:/ MyContract.md 的注解。

创建拉取请求时，可以运行一个验证构建，用于读取所有管道 JSON 文件中的注解，确保所有管道都有一个 DataContract:...注解，并且所指向的 Markdown 文档实际上都存在于存储库中。如果任何管道缺少注解或链接到不存在的文件，构建将失败，拉取请求将不会合并。

接下来介绍如何实现以上流程。首先，编写一个小小的 Python 脚本，以确保所有 Azure Data Factory 管道都具有所需要的注解，并且关联的文档文件都在存储库中。该 Python 脚本具体如代码清单 6.10 所示。

代码清单 6.10　管道验证的 Python 脚本

```
import json
from os import listdir, path

dir = path.join('ADF', 'pipeline')        ← 设置 ADF 管道的相对路径
for file in listdir(dir):                  ← 列出管道文件夹中的所有文件
    with open(path.join(dir, file)) as f:
        pipeline = json.load(f)            ← 加载 JSON 管道
        has_doc = False
        for annotation in pipeline['properties']['annotations']:
            if annotation.startswith(
              ➥ 'DataContract:'):
                has_doc = True
                doc = path.join('Docs',
                  ➥ annotation.split(':')[1])
                if not path.exists(doc):   ← 如果文档不存在，则失败
                    raise Exception('Data contract not found: ' + doc)
        if not has_doc:                    ←
            raise Exception('Pipeline ' + file + ' has no data contract')
```

搜索以 DataContract: 开头的注解，并在找到时将 has_doc 设置为 True

使用冒号拆分，获取冒号后面的部分，即在/Docs 文件夹下我们期望的文档名称

如果 has_doc 依旧为 False，则表示未找到数据合约，将失败

该脚本遍历/ADF/pipeline/下的每个管道，并搜索以"DataContract:"开头的注解。如果找不到注解或关联的文档不存在，则脚本用非零退出代码退出，表示失败。我们将此脚本保存为/Scripts/validate_adf.py，并使用代码清单 6.11 将其推送到 Git。

代码清单 6.11　将 validate_adf.py 推送到 Git

```
git checkout -b validation_script
git add *
git commit -m "ADF validation script"
git push --set-upstream origin validation_script
```

因为现在有一个分支策略，即使只要求对/ADX 路径下的更改进行审查，也必须将更改推送到开发分支并提交拉取请求以进行合并。代码清单 6.11 将新更改推送到 validation_script 分支。我们可使用 Azure DevOps UI 提交拉取请求，然后完成它以将更改合并到主分支。完成后，就可以创建一个验证构建，为每个拉取请求运行此脚本。首先，切换回主分支并使用代码清单 6.12 所示的命令拉取更改。

代码清单 6.12　拉取更改

```
git checkout master
git pull
```

然后创建验证构建。代码清单 6.13 所示是该构建的 YAML 文件。我们将其保存为/YML/ validate-adf.yml。

代码清单 6.13　YML/validate-adf.yml

```
trigger:
  branches:
    include:
    - master
  paths:
    include:
    - ./ADF/*

jobs:
  - job:
    displayName: Validate ADF pipeline
    steps:
    - task: UsePythonVersion@0        ← 使用 UsePythonVersion 任务确保运行 Python 3
      inputs:
        versionSpec: '3.x'
    - task: PythonScript@0            ← 执行 adf_validate.py 脚本
      inputs:
        workingDirectory: $(Build.SourcesDirectory)
        scriptPath: $(Build.SourcesDirectory)/Scripts/adf_validate.py
```

使用代码清单 6.14 所示的命令将此文件推送到 Git。

代码清单 6.14　将 validate-adf.yml 推送到 Git

```
git checkout -b validation_build
git add *
git commit -m "ADF validation build"
git push --set-upstream origin validation_build
```

同样，使用拉取请求将更改合并到主分支。接下来，将使用 Azure CLI 命令创建验证管道，如代码清单 6.15 所示。

代码清单 6.15　创建 Azure Data Factory 验证管道

```
az pipelines create `          ← 创建一个 Azure DevOps 管道(与之前一样)
--name 'Validate ADF pipelines' `   ← 将管道命名为 Validate ADF pipelines
--repository DE `
--repository-type tfsgit `
--yml-path YML/validate-adf.yml `   ← 将其指向刚刚创建的 YML 文件
--skip-run
```

接下来，将创建一个新的分支策略：只允许在构建成功时进行拉取请求。具体命令如代码清单 6.16 所示。

代码清单 6.16   验证构建分支策略

```
$repo = az repos show `
--repository DE | ConvertFrom-Json          将 DE 存储库的详细信息存
                                            储在$repo 中

$pipeline = az pipelines show -
name "Validate ADF pipelines" | ConvertFrom-Json   将 ADF 验证管道的详细
                                                   信息存储在$pipeline 中

az repos policy build create `       创建一个新的构建策略
--blocking true `                    如果构建失败，则拒绝拉取请求
--branch master `
--build-definition-id $pipeline.id `    使用先前检索到的存储库和
--repository-id $repo.id `              管道 ID
--enabled true `
--manual-queue-only false `
--queue-on-source-update-only false `
--display-name "ADF validation" `
--valid-duration 0
```
将拉取请求发送到主分支

现在，除非构建成功，否则任何传入的拉取请求都不会合并进主分支。只有所有 Azure Data Factory 管道都指向了/Docs 文件夹下的数据合约，才会构建成功。

注意，目前会构建失败。因为我们在前几章已经创建了一些管道，但是这些管道并没有指定数据合约。你可以创建/Docs/DE.md 文件，并针对/ADF/pipeline 下的每个 JSON 文件更新 JSON，将它们的注解属性从 annotations: []更改为 annotations: [DataContract:DE.md]。可以在一个分支上执行以上操作并提交拉取请求作为本节内容的练习。如此操作之后，构建应该能够通过，你的请求应该被允许合并。

至此，我们有了一种强制添加文档的自动化方法，接下来看一下最后一个最佳实践：从事故中学习，以改善数据移动的整体健康状况。从事故中学到的所有实践都可以提高平台的整体可靠性。

6.3.4   事后分析

由于我们正在讨论大规模数据移动，因此在任何时间段，都有可能因为瞬态问题、上游问题、扩展问题等原因导致多个管道失败。所以建议定期查看最常见的问题出处：生成最多事故的 ETL 管道(即使是瞬态的)。目的是了解问题的原因并根据需要加以修复，以保持 Azure Data Factory 的整体健康。

例如，我们的网站遥测数据摄取管道可能一开始运行得很好，但随着网站流量的增加和日志的增长，管道可能开始出现故障。首先，会遇到一些超时。随着时间的推移，管道往往会超时。虽然还能运行，但每次运行会需要多次重试，有时需要手动干

预。这明确表明原始实现不再可扩展，这时就需要优化管道。这时候 SRE 就需要进行
事故事后分析。

定义　事故事后分析(incident postmortem)是指将团队聚集在一起，深入研究事故，了解
　　　发生了什么，为什么会发生，以及将来如何防止这种问题的过程。

这里不会过多讨论如何进行事后分析。你会发现这方面有相当多的其他资源。我
们唯一要强调的是，SRE 团队通常会定期召开会议，对重大事故进行事后分析。可以
将最常见的问题整合到事后分析过程中，以确保这些问题变得可见，并且不会一直累
积，直到整个 ETL 变得无法管理。

6.3.5　小结

本节介绍了如何实现自助数据移动。虽然已经在第 4 章介绍了大部分基础设施(其
中包括 Azure Data Factory、Azure DevOps 集成和 Azure Monitor)，本节重点讲述允许
团队中的任何人创建 ETL 管道的工作流程和保障措施。

开发 Azure Data Factory 管道很容易。Azure Data Factory 的 UI 允许使用拖放功能
创建 ETL 管道。我们需要关注的是随着时间的推移的可维护性。为此，首先介绍了
数据合约，它包含了 SRE 需要升级问题和处理沟通的所有信息。接下来，介绍了如
何确保所有管道都有文档记录，这点可通过确保所有对 Azure Data Factory 的更改都
通过拉取请求提交，并通过对这些请求运行验证构建来实现。分支策略和 Azure
DevOps Pipelines 可以帮助我们设置这一点。最后，谈到了事后分析，以及需要定期
审查和更新可能会发生或已经发生过事故的 Azure Data Factory 管道。如果没有这样
做，数据移动的支持成本将不断增加。

实施所有这些流程的好处是使团队中的每个人都能将数据带入平台并通过 ETL
管道推送到生产环境。数据工程师不再是数据摄取的瓶颈，只要确保生产环境保持健
康，就可以更有效地扩展摄取。

第 7 章将讲述数据平台的最后一个重要工作任务——机器学习。第 7 章会将本章
的知识，包括开发环境和生产环境分离下如何存储数据、数据分析及自助数据移动，
应用于机器学习。

6.4　本章小结

- 生产环境不能受到开发环境的影响。
- 我们希望让更多团队成员能够在开发环境中访问生产环境的数据。
- 对于没有计算能力的存储(如 Azure Data Lake Storage，ADLS)，可以简单地为
  开发环境授予只读访问权限。

- 对于同时包含存储和计算能力的解决方案(如 Azure Data Explorer 和 Azure SQL),可以在开发环境中使用副本。
- 底层解决方案支持的复制功能可以避免我们维护一个单独的 ETL 管道来支持开发工作。
- 数据分析的工作流程包括原型、开发和用户验收测试、部署到生产环境。
- 原型区域严格限制在团队内部,并且有一个较短的保留策略,以鼓励从原型转向开发。
- 从 DevOps 的角度看,开发和用户验收测试区域被视为非生产环境,但从数据治理的角度来看,它是生产环境。它不需要自动部署、验证等,但需要严格的访问控制。
- 如果来自多个外部团队的利益相关者需要访问开发和用户验收测试区域(如验收测试),需要将其分割以避免数据泄漏。
- 生产环境区域仅允许 SRE 和自动化程序访问,并且被锁定以防止修改。
- 自助数据移动使我们能够通过适当的保护措施让数据科学家自己搭建ETL管道。
- 数据合约是一份记录 ETL 管道利益相关者、适用场景和其他元数据的文档。
- 可使用验证构建强制要求所有 ETL 管道都关联数据合约。

第 *7* 章

机 器 学 习

本章涵盖以下主题：

- 训练机器学习模型
- 使用 Azure Machine Learning
- 机器学习的 DevOps
- 编排机器学习管道

本章重点介绍数据平台的最后一个主要工作任务：机器学习(Machine Learning, ML)。随着越来越多的场景得到人工智能的支持，机器学习变得越来越重要。本章将讨论如何可靠且规模化地在生产环境中进行机器学习。图 7.1 突出显示了本章内容在全书的位置。

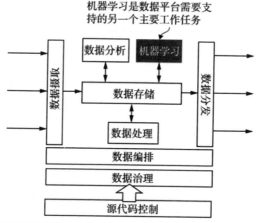

图 7.1　规模化学习与数据处理、数据分析一样是数据平台需要支持的另一个主要工作任务

我们将从一个数据科学家可能在其笔记本电脑上开发的机器学习模型开始。这是一个基于网站遥测数据预测用户是否会成为高消费者的模型。该模型很简单，因为主要关注点不是它的实现方式，而是如何将其带入云中运行。

然后介绍 Azure Machine Learning(AML)，这是一个用于运行机器学习工作任务的 Azure 服务。我们将启动一个实例，进行配置，然后在这个环境中运行我们的模型。还将讨论使用 Azure Machine Learning 训练模型的好处。

接下来，将为这个工作任务实施 DevOps，就像为平台的所有其他组件所做的一样。我们将看到如何使用 Git 追踪所有内容，并使用 Azure DevOps Pipelines 部署模型。机器学习与 DevOps 的结合又称为 MLOps。

最后，将介绍如何使用现有的编排解决方案 Azure Data Factory 编排机器学习运行。我们将构建一个管道，包括三个主要步骤：将输入数据复制到 Azure Data Factory，运行 Azure Machine Learning 工作任务，将训练后的模型复制到 Azure Data Factory。接下来开始训练高消费者模型。

7.1   训练一个机器学习模型

该模型根据用户在网站上的会话数量和页面浏览量来预测用户是否可能是高消费者。会话(session)是指用户访问一次我们的网站(浏览一个或多个页面)。假设用户在我们产品上花费的金额与会话数量和页面浏览量相关。如果用户花费 30 美元或更多，则认为该用户是高消费者。

表 7.1 显示了输入数据：用户 ID(User ID)、会话数量(Sessions)、页面浏览量(Page Views)、花费金额(Total Spent)以及我们是否认为用户是高消费者(High Spender)。代码清单 7.1 显示了用于训练的与表 7.1 对应的 CSV 文件。

表 7.1   高消费者数据

User ID	Sessions	Page Views	Total Spent	High Spender
1	10	45	100	Yes
2	5	10	30	Yes
3	1	5	10	No
4	2	2	0	No
5	9	33	95	Yes
6	7	5	5	No
7	19	31	95	Yes
8	1	20	0	No
9	2	17	0	No
10	8	25	40	Yes

代码清单 7.1　用于训练的 input.csv

```
UserId,Sessions,PageViews,TotalSpent,HighSpender
1,10,45,100,Yes
2,5,10,30,Yes
3,1,5,10,No
4,2,2,0,No
5,9,33,95,Yes
6,7,5,5,No
7,19,31,95,Yes
8,1,20,0,No
9,2,17,0,No
10,8,25,40,Yes
```

你需要在计算机上创建这个文件并命名为 input.csv(或者从本书配套的 Git 存储库中获取)。这里使用很简单的输入和很简单的模型，因为重点是将模型投入生产，而不是构建模型。如果你对模型开发和机器学习感兴趣，有很多优秀的图书可以参考。

假设你的计算机已安装了 Python，现在开始安装模型所需要的两个包：pandas 和 scikit-learn(又称 sklearn)。代码清单 7.2 是使用 Python 包管理器 pip 安装这些包的命令。如果你还没有安装 Python，可以从 https://www.python.org/downloads/下载安装。

代码清单 7.2　安装 pandas 和 sklearn

```
pip install pandas sklearn
```

现在有了输入文件和包，来看看高消费者模型本身。如果你以前没有实现过机器学习模型，不用担心；这个模型只有几行代码，非常简单。我们将逐步介绍这些步骤，以使你至少有高层次的理解。如果你有机器学习的经验，可以直接跳到 7.1.2 节。

7.1.1　使用 scikit-learn 训练模型

我们的模型接收一个--input <file>参数(表示输入的 CSV 文件)。它将这个文件读入一个 Pandas DataFrame。

> **定义**　DataFrame 是 Pandas 库提供的一种高级表数据结构。它提供了各种有用的方法来切片和处理数据。

我们把数据分成用于训练模型的特征(X)和要预测的目标(y)。在示例中，将从输入中取 Sessions 和 Page Views 列作为 X，High Spender 列作为 y。该模型不关心用户 ID(User ID 列)和具体的花费金额(Total Spent 列)，所以可以忽略这些列。

将输入数据分出 80%用于训练模型，剩下的 20%用于测试模型。对于这 20%，将使用模型来预测用户是否是高消费者，并将预测结果与实际数据进行比较。这是度量模型预测准确率的常见做法。

我们将使用 scikit-learn 中的 KNeighborsClassifier。它实现了一个著名的分类算法：

k 近邻算法。我们使用分类算法是因为想将用户分类为高消费者和非高消费者。我们不会在这里详细介绍算法的细节，但好消息是这些细节全部封装在 scikit-learn 库里，所以只需要一行代码即可创建它，然后再用一行代码即可训练它。我们将使用训练数据来训练模型，然后在测试数据上进行预测并打印预测结果。图 7.2 展示了这些步骤。

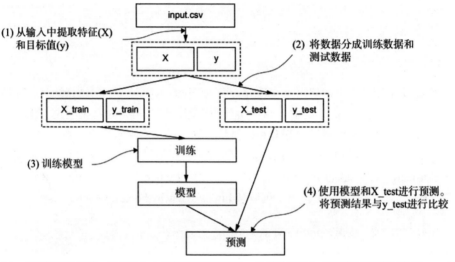

图 7.2　训练模型的步骤。(1)从输入中提取特征和目标值；(2)将数据集分成训练数据和测试数据；(3)在训练数据上训练模型；(4)使用模型在测试数据上进行预测，将预测结果与实际数据进行比较

最后，将模型保存在磁盘上，路径为 outputs/highspender.pkl。现在有了一个训练好的模型，另一个系统可使用它预测新的数据。例如，当用户访问我们的网站时，我们可使用模型预测谁可能是高消费者，然后给他们提供折扣。或者我们希望鼓励非高消费者在网站上花更多时间，希望他们转变为高消费者。无论哪种方式，其他服务都必须加载该模型并提供之前未见过的数据，然后使用该模型预测用户是否可能是高消费者。

7.1.2　高消费者模型实现

训练一个模型听起来可能很复杂，但实际上只需要 25 行 Python 代码，具体如代码清单 7.3 所示。

代码清单 7.3　highspenders.py 的内容

```
import argparse
from joblib import dump
import os
import pandas as pd
from sklearn.neighbors import KNeighborsClassifier
```

```
from sklearn.model_selection import train_test_split

parser = argparse.ArgumentParser()
parser.add_argument(
➥ '--input', type=str, dest='model_input')
```

设置参数解析器以接受--input参数

使用 0.2 的比率将输入数据分为训练数据和测试数据

```
args = parser.parse_args()
model_input = args.model_input
df = pd.read_csv(model_input)
```

从命令行参数获取输入文件路径，并将其加载到 Pandas DataFrame

使用 Sessions 和 PageViews 列作为模型的输入

```
X = df[["Sessions", "PageViews"]]
y = df["HighSpender"]
```

预测 HighSpender 值

```
X_train, X_test, y_train, y_test = train_test_split(
➥ X, y, test_size=0.2, random_state=1)
```

使用默认设置的 KNeighborsClassifier

```
knn = KNeighborsClassifier()
knn.fit(X_train, y_train)
```

在训练数据上训练模型

```
score = knn.predict(X_test)
```

使用训练好的模型在测试数据上进行预测

```
predictions = X_test.copy(deep=True)
predictions["Prediction"] = score
predictions["Actual"] = y_test
```

将输出格式化，复制到一个新的 DataFrame 中，并添加 Prediction 和 Actual 列

```
print(predictions)
```

将预测结果打印到控制台

```
if not os.path.isdir('outputs'):
➥ os.mkdir('outputs')
```

确保我们有一个 outputs/目录

```
model_path = os.path.join(
➥ 'outputs', 'highspender.pkl')
dump(knn, model_path)
```

将模型保存为 outputs/highspender.pkl

运行脚本并检查输出。代码清单 7.4 是运行脚本的具体命令。

代码清单 7.4　运行高消费者模型脚本

```
python highspenders.py --input input.csv
```

你应该在控制台上看到测试预测和实际数据的打印输出。现在还应该看到 outputs/highspender.pkl 模型文件。

严格来说，并不需要预测和打印部分，但如果想要调试模型，这将有所帮助。这里使用了一个较小的输入数据集。输入数据集越大，准确率就越高。但是，我们的重点是用 DevOps 在云中运行这个 Python 脚本。好消息是，DevOps(或 MLOps)方法也适用于更复杂的模型和更大的输入。首先介绍 Azure Machine Learning——Azure 提供的用于在云中运行机器学习的 PaaS(平台即服务)服务。

7.2 引入 Azure Machine Learning

Azure Machine Learning 是微软在云端创建和管理机器学习解决方案的 Azure 产品。Azure Machine Learning 里面的一个实例称为工作区。

> **定义** 工作区(workspace)是 Azure Machine Learning 的顶级容器，它提供了一个集中的地方来处理你创建的所有工件。

本节将创建和配置一个工作区，然后讲述将高消费者模型从本地机器运行到 Azure 所需要的一切。我们还将了解 Azure Machine Learning SDK。Azure Machine Learning 提供了一个 SDK 来设置工作区内的各种资源。由于机器学习中主要使用的语言是 Python 和 R，因此 Azure Machine Learning 提供了丰富的 Python 和 R SDK，以更好地与使用这些语言编写的解决方案集成。

7.2.1 创建工作区

我们从使用 Azure CLI 创建工作区开始。首先，安装 azure-cli-ml 扩展，然后创建一个新的资源组 aml-rg，用于托管我们的机器学习工作任务，最后，在新的资源组中创建一个工作区。具体命令如代码清单 7.5 所示。

代码清单 7.5   创建 Azure Machine Learning 工作区

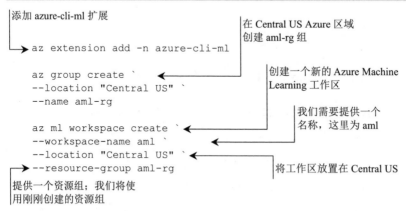

就像 Azure Data Explorer(ADX) 有一个 Web UI：https://dataexplorer.azure.com/ (第 2 章讲述过)，Azure Data Factory 有一个 Web UI：https://adf.azure.com/(第 4 章讲述过)一样，Azure Machine Learning 也有一个 Web UI：https://ml.azure.com/。我们将继续使用 Azure CLI 和 Python SDK 配置资源，但鼓励你尝试使用 Web UI。在本节创建工件之后，可使用 Web UI 查看它们的表示方式。如果访问 Web UI，将看到右侧有一个导航栏，包含三个部分：Author、Assets 和 Manage，如图 7.3 所示。

Author 部分包含 Notebooks、Automated ML 和 Designer。这里不会详细讲述它们，只做一个快速介绍：Notebooks 使用户能够直接在工作区中存储 Jupyter 笔记本和其他文件；Automated ML 是一个实现机器学习的无代码解决方案；Designer 是一个可视化、用于机器学习的拖放编辑器。我们不会详细讲述它们，因为它们主要用于模型开发。我们将讲述机器学习的 DevOps 方面，使用现有的 Python 模型作为示例，所以这些功能对我们来说不太相关。当然，也可以直接使用 Azure Machine Learning 构建模型，但使用现有的 Python 模型作为示例可以让我们了解如何将一个不是使用 Azure Machine Learning 创建的模型引入 Azure Machine Learning 中。

不过我们将介绍 Assets 和 Manage 部分中的大部分内容。Assets 包括 Azure Machine Learning 处理的一些概念，如实验(Experiments)和模型(Models)。稍后会介绍它们。Manage 包括 AML 的计算和存储资源。接下来详细介绍它们。

图 7.3　Azure Machine Learning UI 导航栏包含三部分：Author、Assets 和 Manage

7.2.2 创建 Azure Machine Learning 计算目标

Azure Machine Learning 的一个重要特性是它可以自动扩展计算资源来训练模型。在云中，计算资源指的是 CPU 和 RAM 资源。云中的虚拟机(VM)提供 CPU 和 RAM，但只要它运行，就会产生费用。这对于可能在训练期间需要大量资源，并且训练可能不会持续进行的机器学习工作任务尤为重要。

例如，也许我们的高消费者模型需要每个月训练一次，以预测下个月的营销活动目标。如果只在一个月的某一天需要它，那么一直运行着这个虚拟机将会造成浪费。当然，可以手动打开或关闭它，但 Azure Machine Learning 提供了一个更好的选择——计算目标。

定义　计算目标(compute target)是指可以指定要在其上运行机器学习的计算资源，包括最大节点数和虚拟机尺寸。

提醒一下，Azure 有一组定义好的虚拟机尺寸，这些大小各自具有不同的性能特征和相关成本。

可通过计算目标指定我们需要的虚拟机类型和实例数量，但在运行模型并请求此目标之前，它不会提供资源。当模型运行完后，资源将被释放。这使得 Azure Machine

Learning 的计算具有弹性：资源在需要时分配，然后自动释放。我们只支付使用的部分，而服务会处理所有底层工作。

现在为我们的示例指定一个计算目标。我们最多请求一个节点，使用经济实惠的 STANDARD_D1_V2 虚拟机尺寸(1 个 CPU，3.5 GiB 内存)，并将其命名为 d1compute。具体的 Azure CLI 命令如代码清单 7.6 所示。

代码清单 7.6　创建计算目标

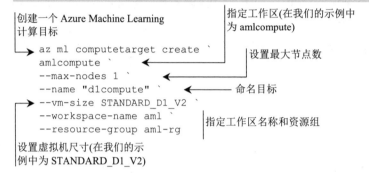

在实际运行机器学习工作任务前，不会产生任何费用。现在如果通过 UI 转到 Manage | Compute 子菜单并跳转到 Compute Clusters，应该会看到刚刚创建的内容。此外，Azure Machine Learning 还包括以下其他计算选项。

- 包含常见机器学习工具和库的预镜像虚拟机。
- 推理集群，我们可以将模型打包并部署在 Kubernetes 上，并将其作为 REST 端点对外提供服务。
- 附加计算，使我们能够对 Azure Databricks 等不受 Azure Machine Learning 管理的任务附加计算资源。

接下来讲述存储部分。将介绍如何将输入提供给 Azure Machine Learning。

7.2.3　设置 Azure Machine Learning 存储

首先将 7.1 节的 input.csv 文件上传到在第 2 章配置的 Azure Data Lake Storage (ADLS)。我们创建了一个名为 adls$suffix($suffix 是你的唯一 ID)的数据湖，其中包含一个名为 fs1 的文件系统。我们将使用 Azure CLI 上传命令，将输入文件上传到 models/highspenders/input.csv 路径，如代码清单 7.7 所示。

代码清单 7.7　将 input.csv 上传到 Azure

```
az storage fs file upload `
--file-system fs1 `
--path "models/highspenders/input.csv" `
--source input.csv `
--account-name "adls$suffix"
```

在实践中，我们会有各种 Azure Data Factory 管道将数据集复制到存储层。我们需要在那里将这些数据集提供给 Azure Machine Learning。可以通过附加数据存储来实现这一点。

定义   Azure Machine Learning 数据存储(datastore)使我们能够连接到外部存储账户，如 Azure 的 Blob Storage、Data Lake、SQL、Data-bricks 等，然后用于机器学习模型。

首先，需要提供一个 Azure Machine Learning 可使用的服务主体来进行身份验证。我们将在 Azure Active Directory(AAD)创建一个新的服务主体，并授予它对数据湖的 Storage Blob Data Contributor 权限，从而允许服务主体在数据湖中读取和写入数据，如代码清单 7.8 所示。

代码清单 7.8   为 ADLS 创建一个服务主体

创建一个服务主体(存储在$sp 中)，来
应用基于角色的访问控制(RBAC)

检索存储在$acc 中的 Azure Data Lake Storage 存储账户的详细信息

```
$sp = az ad sp create-for-rbac | ConvertFrom-Json
$acc = az storage account show -
name "adls$suffix" | ConvertFrom-Json

az role assignment create `
--role "Storage Blob Data Contributor" `
--assignee $sp.appId `
--scope $acc.id
```

创建一个新的角色，授予服务主体权限

将受让人设置为服务主体的应用程序 ID

允许该角色在存储账户上进行读写访问

将范围设置为我们存储账户的 ID

服务主体现在可以访问存储账户中的数据了。下一步是将该账户附加到 Azure Machine Learning，将服务主体 ID 和密钥提供给它，以便它可使用它们连接到该账户。详细的命令如代码清单 7.9 所示。

代码清单 7.9   将数据存储附加到 Azure Machine Learning

将 Azure Data Lake Storage Gen2 数据存储附加到 Azure Machine Learning

```
az ml datastore attach-adls-gen2 `
--account-name "adls$suffix" `
--client-id $sp.appId `
--client-secret $sp.password `
--tenant-id $sp.tenant `
--file-system fs1 `
--name MLData `
--workspace-name aml `
--resource-group aml-rg
```

命名 Azure Data Lake Storage 账户

指定要用于身份验证的服务主体 ID、密钥和租户

命名附加的数据存储

设置目标工作区名称和资源组

标识要附加的文件系统

现在，如果你在 UI 中导航到 Storage 部分，应该会看到以上新创建的 MLData 数据存储。实际上，应该会看到其他几个默认创建并在工作区中使用的数据存储。在实践中，我们需要连接到外部存储，而数据存储就是实现这一目的的方式。

工作区现在配置了计算目标和附加的数据存储。我们也将我们的服务主体授予 Azure Machine Learning 工作区的 Contributor 权限，以便可以将其用于部署。注意，在生产环境中，会创建单独的服务主体以提高安全性。这样，如果其中一个主体被攻破，它只能访问较少的资源。不过这里为了简洁起见，将重用$sp 服务主体。授予权限的命令，如代码清单 7.10 所示。

代码清单 7.10　在 Azure Machine Learning 授予 Contributor 权限

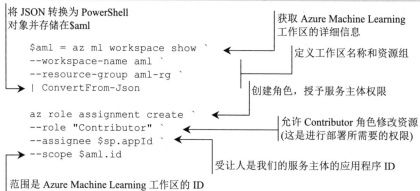

我们将服务主体的密码存储在环境变量中，以便可以在不嵌入代码的情况下读取它。代码清单 7.11 显示了如何在 PowerShell 会话中设置环境变量。密码不会在会话之间持久保存，所以请记下$sp.password。

代码清单 7.11　将密码存储在环境变量中

```
$env:SP_PASSWORD = $sp.password
```

密码的名称有点误导倾向。这是在运行 az ad sp create-for-rbac(表示"创建用于基于角色的访问制的 Azure Active Directory 服务主体")时创建的自动生成的客户端密钥。至此，一切都准备好了。下一步是发布我们的 Python 代码并在云中运行它。

7.2.4　在云中运行机器学习

使用 Python Azure Machine Learning SDK 实现这一点，所以第一步是使用 Python 包管理器(pip)安装这个 SDK。首先，确保 pip 是最新的(如果有更新的 pip 版本，当运行 pip 命令时，应该会在控制台上看到一条消息建议你升级)。可以以管理员身份运行 python -m pip install --upgrade pip 来更新 pip。pip 更新完之后，使用代码清单 7.12 所示的命令安装 Azure Machine Learning SDK。

代码清单 7.12 安装 Azure Machine Learning Python SDK

```
pip install azureml-sdk
```

现在，编写一个 Python 脚本，将原始机器学习模型发布到云端，并进行所有必要的配置。将这个脚本命名为 pipeline.py。具体步骤参见代码清单 7.13～代码清单 7.18。这部分代码按顺序节选自 pipeline.py。首先使用代码清单 7.13 导入相关库和指定参数。

代码清单 7.13 导入相关库和指定参数

```
from azureml.core import Workspace, Datastore, Dataset, Model
from azureml.core.authentication import ServicePrincipalAuthentication
from azureml.core.compute import AmlCompute
from azureml.core.conda_dependencies import CondaDependencies    ◄── 从 azureml-sdk
from azureml.core.runconfig import RunConfiguration    ◄──           导入所有包
from azureml.pipeline.core import Pipeline
from azureml.pipeline.steps.python_script_step import PythonScriptStep
➤ import os                           将其替换为你的租户 ID。可        将其替换为 Azure
                                       以在$sp.tenant 中找到它           订阅的 GUID

tenant_id = '<your tenant ID>'    ◄──
subscription_id = '<your Azure subscription GUID>'    ◄──
service_principal_id = '<your service principal ID>'    ◄──
resource_group = 'aml-rg'    ◄──
➤ workspace_name = 'aml'              命名 Azure        将其替换为你的服务主体的 ID。
                                      资源组            可以在$sp.appId 中找到它
```

命名 Azure Machine Learning 工作区

接下来，使用服务主体连接到工作区，并获取模型所需要的数据存储(MLData)和计算目标(d1compute)。详细的代码如代码清单 7.14 所示。

代码清单 7.14 连接到工作区并获取数据存储和计算目标

```
...
                                           定义了服务主体
                                           身份验证内容
# Auth
auth = ServicePrincipalAuthentication(    ◄──
    tenant_id,
    service_principal_id,                  获取环境变量 SP_PASSWORD 的值
    os.environ.get('SP_PASSWORD'))    ◄──

# Workspace
workspace = Workspace(
    subscription_id = subscription_id,
    resource_group = resource_group,       使用给定的订阅 ID、资源组、名
    workspace_name = workspace_name,       称和身份验证连接到工作区
    auth=auth)
```

```
# Datastore
datastore = Datastore.get(workspace, 'MLData')
```
← 从工作区获取 MLData 数据存储

```
# Compute target
compute_target = AmlCompute(workspace, 'd1compute')
```
← 从工作区获取 d1compute 计算目标

接下来将输入数据所在的位置传给模型输入，如代码清单 7.15 所示。

代码清单 7.15　指定模型输入

```
...
```
输入数据位于 Azure 数据湖中的 /model/highspenders/input.csv

```
# Input
model_input = Dataset.File.from_files(
    [(datastore, '/models/highspenders/input.csv')]).as_mount()
```
←

from_files()方法接收一个文件列表。列表的每个元素是一个元组，包含一个数据存储和一个路径。as_mount()方法确保文件被挂载并可供训练模型的计算目标使用。

定义　Azure Machine Learning 使用 AML 数据集引用数据源位置及其元数据的副本。从而令模型在训练过程中可以无缝访问数据。

接下来将指定模型所需要的 Python 包，以初始化运行配置。首先是前面使用过的 pandas 和 sklearn，然后是 azureml-core 和 azureml-dataprep 包，这些是运行时需要的包。详细的代码如代码清单 7.16 所示。

代码清单 7.16　创建运行配置

```
...
```
使用 CondaDependencies 列出需要的包

```
# Python package configuration
conda_deps = CondaDependencies.create(pip_packages= ['pandas', 'sklearn',
➥ 'azureml-core', 'azureml-dataprep'])
run_config = RunConfiguration(
➥ conda_dependencies=conda_deps)
```
← 模型所需要的唯一配置是依赖项

Conda 表示 Anaconda，它是 Python 和 R 的开源分发版本，包含了常用的数据科学包。Anaconda 简化了包管理和依赖关系，并且在数据科学项目中广泛使用，因为它为这种类型的工作提供了稳定的环境。Azure Machine Learning 也在内部使用它。

接下来，为训练模型创建一个步骤。在本例中，使用 PythonScriptStep，该步骤执行 Python 代码。我们将提供脚本的名称(来自前面章节)、命令行参数、输入、运行配置和计算目标。详细的代码如代码清单 7.17 所示。

代码清单 7.17 定义模型训练步骤

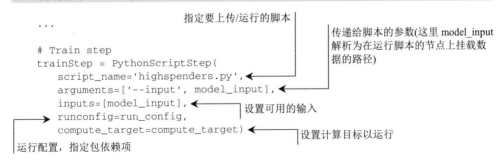

```
...

# Train step
trainStep = PythonScriptStep(
    script_name='highspenders.py',
    arguments=['--input', model_input],
    inputs=[model_input],
    runconfig=run_config,
    compute_target=compute_target)
```

指定要上传/运行的脚本

传递给脚本的参数(这里 model_input 解析为在运行脚本的节点上挂载数据的路径)

设置可用的输入

设置计算目标以运行

运行配置，指定包依赖项

可使用多个步骤并链接在一起，但本例只需要一个步骤。可以将一个或多个步骤链接成一个机器学习管道。

> **定义** Azure Machine Learning 管道简化了构建机器学习工作流程，包括数据准备、训练、验证、评估和部署。

管道是 Azure Machine Learning 中的一个重要概念。它们捕获运行机器学习工作流程所需要的所有信息。代码清单 7.18 展示了如何创建一个管道并将其提交到我们的工作区。

代码清单 7.18 创建和提交管道

发布管道

```
...

# Submit pipeline
pipeline = Pipeline(workspace=workspace,
    ➥ steps=[trainStep])
published_pipeline = pipeline.publish(
    name='HighSpenders',
    description='High spenders model',
    continue_on_step_failure=False)

open('highspenders.id', 'w').write(
    ➥ published_pipeline.id)
```

在工作区创建一个管道,该管道只有一个步骤(trainStep)

定义管道的名称和描述

设置如果其中一个步骤失败是否继续

发布后的管道会有一个 ID,我们用它来启动管道并将其保存到文件中

我们将把发布后的管道的 GUID 保存到 highspenders.id 文件中。我们管道的自动化设置快完成了。但在调用此脚本创建管道之前，需要对高消费者模型进行一个小小的修改。前面的所有步骤并没有触及原始模型代码，现在要向原始模型代码添加最后一个步骤。在前面的章节中，在模型训练完后，将其保存到了磁盘的 outputs/highspender.pkl。

这里将针对 Azure Machine Learning 添加一步：将训练好的模型存储在工作区中。

将代码清单 7.19 添加到 highspenders.py。记住！是将其添加到 highspenders.py(模型代码)而不是 pipeline.py(刚刚组合的管道自动化代码)。

代码清单 7.19   将训练好的模型上传到 Azure Machine Learning 工作区

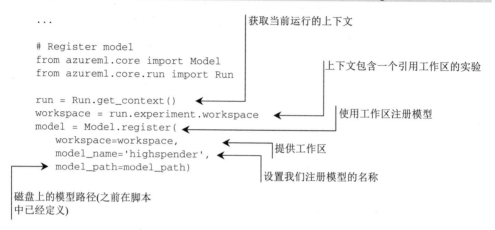

```
...                              获取当前运行的上下文

# Register model
from azureml.core import Model       上下文包含一个引用工作区的实验
from azureml.core.run import Run

run = Run.get_context()
workspace = run.experiment.workspace      使用工作区注册模型
model = Model.register(
    workspace=workspace,             提供工作区
    model_name='highspender',
    model_path=model_path)          设置我们注册模型的名称
```
磁盘上的模型路径(之前在脚本
中已经定义)

以上代码的重点是如何调用 Run.get_context()以及如何使用它来检索工作区。在 pipeline.py 中，提供了订阅 ID、资源组和工作区名称。我们通过它们从 Azure Machine Learning 外部获取工作区。但在本例中，代码是在作为我们管道的一部分的 Azure Machine Learning 中运行的。因此可通过 Run.get_context()获取额外的上下文，然后在运行时使用它来检索工作区。这里的实验是指 Azure Machine Learning 的每次管道运行。

所有工作都完成了！接下来运行 pipeline.py 脚本，将我们的管道发布到工作区。如代码清单 7.20 所示。

代码清单 7.20   发布管道

```
python pipeline.py
```

这个 GUID 很重要！如果重新运行脚本，它将注册一个名称相同但 GUID 不同的新管道，从而导致 Azure Machine Learning 不会更新管道(虽然同名)。遇到这种情况时，可以选择禁用同名管道，以避免在工作区中造成混乱，但还是不能通过名称来更新它们(需要通过 GUID)。接下来使用 Azure CLI 命令来运行管道，如代码清单 7.21 所示。

代码清单 7.21   运行管道

从上一步骤生成的 highspenders.id 文件中
读取管道 ID 到$pipelineId

```
$pipelineId = Get-Content -Path highspenders.id

az ml run submit-pipeline `          提交一个新的管道运行
    --pipeline-id $pipelineId `      使用从文件中检索到的管道 ID
```

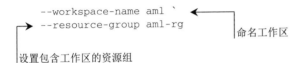

```
  --workspace-name aml `
  --resource-group aml-rg
```

命名工作区

设置包含工作区的资源组

现在可通过 UI(https://ml.azure.com)确认以上内容是否正确运行了。应该在 Pipelines 部分看到上面创建的管道,在 Experiments 部分看到刚刚启动的运行。在模型训练完后,将在 Models 部分看到模型输出。本节完成了很多工作。在继续之前,先简要回顾一下。

7.2.5 小结

我们首先创建了一个工作区,它是所有与 Azure Machine Learning 相关工件的顶级容器。接下来,创建了一个计算目标,它指定了我们模型运行的计算类型。我们可以定义所需要的多个计算目标:一些模型需要更多的资源,一些需要 GPU 等。Azure 提供了许多适用于所有这些工作任务的虚拟机镜像。在 Azure Machine Learning 使用计算目标的一个主要优点是,在运行管道时,计算是按需进行配置的。在管道运行完后,计算资源就会释放,从而使我们能够弹性扩展,并只支付所需要的费用。

然后,附加了一个数据存储。数据存储是对现有存储服务的抽象,它允许 Azure Machine Learning 连接和读取数据。使用数据存储的主要优点是它们抽象了访问控制,因此数据科学家不需要担心如何对存储服务进行身份验证。

有了以上基础设施后,我们开始为模型设置管道。管道指定了执行所需要的所有要求和步骤。Azure 有许多管道:Azure DevOps 管道用于 DevOps,提供资源配置和 Git 周围的自动化;Azure Data Factory 管道用于 ETL、数据移动和编排;Azure Machine Learning 管道用于机器学习工作流,在其中设置环境,然后执行一系列步骤来训练、验证和发布模型。

我们的管道包括一个数据集(输入)、一个计算目标、一组 Python 软件包依赖、一个运行配置和运行 Python 脚本的步骤。我们还改进了原始的模型代码,以在 Azure Machine Learning 发布模型,从而可以在工作区查看训练运行结果。然后,将管道发布到 Azure Machine Learning 工作区,并提交一个运行(在 Azure Machine Learning 中称为实验)。本章到这里,都是在计算机上运行的。接下来看看如何将 DevOps 应用于机器学习,将所有内容放入 Git,并使用 Azure DevOps Pipelines 进行部署。这是 7.3 节的重点。

7.3 MLOps

现在我们有几个 Python 脚本:简单的高消费者模型和 pipeline.py,它设置了一个 Azure Machine Learning 管道。首先使用 Git 追踪这些脚本,然后创建一个 Azure

DevOps Pipelines 来运行 pipeline.py 脚本，即自动部署。完成了这些后，将讨论如何将其扩展到多个模型。

7.3.1　从 Git 部署

首先，将这两个 Python 脚本添加到 DevOps DE Git 存储库。至此，我们的 DevOps DE Git 存储库应该有以下几个文件夹：

- ADF(Azure Data Factory 的 DevOps)
- ADX(Azure Data Explorer 分析的 DevOps)
- ARM(Azure Resource Manager 模板的 DevOps)
- Docs(第 6 章自助分析的文档)
- Scripts(Azure Data Factory 拉取请求验证)
- YML(Azure DevOps 管道定义)

这里将创建一个新的子文件夹 ML，用于存储机器学习脚本。先从高层次讲述一下：我们的 DevOps 管道从 Git 获取模型代码，然后使用 Azure DevOps 管道将其部署到 Azure Machine Learning 工作区，如图 7.4 所示。

将 highspenders.py 和 pipeline.py 都放在 ML/highspenders 下，如代码清单 7.22 所示。注意，如果在 master 文件夹上有分支策略，将无法直接推送到主分支，而是需要创建一个新的分支并提交拉取请求。这里不会详细介绍这个过程。因为虽然在第 6 章应用了一个分支策略，但为了方便起见，已经撤销了它。

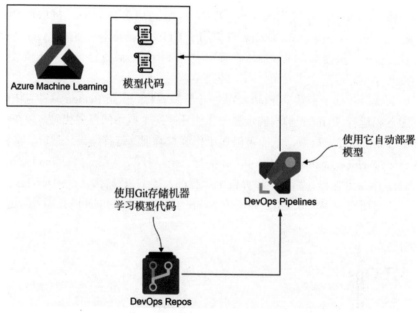

图 7.4　我们使用 Git 存储机器学习模型代码，使用 Azure DevOps Pipelines 自动部署到
Azure Machine Learning 工作区

代码清单 7.22 将我们的机器学习脚本添加到 Git 中

```
mkdir -p ML\highspenders

...              ◄─────── 将文件复制到新文件夹中

git add *
git commit -m "Highspender model"
git push
```

现在介绍一下 Azure DevOps 管道，它运行 pipeline.py 部署到 Azure Machine Learning 工作区。这项工作很简单：只需要像第 6 章验证脚本那样在管道中执行一个 Python 脚本即可。管道的详细定义如代码清单 7.23 所示。

代码清单 7.23 YML/deploy-model-highspenders.yml 的内容

```
trigger:
  branches:
    include:
    - master
    paths:
      include:                       当 ML/highspenders 目录
      - ML/highspenders/*  ◄──────   发生改动时将触发管道


  jobs:
  - job:
      displayName: Deploy High Spenders model           在构建代理上安装
      steps:                                            azureml-sdk 依赖项
        - task: UsePythonVersion@0    确保使用 Python 3
          inputs:                    执行 Python 脚本
            versionSpec: '3.x'
        - script: python -m pip install azureml-sdk  ◄──
        - task: PythonScript@0
          inputs:
            workingDirectory: $(Build.SourcesDirectory)/
            ➥ ML/highspenders
            scriptPath: $(Build.SourcesDirectory)/      在 ML/highspenders 目录
            ➥ ML/highspenders/pipeline.py              中运行 pipeline.py 脚本
          env:                                     使 SP_PASSWORD 作为
            SP_PASSWORD: $(SP_PASSWORD)  ◄───────   环境变量可用
```

该管道有多个步骤。首先，要确保在构建代理上运行 Python 3。使用 UsePython-Version 任务来实现这一点。接下来，需要安装 Python 依赖项。使用一个脚本来运行 pip install。最后，运行 Python 脚本。记住，它需要一个 SP_PASSWORD 环境变量。使用 env 映射它。稍后会详细介绍。

然后将这个管道定义推送到 Git，并基于它创建一个 Azure DevOps 管道。首先，将 YAML 定义添加到 Git，然后使用 az pipelines create 命令创建管道，如代码清单 7.24 所示。

代码清单 7.24 创建模型部署管道

```
git add *
git commit -m "Deploy High Spenders model pipeline definition"
git push

az pipelines create `
--name "Deploy High Spenders model" `
--repository DE `
--repository-type tfsgit `
--yml-path YML/deploy-model-highspenders.yml `
--skip-run
```

创建一个新的 Azure DevOps 管道

将管道命名为 Deploy High Spenders model

为管道设置存储库名称和类型

定义管道定义文件的路径

默认情况下,创建后立即启动管道。通过指定此标志可以避免创建后立即启动管道

我们的工作差不多完成了。还需要处理的一件事是使服务主体密码在管道中可用。虽然前面设置了一个环境变量(SP_PASSWORD),pipeline.py 可以从那里检索到密码。不过这些都是在本地运行的,但这里需要确保在云中运行 DevOps 管道构建代理时也具有相同的环境变量。

还要记住,这个密码是保密的。如果泄露了,攻击者可使用它来更改 Azure Machine Learning 工作区。这意味着不能将其存储在 Git 中。幸运的是,Azure DevOps 能够处理这种类型的场景。我们可使用 Azure CLI 创建一个变量,将其标记为保密,并在管道中引用它,如代码清单 7.25 所示。

代码清单 7.25 创建一个保密变量

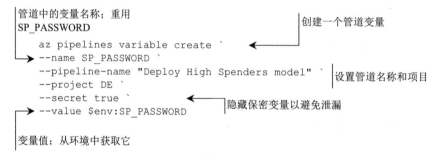

管道中的变量名称;重用
SP_PASSWORD

创建一个管道变量

```
az pipelines variable create `
--name SP_PASSWORD `
--pipeline-name "Deploy High Spenders model" `
--project DE `
--secret true `
--value $env:SP_PASSWORD
```

设置管道名称和项目

隐藏保密变量以避免泄漏

变量值:从环境中获取它

所有工作应该都完成了。现在启动管道,它应该更新我们的 Azure Machine Learning 工作区。运行管道的详细命令如代码清单 7.26 所示。

代码清单 7.26 运行管道

```
az pipelines run --name "Deploy High Spenders model"
```

接下来,看看我们可以对已发布的 Azure Machine Learning 管道 ID 做些什么。

7.3.2　存储管道 ID

记住，将 Azure Machine Learning 管道发布到工作区之后，它会生成一个新的 ID。我们的 pipeline.py 脚本会将其存储在 highspenders.id 文件中。如果想要实现从部署到执行的端到端自动化，需要一种方式将管道 ID 从 DevOps 部署传递给运行机器学习的编排服务。例如，如果想要按月运行我们的高消费者模型，如何知道要运行哪个 Azure Machine Learning 管道 ID？

我们将在 Azure DevOps Pipelines 中添加一个额外的步骤来发布管道 ID。可以将此 ID 存储在任何存储解决方案中：SQL 数据库、API 等。在本例中，只是简单地将其上传到 Azure 数据湖中。我们已经设置好了一个，所以只需要将 highspenders.id 从构建代理移到数据湖文件系统。图 7.5 显示了扩展的 DevOps 管道，它在 Azure 数据湖中捕获了机器学习管道 ID。

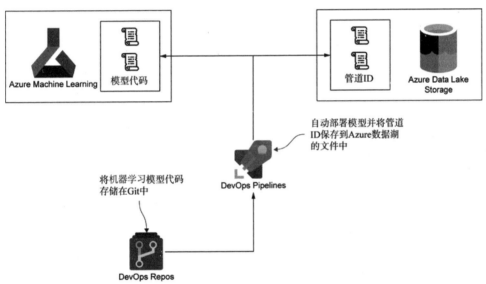

图 7.5　使用 Azure DevOps 管道自动从 Git 部署模型。然后将 Azure Machine Learning 生成的
管道 ID 保存到 Azure Data Lake Storage 中，以便以后引用

我们将使用 Azure CLI 任务并调用 az storage fs file upload 命令(本章前面使用过该命令上传 input.csv 文件)。将代码清单 7.27 的内容添加到 YML/deploy-model- highspenders. yml 的末尾，放在 PythonScript 任务的后面。

代码清单 7.27　YML/deploy-model-highspenders.yml 的内容

```
运行 Azure CLI 脚本
    ...

        - task: AzureCLI@2
          inputs:
```

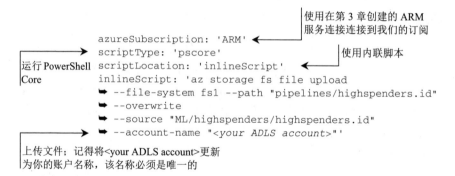

使用在第 3 章创建的 ARM
服务连接连接到我们的订阅

```
azureSubscription: 'ARM'
scriptType: 'pscore'
scriptLocation: 'inlineScript'
inlineScript: 'az storage fs file upload
➥ --file-system fs1 --path "pipelines/highspenders.id"
➥ --overwrite
➥ --source "ML/highspenders/highspenders.id"
➥ --account-name "<your ADLS account>"'
```

运行 PowerShell
Core

使用内联脚本

上传文件；记得将<your ADLS account>更新
为你的账户名称，该名称必须是唯一的

现在，重新部署时，highspenders.id 将在 Azure 数据湖中更新。然后，可能实现的其他自动化脚本可以从那里获取所需要知道的 ID 信息。7.4 节将介绍这一点，但这里先快速小结一下本节。

7.3.3　小结

本节将 pipeline.py 自动化 Python 脚本与 Azure DevOps 连接起来，把它存储在 Git 中，与模型代码放在一起。当模型代码更新时，会调用 Azure DevOps 管道，运行该脚本。管道将更新的模型代码上传到 Azure Machine Learning 工作区，并将新的 Azure Machine Learning 管道的 ID 保存在数据湖中，以便其他工具可以在那里找到它。

看起来为了自动化部署这么一个简单的 Python 脚本完成了很多步骤，但受益于规模经济：大部分 pipeline.py 可以提取成一个公共模块，从而可以重复使用来部署多个机器学习模型。那些在模型之间有所不同的少数事项(如名称、输入数据集和计算目标)可以从配置文件中读取。

我们将为每个模型保留单独的管道，因为对一个模型的更新不应该触发对其他模型的更新。虽然不会在这里详细介绍，但 Azure DevOps 确实支持管道模板，因此可以创建一个共享模板用于部署步骤，然后基于该模板创建轻量级的针对具体管道的 YAML 文件[1]。最后，来看一下端到端的情况。我们将使用 Azure Data Factory 运行 Azure Machine Learning 实验。

7.4　机器学习的编排

在第 4 章介绍过一个编排解决方案：Azure Data Factory。本章将使用它来提交一个 Azure Machine Learning 管道并运行，以创建一个实验。Azure Data Factory 有一个用于 Azure Machine Learning 的连接器，因此这一类型的流程是本地支持的。

---

1 有关 Azure DevOps 模板的详细信息，参见 http://mng.bz/K4gX。

在实际工作中，工作流程还将包括用于机器学习输入的 ETL。首先将通过这个 ETL 复制和转换模型的输入数据，只有在所有输入都可用后，才会训练模型。图 7.6 显示了由 Azure Data Factory 编排的通用机器学习工作流程。

为了保持简单，将跳过输入 ETL 部分，因为第 4 章已经介绍过如何实现它了。这里将专注于新的部分：与 Azure Machine Learning 集成并从数据湖中读取管道 ID。

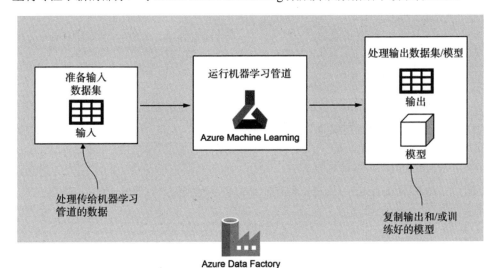

图 7.6 由 Azure Data Factory 编排的通用机器学习工作流程。首先，执行所需要的 ETL 操作，以处理传给机器学习管道的数据。然后，使用 Azure Machine Learning 运行机器学习代码。最后，将输出(训练好的模型或数据集)复制到最终目的地(如果使用 Azure Machine Learning 进行批量评估)

7.4.1 连接 Azure Data Factory 与 Azure Machine Learning

前面讲过，Azure Data Factory 使用链接服务来连接其他 Azure 服务。我们将使用链接服务来连接数据湖和 Azure Machine Learning。第 4 章已经讲过这一点，在那里创建了一些链接服务来连接到 Bing COVID-19 开放数据集 HTTP 服务和我们的 Azure Data Explorer 实例。我们使用了 az datafactory linked-service create 命令。不过这个命令现在不再起作用了，因为 Data Factory 现在连接到了 Git。记住，改为由 Git 支持之后，UI 将从 Git 加载详细信息，而不是从 Data Factory 实例本身加载，而 Azure CLI 仍然直接与服务通信。如果使用 Azure CLI，Data Factory 将与 Git 不同步，会产生问题。

所以这一次，将以不同的方式设置链接服务。首先，设置数据湖连接，然后授予 Azure Data Factory 访问权限。Azure Data Factory 本身带有自己的身份标识，称为托管标识(managed identity)。代码清单 7.28 展示了如何检索它并授予它对数据湖的访问权限。

代码清单 7.28　给 Azure Data Factory 授予数据湖的访问权限

```
$adf = az datafactory factory show `
--name "adf$suffix" `
--resource-group adf-rg `         ◄── 检索 Azure Data Factory 的详
| ConvertFrom-Json                    细信息并将其存储在$adf 中

$acc = az storage account show -   ◄── 检索数据湖存储账户的详细信
name "adls$suffix" | ConvertFrom-Json   息并将其存储在$acc 中
az role assignment create `        ◄── 创建一个新的角色分配
--role "Storage Blob Data Contributor" `  ◄── 允许对数据湖进行读/写访问
--assignee $adf.identity.principalId `  ◄── 定义 Azure Data Factory 的托管 ID
--scope $acc.id   ◄── 定义存储账户 ID
```

现在 Azure Data Factory 能够访问存储账户了，可以从中读取通过 DevOps 部署的 Azure Machine Learning 管道的 ID。我们根据代码清单 7.29 的 JSON 创建了一个链接服务。现在 Azure Data Factory 与 Git 同步了，可以将链接服务添加到/ADF/linkedService 文件夹下，并且 UI 应该能够识别它。记住，你不需要记住这些 JSON 模式。因为你可通过 Azure Data Factory UI 进行设置而不需要手动编写。

代码清单 7.29　/ADF/linkedService/adls.json 的内容

```
{                          ◄── 命名链接服务
    "name": "adls",
    "type": "Microsoft.DataFactory/factories/linkedservices",
    "properties": {          ◄── 指定 Azure Blob 文件系统
        "type": "AzureBlobFS",   (数据湖)链接服务
        "typeProperties": {
            "url": "https://adls<use $suffix>.dfs   ◄── 指定 URL；将其替换为你
            ➥ .core.windows.net"                        的唯一$suffix 值
        }
    }
}
```

在将它推送到 Git 后，应该会在 Azure Data Factory UI 中看到新的链接服务。对于 Azure Machine Learning，在撰写本文时，链接服务不支持托管标识，因此必须使用服务主体。现在会在将服务主体密码存储到 Git 之前使用 Azure Data Factory 加密它（因为我们不希望它泄漏），因此需要通过 UI 来配置该服务。图 7.7 显示了如何进行该操作。

转到 Manage 选项卡。选择 Linked Services，然后单击+New，填写订阅 ID 和服务主体详细信息。我们使用$sp，因为已经授予它访问权限，以修改 Azure Machine Learning 实例。但是，在生产环境中，应该生成新的服务主体以进行隔离，而不是重复使用它。这样如果其中一个主体被攻击，只靠这一个主体将无法访问多个资源，因此潜在的攻击者只能获得较少的访问权限。而如果使用单个服务主体跨所有系统，情况会截然不同。如果该主体被攻击，攻击者可以获得广泛的访问权限。

顺便说一句，除了 UI，还可使用其他选项，但这里尽量保持简单。推荐的方法

是将服务主体密码存储在 Azure Key Vault 中，并从那里加载。这次通过 UI 进行操作的原因是，在将服务主体密码存储在 Git 中的链接服务 JSON 之前，Azure Data Factory 会对其进行加密。因为我们不知道密码加密后的样子，所以无法手动创建链接服务 JSON。在这点上，可使用 Azure Key Vault，这样就只需要指定 Azure Key Vault 中的密钥名称。再次强调，我们没有这样做只是为了保持简单。

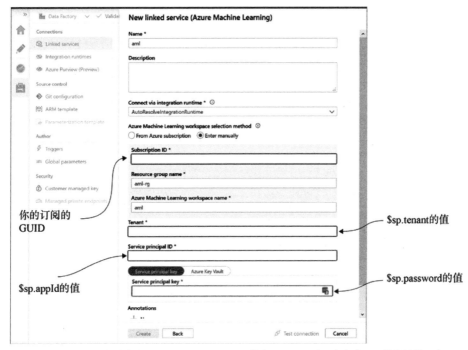

图 7.7　在 Manage 选项卡中的 Linked Services 下，单击+ New 配置一个名为 aml 的新链接服务。
　　　　填写表单，包括你的订阅 ID、服务主体租户、应用程序 ID 和密码

7.4.2　机器学习编排

现在可以读取 Azure Machine Learning 管道 ID，使用新的链接服务在 Azure Machine Learning 中提交运行，最后一步是为此构建一个 Data Factory 管道。图 7.8 显示了具体步骤。首先，将在 Azure Data Lake Storage 中查找最新的管道 ID。在获得 ID 后，将一个运行提交到 Azure Machine Learning。

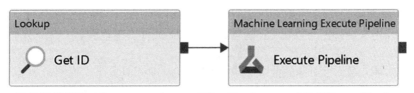

图 7.8　用于运行机器学习的 Azure Data Factory 管道。第一个 activity 获取管道 ID，第二个 activity 将
　　　　一个运行提交到 Azure Machine Learning

7.4.1 节为 Azure 数据湖和 Azure Machine Learning 创建了链接服务，现在将它们连接起来。首先，为模型 ID 定义一个数据集。代码清单 7.30 所示是详细的 JSON 定义，可以在 Git 的/ADF/dataset 文件夹下找到它。

代码清单 7.30　/ADF/dataset/HighSpendersId.json 的内容

```
{
    "name": "HighSpendersId",
    "properties": {
        "linkedServiceName": {
            "referenceName": "adls",          ← 使用刚刚创建的
            "type": "LinkedServiceReference"      adls 链接服务
        },
        "annotations": [],
        "type": "DelimitedText",          ← 这里的 DelimitedText 是
        "typeProperties": {                  指 CSV 或 TSV
            "location": {
                "type": "AzureBlobFSLocation",
                "fileName": "highspenders.id",
                "folderPath": "pipelines",
                "fileSystem": "fs1"
            },
            "columnDelimiter": ",",
            "escapeChar": "\\",
            "quoteChar": "\""
        },
        "schema": []
    }
}
```

定义了一个文件系统 blob 位置(数据湖)

定义了文件/pipelines/highspenders.id 在 fs1 文件系统中的路径

CSV 文件的默认值，但实际上不会使用这些值

没有定义模式，所以第一列(也是唯一的一列)的默认名称为 Prop_0

现在介绍一下管道定义。这里使用了两个之前没有使用过的 activity：Lookup activity 和 ML Execute Pipeline activity。Lookup activity 允许从数据集中读取数据，并在管道中使用。在本例中，将读取最新部署的 High Spenders Azure Machine Learning 管道的 ID。顾名思义，ML Execute Pipeline activity 执行一个 Azure Machine Learning 管道。我们将使用动态内容从前一个 activity 中读取 ID，并将其传递给 Azure Machine Learning。

定义　在 Azure Data Factory 中，动态内容(dynamic content)是一种使我们能够构建灵活的参数化管道的表达式语言。

第 4 章简要提到过动态内容，这里将讲述如何使用它。代码清单 7.31 是详细的管道 JSON 定义文件，可以在 Git 的/ADF/pipeline 文件夹下找到。

代码清单 7.31　/ADF/pipeline/runhighspenders.json 的内容

```
{
    "name": "runhighspenders",
```

```
"properties": {
    "activities": [
        {
            "name": "Get ID",
            "type": "Lookup",          ←———— 第一个 activity 的类型是 Lookup
            "dependsOn": [],
            "policy": {
                "timeout": "7.00:00:00",
                "retry": 0,
                "retryIntervalInSeconds": 30,   这些是执行 activity 的默认值
                "secureOutput": false,
                "secureInput": false
            },
            "userProperties": [],
            "typeProperties": {
                "source": {
                    "type": "DelimitedTextSource",
                    "storeSettings": {
                        "type": "AzureBlobFSReadSettings",
                        "recursive": true
                    },
                    "formatSettings": {
                        "type": "DelimitedTextReadSettings"
                    }
                },
                "dataset": {
                    "referenceName":
                        "HighSpendersId",
                    "type": "DatasetReference"
                }
            }
        },
        {
            "name": "Execute Pipeline",
            "type": "AzureMLExecutePipeline",   ←———— 第二个 activity 的类型是
            "dependsOn": [                            AzureMLExecutePipeline
                {
                    "activity": "Get ID",
                    "dependencyConditions": [
                        "Succeeded"
                    ]
                }
            ],
            "policy": {
                "timeout": "7.00:00:00",
                "retry": 0,
                "retryIntervalInSeconds": 30,   使用默认的执行策略值
                "secureOutput": false,
                "secureInput": false
            },
            "userProperties": [],
            "typeProperties": {
                "mlPipelineId": {
                    "value": "@activity('Get ID').output
                        .firstRow.Prop_0",
                    "type": "Expression"
```

源是 HighSpendersId 数据集，使用默认配置

动态内容获取前一个 activity 的输出中第一行的 Prop_0 列

```
                }
              },
              "linkedServiceName": {              ← 使用 aml 链接服务
                "referenceName": "aml",
                "type": "LinkedServiceReference"
              }
            }
        ],                          如果不禁用分支策略，需要
        "annotations": []  ←        在此处提供文档链接
     }
  }
```

这就是全部内容了。这些 activity 运行时，会从数据湖获取最新的 ID，这些 ID 由我们的 Machine Learning DevOps 部署更新。然后它们将这些 ID 提交给 Azure Machine Learning。可以创建一个触发器，并按照我们想要的任何计划运行它。实际上，在此周围可能还有其他的 ETL 活动，但是因为本章只关注机器学习部分，所以保持简单。

7.4.3　小结

本节介绍了如何将 Azure Machine Learning 与 Azure Data Factory 集成，用于编排机器学习运行。我们看到了如何连接所有需要的服务，并如何使用存储在 Azure 数据湖(Azure Data Lake)中的管道 ID 来确保始终执行最新版本的 Azure Machine Learning 管道。这种集成有几个优点：我们已经为 Azure Data Factory 建立了一个可靠的 DevOps 基础设施，包括监控。如果 Azure Machine Learning 中的模型运行失败，Azure Data Factory activity 也会失败，监控会触发警报。

在第 6 章，还定义了一些关于由谁审查代码以及需要什么额外文档的标准，并通过分支策略强制执行。由于我们依赖 Azure Data Factory 进行编排，因此这些策略也适用于本章。此外，训练模型只是故事的一部分。我们还需要收集所有需要的输入数据，清理数据等。这些都可使用 Azure Data Factory 完成，我们已经在所有其他数据移动工作任务中使用了它。图 7.9 显示了完整的 DevOps 设置，包括从 Git 自动部署机器学习代码和编排。

本章为了简洁起见，省略了 DevOps 的一个方面：部署 Azure Machine Learning 工作区本身。在 7.2 节中，使用 Azure CLI 创建了一个工作区，然后在整章中使用它。创建后，可以导出其 ARM 模板，将其存储在 Git 中，并从那里部署，就像在 Azure Data Explorer 集群中所做的那样。这里不会详细介绍这些步骤，因为它们与 3.3 节中的步骤没有区别。

这是关于工作任务的最后一章。我们已经介绍了数据建模、数据分析和现在的机器学习。下面，将把重点转向数据治理，并确保运行所有这些工作任务的平台是可靠、合规和安全的。

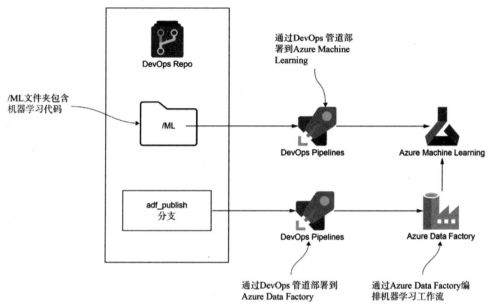

图 7.9　使用 DevOps 管道将/ML 文件夹中的机器学习代码部署到 Azure Machine Learning 工作区。还从 adf_publish 分支部署 Azure Data Factory 管道(在第 6 章讨论过)。Azure Data Factory 使用我们的 Azure Machine Learning 实例编排端到端的机器学习工作流程

7.5　本章小结

- 机器学习(ML)模型通常使用 Python 或 R 开发。

- Azure Machine Learning(AML)是一项在云中运行机器学习的 Azure PaaS(平台即服务)服务。

- Azure Machine Learning 实例是一个工作空间，它可以管理机器学习运行的计算目标，可以包含用于输入(和输出)数据的数据存储。

- Azure Machine Learning 管道定义了一个包含一个或多个步骤的机器学习管道。管道的运行又称为实验，会生成一个训练好的模型。

- Azure Machine Learning 提供了一个 SDK，可使用 Python 或 R 代码调用该 SDK 来轻松部署模型。可以构建一个 Azure DevOps 管道执行这些代码，并将模型通过 Git 部署到 Azure Machine Learning。

- 每个 Azure Machine Learning 管道部署都会获得一个唯一的 GUID。我们需要通过该 GUID 追踪部署的最新版本。可以在部署成功后将其存储起来。

- 使用 Azure Data Factory 编排机器学习，使我们能够利用已构建的基础设施来实现机器学习的运营化。

第 III 部分

数 据 治 理

第III部分主要讲述数据治理。将从几个不同的角度来涵盖这个主题。

- 第 8 章涵盖了元数据(关于数据的数据)以及它如何帮助我们理解数据资产。在一个大数据平台上,如何查找和准确理解数据的定义很重要。第 8 章将使用 Azure Purview 作为元数据存储器。

- 第 9 章谈到了数据质量。为了保证数据平台所支持的工作任务的质量,需要关注数据质量问题。这一章涵盖了各种类型的数据测试和数据测试模式。

- 第 10 章涉及数据处理的一个重要方面:合规。我们将讨论数据分类和处理、访问控制模型以及支持 GDPR(General Data Protection Regulation,通用数据保护条例)要求。合规是数据治理的一个关键方面。

- 第 11 章讲述了数据分布和与其他团队共享数据的各种模式。我们将探讨如何通过 API 共享数据,以及如何使用 Azure Data Share 进行批量复制。

第 *8* 章

元 数 据

本章涵盖以下主题：

● 管理元数据以理解数据

● 介绍 Azure Purview

● 维护数据字典和数据术语表

● 了解 Azure Purview 的高级功能

本章主要讨论元数据，即关于数据的数据。这是数据治理的一个方面。在接下来的两章中，将涵盖另外两个重要方面：第 9 章 "数据质量" 和第 10 章 "合规"。图 8.1 突出显示了本章内容在全书的位置。

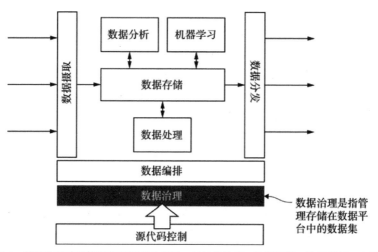

图 8.1　数据治理涉及管理数据的多个方面，包括元数据、数据质量、访问控制、合规等

首先概述大数据平台面临的信息架构挑战以及元数据如何帮助解决这些挑战。我们将介绍两个重要概念：数据字典和数据术语表。使用这些工具，可以清点我们的数据集和查询。

接下来，将介绍 Azure Purview。Azure Purview 是 Azure 的数据治理服务，可以帮助我们管理元数据。我们将创建一个新的 Azure Purview 实例，并介绍一些关键功能。

注意 在撰写本文时，Azure Purview 服务刚刚推出，尚无 Azure CLI 支持它。

与其他章不同，我们无法通过 Azure CLI 自动化操作，这一次将更多地使用 UI。我们将看到如何在 Azure Purview 创建数据集清单，并利用其数据术语表功能记录业务领域。最后，将介绍 Azure Purview 的一些高级功能，包括追踪数据血缘、自动分类和 REST API。先从理解大数据平台中元数据的需求开始。

8.1 理解大数据平台中元数据的需求

随着平台上数据集的增长，人们越来越难以弄清楚他们正在寻找的数据是否可用。即使是本书搭建的小型数据平台，也包括了一个 Azure Data Lake Storage(ADLS)账户和一个包含多个表的 Azure Data Explorer 集群。

一个真实的数据平台可以跨越多个数据层，并且可以包含分布在不同数据库中的数百个表。在此基础上添加了访问控制层之后，大多数寻找数据集的数据科学家甚至无法看到所有数据。这可能导致重复的 ETL 操作；团队成员在不同的位置多次摄取相同的数据，因为很难判断数据是否已经可用。所以需要一种集中记录所有可用数据集并可搜索的方法来避免这个问题。

另一个潜在的挑战是解释数据。即使知道数据集是可用的，但是我们可能不知道每列的含义。有时候列名很明显，但其真实意思往往与列名不符，或者存在很大误解空间。我们需要一个地方来描述表中每列的含义，可以预计在其中找到什么样的数据，以及如何将其与表关联起来。这种数据描述(或称关于数据的数据)称为元数据(metadata)。而我们所需要的，记录每个表存储的数据以及每列代表的含义的地方，称为数据字典。

定义 数据字典(data dictionary)包含数据集的描述。具体包括表的目的，其中的列所代表的含义等。

数据字典必须是可搜索的。例如，如果想检查数据平台是否包含网站遥测(web telemetry)数据，应该去数据字典中搜索 web telemetry，然后搜索结果将返回 PageViews 表以及该表中每列的解释。

即使有了这些信息，可能也还不够。在一个复杂的业务领域中，对业务重要的各种指标应具有明确的含义，不应该有模糊的解释。现在以第 3 章讲述过的、由我们的一位数据科学家开发的、简单的页面总浏览量报告示例为例。在第 3 章讲述 DevOps 的时候讲述过这个示例，我们将生成该报告的 Azure Data Explorer 查询封装成一个函数，并从 Git 部署它。代码清单 8.1 所示是这个函数的详细内容。

代码清单 8.1　调用 TotalPageViews 函数

```
.create-or-alter function TotalPageViews() {
    PageViews
  | where Timestamp > startofmonth(now())
    and UserId != 12345
  | count
}
```

把测试流量和 UserId 不等于 12345 的流量过滤掉，只留下 UserId 为 12345 的流量

第 3 章提到页面总浏览量中包括了一些测试流量,这些测试流量一样是以用户 ID 12345 显示的。所以页面总浏览量需要明确排除这一部分测试流量。现在回头看看这个存储在 Git 中并从 Git 部署的 TotalPageViews 函数，看看可能会出现哪些问题。

首先，并不是每个人都可能认为这是报告页面总浏览量的正确方法。从客户的角度来看，我们希望排除测试流量。但是如果想报告服务器可以承受的负载，我们可能希望包括这些测试流量。

还有其他问题。月度是指按日历月份算？还是指从今天往前的一个月？对于这些指标，需要有一个地方明确定义了它们，这样就不会有模糊解释。我们不能让两个数据科学家报告相同的指标但是得到不同的数字！在我们的示例中，假设对页面总浏览量的定义是从月初开始的页面浏览总数，并且排除测试流量。这么明确定义了之后，才能确认 TotalPageViews 函数实现了生成这个指标的规范查询。

定义　规范查询(canonical query)是指生成给定指标的明确查询。

对于业务重要的每个指标都需要有一个清晰明确的定义，从而能够得出规范查询，以避免产生相互矛盾的报告，这点非常重要。我们将使用数据术语表记录这些业务术语的定义以及与之相关的查询和数据集。

定义　数据术语表(data glossary)是指为与数据平台相关的各种业务术语提供精确的定义，并提供与之相关的规范查询和数据集。

搜索功能在数据术语表中也很重要。因为并非每个人都知道 TotalPageViews 函数在我们的集群中可用。数据术语表就像数据字典一样，必须是能够搜索的。

现在讲述了元数据管理中使用的两个主要工具：数据字典(描述可用的数据集)和数据术语表(记录业务术语的明确定义和相关的规范查询)。图 8.2 展示了这些工具与

数据层的映射关系。

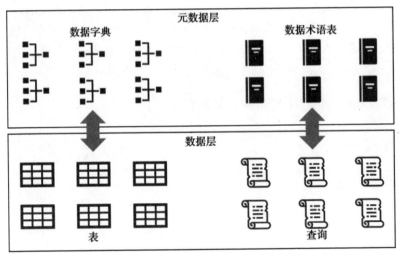

图 8.2   元数据层包含一个数据字典(记录了存储在数据层的表的信息)和一个数据术语表(记录了
业务术语的明确定义和相关的规范查询)

注意，填充元数据层既可自动完成，也可人工完成。有些任务很容易自动化，例如识别存储在数据库中的所有表并列出它们的模式。其他任务则无法自动化，例如明确定义一个业务术语，这需要对业务背景有一定的了解。

现在看看如何在 Azure 中管理元数据。Azure 通过 Azure Purview 服务提供元数据服务，我们将在本章的剩余部分详细讲述它。

8.2   介绍 Azure Purview

Azure Purview 是一个数据治理服务，可以轻松创建和维护数据景观的最新映射。它包括自动化的数据发现和数据分类。

先部署一个服务实例。首先，需要确保你的订阅已注册以下资源提供程序：Microsoft.Purview、Microsoft.Storage 和 Microsoft.EventHub。你可通过 Azure 门户(Azure Portal)导航到你的订阅，从左侧窗格选择 Resource Providers，然后搜索并注册这三个提供程序来完成此操作。也可使用 Azure CLI 执行代码清单 8.2 所示的命令。

代码清单 8.2   注册所需要的资源提供程序

```
az provider register --namespace Microsoft.Purview

az provider register --namespace Microsoft.Storage

az provider register --namespace Microsoft.EventHub
```

满足这个先决条件后，现在可以部署一个 Azure Purview 实例。首先，为它创建一个资源组，如代码清单 8.3 所示。

代码清单 8.3　为 Azure Purview 创建一个资源组

```
az group create `
--name purview-rg `
--location "Central US"
```

因为没有 Azure CLI 扩展，所以将使用 ARM 模板来部署服务。代码清单 8.4 所示是详细模板示例。记住，账户名必须唯一。

代码清单 8.4　查看 Azure Purview ARM 模板

```
{
  "$schema": "http://schema.management.azure.com/schemas/2015-01-01/
➥ deploymentTemplate.json#",
  "contentVersion": "1.0.0.0",
  "resources": [
    {
      "name": "<use purview$suffix>",
      "type": "Microsoft.Purview/accounts",
      "apiVersion": "2020-12-01-preview",
      "location": "CentralUs",
      "identity": {
        "type": "SystemAssigned"
      },
      "properties": {
        "networkAcls": {
          "defaultAction": "Allow"
        }
      },
      "dependsOn": [],
      "sku": {
        "name": "Standard",
        "capacity": "4"
      },
      "tags": {}
    }
  ],
  "outputs": {}
}
```

为资源使用一个唯一的名称。因为我们已经设置了 $suffix 来获取唯一的名称，所以可使用 purview$suffix

在代码清单 8.4 中，可使用 purview 和 $suffix 形成一个唯一的名称。可通过运行 echo purview$suffix 获取它。现在将模板保存为 purview.json，然后使用 Azure CLI 部署它，如代码清单 8.5 所示。

代码清单 8.5　部署 Purview

```
az deployment group create `         ◄——— 部署的目标资源组
--resource-group purview-rg `
--template-file purview.json  ◄——— ARM 模板文件
```

部署完成后，Azure Purview 实例将启动和运行。该服务配备了自己的 UI：Purview
Studio。可以打开 Azure 门户，在 Overview 选项卡，单击图 8.3 下方所示的 Open
Purview Studio。

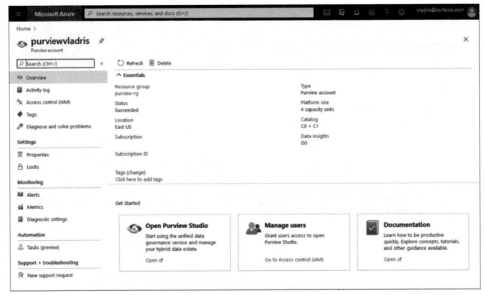

图 8.3　Azure Purview 实例的 Azure 门户视图，包括了打开 Purview Studio 的快捷方式

图 8.4 显示了 Purview Studio UI 的首页。如你所见，搜索是最重要的。搜索栏使
我们能够在数据平台查找数据。但是因为刚刚启动了服务，所以还没有注册任何内容。
这就是为什么在搜索栏上方看到了 No data sources、No assets 和 No glossary terms。在
搜索栏下方，有以下四个快捷方式。

- Knowledge center——打开讲述如何使用该服务的视频和教程的知识中心。
- Register sources——连接我们的存储服务，以便 Azure Purview 可以扫描它们
  并发现我们的资产(数据集)。
- Browse assets——让我们可以浏览服务所追踪的数据集。
- Manage glossary——管理数据术语表。

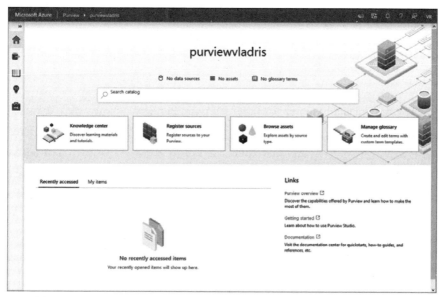

图 8.4　Azure Purview 的首页，包括搜索、最近访问的项目和常见任务的快捷方式

在左侧导航窗格中，有五个菜单，如图 8.5 所示。

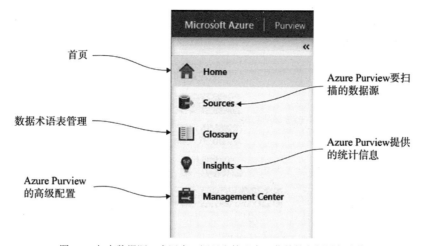

图 8.5　包含数据源、术语表、洞见和管理中心菜单的左侧导航窗格

以下是每个菜单要跳转的页面。

- Home——开始视图
- Sources——与单击 Register Sources 磁贴是同一个地方
- Glossary——与单击 Manage Glossary 磁贴是同一个地方
- Insights——提供有关数据集、术语表和 Azure Purview 执行的扫描等的统计信息
- Management Center——为 Azure Purview 提供高级配置设置

接下来填充数据字典。

8.3　维护数据字典

本节将 Azure Data Explorer 集群连接到 Azure Purview。首先，确保集群已启动。然后，转到 Register sources 并注册一个新源。从菜单中选择 Azure Data Explorer，保留自动生成的名称(应为 AzureDataExplorer-后跟几个随机字符)，选择你的 adx$suffix 集群，并在 Collection 处选择 None。然后单击 Register，以将集群注册到 Azure Purview。

Collection 是 Azure Purview 组织数据的一种方式。我们可以创建新的 Collection，然后将数据集分组到 Collection，甚至提供层次结构，因为 Collection 可以作为其他 Collection 的父级。不过，为了简单起见，我们不会在示例中使用 Collection。完成以上步骤后，将进入 Map View，如图 8.6 所示，其中显示了一个 Azure Data Explorer 源。

图 8.6　Sources Map view。可使用右上角下拉列表切换到 Table view。可以单击 New Scan 设置对集群的扫描

在 Sources 界面，可使用右上角的下拉列表切换到已注册源的 Table view。想要查看数据血缘时，Map view 非常有价值，我们将在本章后面详细介绍。现在，继续设置数据清单。

8.3.1　设置扫描

我们已经注册了数据源，但尚未进行扫描。在 Sources 界面，单击图 8.6 中显示的 New Scan 图标，以设置对集群的新扫描，该扫描会摄取数据。然后进入 Scan Configuration 窗格。

新打开的窗格有三个字段：Name、Server Endpoint 和 Credential。关于 Name，将使用自动生成的扫描名称。Server Endpoint(Azure Data Explorer 集群的 URL)应为只

读，因为它来自注册的数据源。现在需要提供一种使 Azure Purview 访问 Azure Data Explorer 的方法。

不要关闭以上浏览器窗口，现在打开 PowerShell Core。我们将使用 Azure CLI 设置一个新的服务主体，并授予其访问 Azure Data Explorer telemetry 数据库的权限。然后，启动一个新的 Azure Key Vault，并将服务主体密钥存储在其中。完成这些步骤后，将向 Azure Purview 提供服务主体，并设置与 Key Vault 的连接。Azure Purview 使用 Azure Key Vault 管理密钥。图 8.7 显示了这些服务的组合方式。

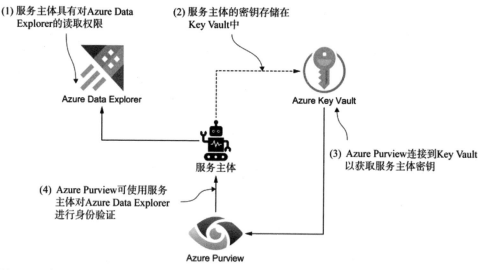

图 8.7 服务主体具有对 Azure Data Explorer 的读取权限。将其密钥存储在 Azure Key Vault 中。Azure Purview 连接到 Key Vault 并检索密钥，以便可使用服务主体对 Azure Data Explorer 进行身份验证

我们将创建一个新的服务主体，并授予其对 Azure Data Explorer 的读取权限，如代码清单 8.6 所示。

代码清单 8.6   授予新的服务主体对 Azure Data Explorer 的访问权限

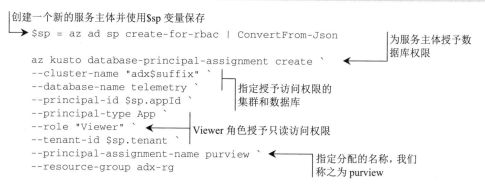

第 4 章连接 Azure Data Factory 与 Azure Data Explorer 集群时，使用了代码清

单 8.6 中的命令。现在有了一个新的服务主体(只有对集群的只读访问权限)，它的详细信息存储在$sp 变量中。我们将使用代码清单 8.7 所示的命令创建一个 Azure Key Vault，以存储服务主体的密钥。

代码清单 8.7   在 Azure Key Vault 中存储服务主体密钥

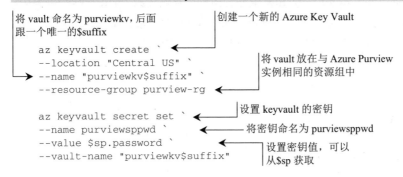

```
将 vault 命名为 purviewkv，后面          创建一个新的 Azure Key Vault
跟一个唯一的$suffix
    az keyvault create `
    --location "Central US" `
    --name "purviewkv$suffix" `           将 vault 放在与 Azure Purview
    --resource-group purview-rg           实例相同的资源组中

    az keyvault secret set `              设置 keyvault 的密钥
    --name purviewsppwd `                 将密钥命名为 purviewsppwd
    --value $sp.password `                设置密钥值，可以
    --vault-name "purviewkv$suffix"       从$sp 获取
```

现在回到浏览器窗口，继续完成连接。我们将在 New Scan 窗格配置 Azure Data Explorer 扫描。因为还没有在 Azure Purview 中注册任何凭据，所以从 Credential 下拉菜单中选择 New。图 8.8 是 New credential 窗格的界面。

图 8.8   New credential 窗格。使用$sp.name 作为服务主体 ID，使用 purviewsppwd 作为密钥名称。
从 Key Vault connection 下拉列表中选择 New

在 New Credential 窗格中，可以将名称保留为默认值(credential-后跟一些随机字符)，将身份验证方法设置为 Service Principal。对于 Service Principal ID，将使用新创建的服务主体的名称。可以在 PowerShell 中输入$sp.name 获取该名称。将 Secret name 设置为 purviewsppwd，因为这是在代码清单 8.7 给出的名称。最后，单击展开 Key Vault Connection 下拉列表并选择 New。图 8.9 显示了 New Key Vault 窗格。

New Key Vault

Name *

    keyVault-fmr

Description

    Enter description

Key Vault selection method *

(●) From Azure subscription   ( ) Enter manually

Subscription

    All   ∨

Key Vault name *

    Select...   ∨

💡 You must grant the Purview managed identity access to your Azure Key Vault. See more ∨

图 8.9　创建一个新的 Azure Key Vault 连接。单击窗格底部的 See more，以查看用于
　　　 Azure Purview 实例的托管标识

工作快要完成了。在 New Key Vault 窗格，选择刚刚创建的 Azure Key Vault (purviewkv$suffix)。现在 Azure Purview 知道要连接到哪个 Azure Key Vault 以及要获取哪个密钥了。

还有最后一个缺失的部分：Azure Key Vault 应该允许 Azure Purview 读取密钥。单击 See more(参见图 8.9)以获取托管标识的详细信息。复制托管标识应用程序 ID(确保复制应用程序 ID，而不是对象 ID)。回到 shell，运行代码清单 8.8 所示的命令。

代码清单 8.8　允许 Azure Purview 获取 Key Vault 密钥

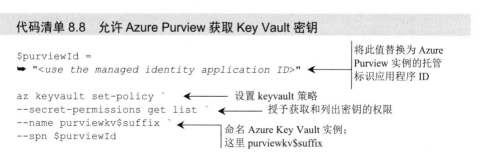

```
$purviewId =
➡ "<use the managed identity application ID>"    ◀── 将此值替换为 Azure
                                                     Purview 实例的托管
                                                     标识应用程序 ID

az keyvault set-policy `        ◀────── 设置 keyvault 策略
--secret-permissions get list ` ◀────── 授予获取和列出密钥的权限
--name purviewkv$suffix `       ◀──┐ 命名 Azure Key Vault 实例；
--spn $purviewId                   └ 这里 purviewkv$suffix
```

现在，可以单击 Create 完成为 Azure Purview 设置 Azure Key Vault 连接的操作。然后使用该连接创建新的凭据。

这里会执行相当多的步骤。首先，创建了一个服务主体和一个 Azure Key Vault，然后将服务主体的密钥存储在 Key Vault 中，授予 Azure Purview 访问 Key Vault 的权限，并将 Azure Purview 连接到 Key Vault。注意，这只是初始设置。可以为其他数据源使用相同的 Key Vault 和 Key Vault 连接，甚至可能使用相同的凭据(但是请记住，安全最佳实践是为不同的连接使用不同的服务主体，以防一个被攻破就能访问很多服务)。现在，配置后续数据源应该更加容易。

现在已经配置好凭据，回到了 Scan Configuration 窗格。单击 Test Connection，以验证 Azure Purview 是否真的可以连接到 Azure Data Explorer。如果一切连接正确，则可以正常工作了。单击 Continue 继续下一步。然后将显示要扫描的数据库列表。在本例中，应该只有 telemetry，因为服务主体只能访问该数据库。再次单击 Continue。

你应该会看到 Select a Scan Rule Set Configuration。Azure Purview 在扫描数据集时会对数据进行分类。默认情况下，Azure Purview 使用 Microsoft 的分类规则。我们可以指定自定义规则和规则集，但这里不这样做。单击 Continue 使用默认值继续。

最后，我们到达了 Trigger Configuration 步骤，可以指定扫描运行的频率。我们选择 Once 作为示例，尽管对于生产系统，很可能会定期执行此操作。单击 Continue，然后单击 Save and Run。

8.3.2　浏览数据字典

在浏览数据字典之前，需要等待扫描完成。这需要几分钟的时间。回到显示 Azure Data Explorer 的 Map View，单击 View Details，进入一个状态页面，可以在该页面检查扫描的进度。设置完成后，它会显示为 Queued。可以单击 Refresh 以获取最新状态。在某个时刻，状态会变为 Scan In-progress，最后变为 Successfully Completed。该状态页面还应显示扫描和分类资产(数据库中的表)的数量。

扫描完成后，返回 Azure Purview 的首页，然后单击 Browse assets。应该能够看到 Azure Data Explorer 集群、telemetry 数据库及数据库中的任何表。图 8.10 显示了 PageViews 表。

我们已经配置了自动化部分，其中包括扫描我们的数据结构。下一步是通过人工添加有意义的描述来增强这一部分。单击顶部的 Edit 按钮，进入编辑(Edit)界面，可以为表本身和每个列添加描述。它还允许添加联系人，包括所有者和业务领域专家。还可以链接到术语表的术语(8.4 节将会详细介绍)。

对于生产数据平台，需要定义一个流程来确保提供和更新描述。团队成员(数据工程师、数据科学家、项目经理等)将担任负责人，以确保资产能够适当地文档化。他们将确定业务领域专家，并在团队中进行协调，以确保信息的质量。

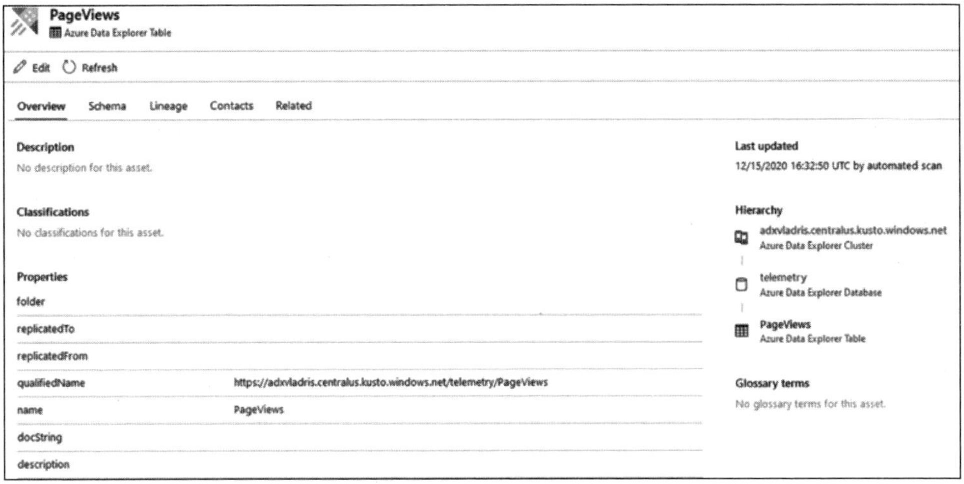

图 8.10　PageViews 表，包括属性、模式、联系人等

在继续讨论数据术语表前，也来看看数据字典强大的搜索功能。现在如果返回首页并在搜索框中输入 "covid"，应该会返回我们的 Covid19 表。如果输入 "user id"，应该会返回包含 User ID 列的所有表。这是一个强大的功能，这里只是初步讲述一下。

在实际场景中，将扫描多个数据结构，并且能够跨数据结构进行搜索，这是 Azure Purview 的独特功能之一。不仅表名和列名会被索引，描述也会被索引。一旦为所有数据集提供了描述，就可以搜索它们。

8.3.3　小结

本节介绍了如何使用 Azure Purview 的数据字典功能。

- Azure Purview 中的源是指它可以连接和扫描数据资产的数据结构。源可以是 Azure Data Explorer、Azure Synapse Analytics、Azure SQL、Azure Data Lake Storage 等。
- 凭据存储连接到源所需要的配置。本节使用了一个存储在 Azure Key Vault 中的服务主体和密钥。
- 扫描告诉 Azure Purview 从源中读取什么以及多久读取一次。在扫描完成后，所扫描的表就可作为资产进行浏览和搜索。
- 资产可通过描述、所有者和链接到数据术语表的术语来增强。

至此，已多次提到数据术语表。接下来，将介绍 Azure Purview 在数据术语表管理方面提供了什么功能。

8.4　管理数据术语表

在本章的开头，我们看到即使是一个简单的指标，如每月页面总浏览量，如果没有明确的定义，也可能会让人混淆。例如它是否包括测试流量？是从本月的第一天算起还是从今天往前一个月算起？本节将使用数据术语表来记录这些信息。我们将每月页面总浏览量添加为数据术语表的一个条目，看看这些条目的样子，并稍微讨论一下如何管理术语表。

8.4.1　添加新的术语

单击左侧导航窗格的 Glossary 或者在 Azure Purview 首页单击 Manage glossary 快速导航磁贴。我们将进入 Glossary 视图，目前还没有任何条目。通过单击 New Term 添加一个条目，会看到图 8.11 所示的 New term 窗格。

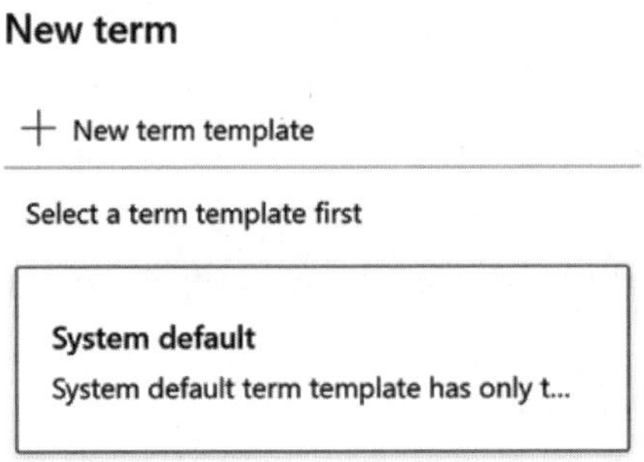

New term

+ New term template

Select a term template first

System default
System default term template has only t...

图 8.11　New term 窗格显示了创建新术语的第一步

术语是高度可定制的，因此可以提供一个模板，描述术语应有的所有字段。Azure Purview 有一个默认模板。我们暂时使用它，然后再看看一些其他有趣的字段，可以将它们添加到自定义模板中。

单击 Continue 接受系统默认值。应该会看到添加新术语的下一步，如图 8.12 所示。下面看一下 Overview 选项卡中的字段。

- Name——术语的名称。这里使用 Monthly pageviews。
- Definition——术语的定义。这里将填写"Monthly pageviews from the first of the month, excluding test traffic"(每月页面浏览量，不包括测试流量)。
- Acronym——这项将留空，但这是记录术语缩写(首字母缩略词)的地方。例如，对于术语 Monthly active users，可以添加 MAU 作为缩写。
- Resources——这是可以将该术语链接到数据平台中其他工件的地方。在本例中，可以添加一个名为 Canonical query(规范查询)的资源，并链接到生成该指标的规范查询。这里可以是文档的链接，Git 中规范查询的链接，甚至是查询本身的链接，如果数据平台支持这种深度链接的话。

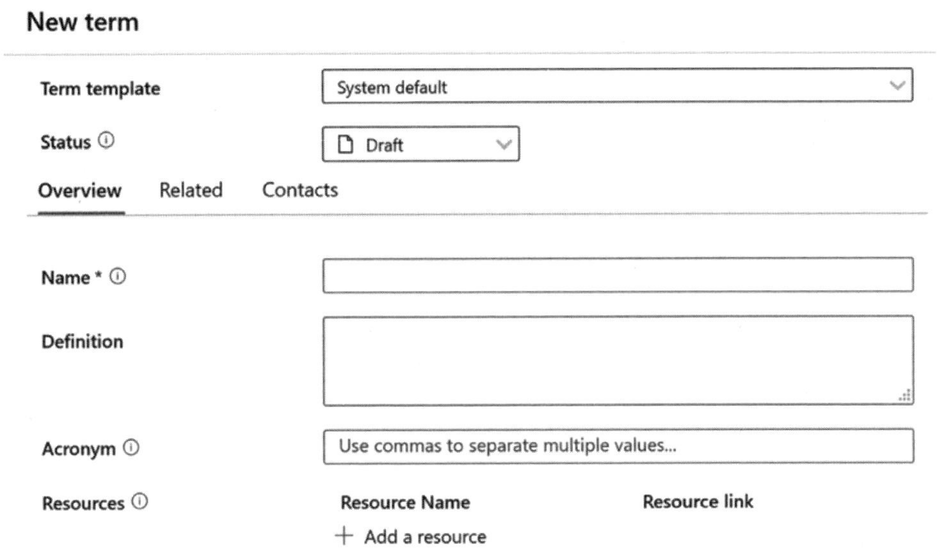

New term

Term template	System default ⌄
Status ⓘ	🗋 Draft ⌄

Overview   Related   Contacts

Name * ⓘ	
Definition	
Acronym ⓘ	Use commas to separate multiple values...
Resources ⓘ	Resource Name Resource link
	＋ Add a resource

图 8.12　使用默认模板添加新术语

接下来，单击 Related 选项卡，查看其中的字段。应该只有两个。

● Synonyms——在复杂的业务领域中，不同的团队或不同的部门可能会用不同的名称指代同一事物。这很常见，数据术语表支持同义词这一概念。我们可使用这个字段来链接多个指代同一概念的术语。

● Related Terms——这使我们能够链接到与当前术语相关的其他术语。例如，如果术语是 Monthly active users，其中一个相关术语可以是 Daily active users。就本例而言，因为这是添加到术语表中的第一个术语(Monthly pageviews)，所以目前还没有其他术语可以链接。

最后，在 Contacts 选项卡填写以下两个字段。

● Experts——我们应该联系的业务领域专家。

● Stewards——负责管理定义的人。

然后单击 Create 按钮将新术语添加到术语表中。注意，术语具有一个状态(Status 下拉列表)，管理者可通过它管理术语的生命周期。

● Draft——每个术语刚创建时是草稿状态。表示该术语属于草稿状态，需要在正式成为标准之前进行审查。

● Approved——表示已通过审查的术语，现在可以认为是标准的一部分。

● Alert——管理者可以用它来标记一个术语，表明它需要关注。

● Expired——废弃术语，表示不再使用。

创建术语后，Glossary 视图以字母 M 开头的地方应该会显示新术语，具体如图 8.13 所示。

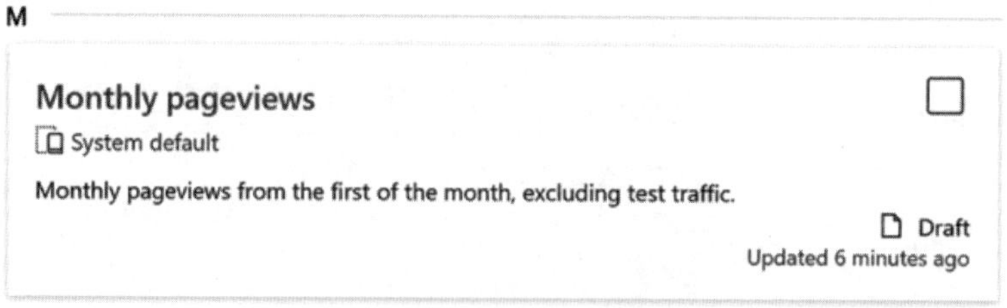

图 8.13 Monthly pageviews 术语表术语

可以将数据资产与术语表术语关联起来，以捕捉数据字典和数据术语表之间的关系。例如，可以导航到描述 Azure Data Explorer 集群中的 PageViews 表的 PageViews 数据资产，并单击 Edit，将会出现一个 Glossary Terms 选项。可以将该资产链接到 Monthly pageviews 术语表术语，以表示它与该指标生成相关。

8.4.2 审查术语

正如前面 Stewards 字段所示，团队应指定一名或多名人员负责维护高质量的数据术语表。虽然可以自动化许多任务，但仍需要人类来确保定义正确，并标记已弃用且不再使用的术语，同时确保将业务使用的新术语添加到术语表中。这与自动化关系较小，更多地涉及人工流程。我们应确保有人负责确保业务领域术语在术语表中得到正确定义，并且一切都保持最新状态。

这并不意味着应该一个人处理所有的数据录入工作。相反，需要确保每个人都在尽自己的一份力。这是与文档相关的工作，正如在第 6 章所看到的，确保文档保持最新状态非常困难。建立一个良好的流程非常重要。

例如，一种处理方法是让负责人与业务领域专家合作，确定应该记录的关键术语，确保所有术语的草稿出现在术语表中(最初处于 Draft 状态)，并保持一定的节奏来完善定义、填充字段，并以良好的速度将术语提升到 Approved 状态。负责人应该根据术语应遵守的标准来进行批准。

标准的一个示例是要求为每个关键指标提供指向规范查询的链接，并至少为每个术语指定两名业务领域专家，以便在有任何问题时可以联系到他们。现在看一下数据术语表提供的其他功能：自定义模板和批量导入。

8.4.3 自定义模板和批量导入

通过自定义模板可以配置希望在术语表术语中记录的字段。Azure Purview 的默认配置很好，涵盖了术语表管理的各个方面，包括首字母缩写、同义词、相关术语等字段。但是，如果你的团队需要追踪这些定义中的某些特定字段，则需要使用自定义模板。

这里不详细介绍所有步骤，你可以转到 Glossary 页面并单击 Manage term templates，将看到系统默认模板(见图 8.14)，然后可以定义自己的自定义模板。

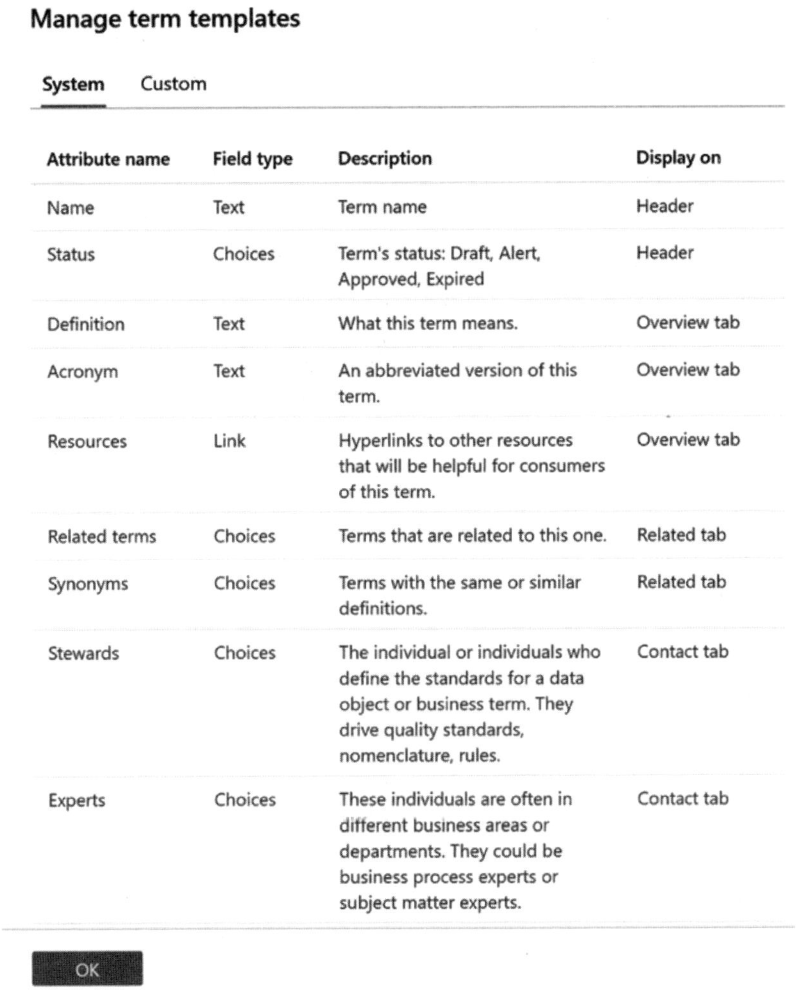

Manage term templates

System   Custom

Attribute name	Field type	Description	Display on
Name	Text	Term name	Header
Status	Choices	Term's status: Draft, Alert, Approved, Expired	Header
Definition	Text	What this term means.	Overview tab
Acronym	Text	An abbreviated version of this term.	Overview tab
Resources	Link	Hyperlinks to other resources that will be helpful for consumers of this term.	Overview tab
Related terms	Choices	Terms that are related to this one.	Related tab
Synonyms	Choices	Terms with the same or similar definitions.	Related tab
Stewards	Choices	The individual or individuals who define the standards for a data object or business term. They drive quality standards, nomenclature, rules.	Contact tab
Experts	Choices	These individuals are often in different business areas or departments. They could be business process experts or subject matter experts.	Contact tab

OK

图 8.14　显示系统默认模板的 Manage term templates 窗格

　　模板有一个名称、一个描述和一组属性。这些属性描述了在添加新术语时要填写的字段。属性有一个名称和一个描述,你可以设置该属性是可选或必须,属性还有一个类型(文本、单选、多选或日期),并且根据类型,可以有一些附加配置(文本可以有一个默认值,选择可以有一组可供选择的值)。例如,我们可能希望为业务标记一组与关键指标对应的术语。我们可以定义两个具有多选项的"关键指标"和"非关键指标"自定义模板来追踪这些术语。通过自定义模板,能够灵活调整术语表术语的形式,以满足我们的特定需求。

　　Azure Purview 的另一个强大功能是批量导入。这使我们能够通过上传包含术语定义的 CSV 文件来填充术语表。我们需要先指定要使用的模板,然后 Azure Purview 将 CSV 文件转换为术语表术语。可使用批量导入来从其他系统迁移数据,或者让数据管理员在更熟悉的环境(如 Excel)中输入数据。

8.4.4 小结

本节介绍了 Azure Purview 的数据术语表，并添加了一个新术语。数据术语表记录了业务术语及其相关查询和数据集的定义。它确保了每个人在业务领域中使用相同的规范定义，指标和报告保持一致，并且很容易搜索业务术语。

数据术语表的术语包括名称、定义和需要联系的业务领域专家。Azure Purview 默认模板中的一些其他常见字段包括同义词(术语的其他名称)、首字母缩写和相关术语。可使用自定义模板来调整术语所需要的字段，以适应特定需求，可使用批量导入功能从 CSV 文件将术语批量添加到术语表(这样会简单和方便很多)。

数据术语表是信息架构中的常见实践。无论最终是否在数据平台中使用 Azure Purview 或其他解决方案，一旦数据量足够大且业务领域足够复杂，都将不可避免地需要维护某种术语表，以确保系统内的一致性。此外，Azure Purview 还有一些高级功能值得了解。

8.5 了解 Azure Purview 的高级功能

我们不会深入介绍这些高级功能，但在将 Azure Purview 与数据平台集成时，你应该了解它们。本节将介绍数据分类功能和 REST API，这些功能可以将 Azure Purview 与其他服务集成。下面将从数据血缘开始。

8.5.1 追踪数据血缘

至此，我们已了解了如何对所拥有的数据集进行整理以及描述其模式。有时，需要了解更多关于数据集的信息：不仅是它包含的内容，还有它的来源。这就是所谓的数据血缘。

定义 数据血缘(data lineage)又称数据血统、数据起源、数据谱系，是指在数据的全生命周期中，数据从产生、处理、加工、融合、流转到最终消亡，数据之间自然形成的一种关系，包括了数据的起源、变化以及随时间的移动。

数据血缘的一个应用是在调试问题时。发现数据集存在问题时，能够轻松追踪数据的上游并查看问题的起源非常有价值。

数据血缘的另一个应用是合规。正如将在第 10 章看到的，有些情况下，收集数据时，用户同意某些用途，但可能不同意其他用途。例如，当收集网站遥测数据时，可能已经告诉用户我们只会使用这些数据改进产品，而不会用于定向广告。这意味着我们的数据平台上的所有数据并不能用于所有场景。我们应该知道数据的来源，从而知道可使用数据做什么。

Azure Purview 可以连接两个常用于在 Azure 中移动数据的服务：Azure Data Factory 和 Azure Data Share。第 4 章介绍了 Azure Data Factory，并在本书的几个示例使用了它。Azure Data Factory 是 Azure 的云 ETL 解决方案。而 Azure Data Share 用于与其他人共享来自各种存储服务的数据。Azure Data Share 处理访问管理，并可以在租户之间共享数据。第 11 章将在讲述数据分发时更详细地介绍 Azure Data Share。Azure Data Factory 和 Azure Data Share 都是数据集进入数据平台的常用方式。Azure Purview 可以连接到这两个服务并绘制数据移动图。

要连接到 Azure Data Factory，请转到 Management Center(左侧导航窗格的最后一个图标)。在 Management Center 中，选择 External Connections 部分下的 Data Factory。你将进入 Data Factory Connections 视图，该视图当前显示为一个空列表。现在单击 New，开始连接 Data Factory。我们将看到图 8.15 所示的 New Data Factory connections 窗格。

New Data Factory connections

Each Data Factory account can connect to only one Purview account.

Azure Subscription

All	∨

Data Factory *

Select...	∨

0 selected

Data Factory	Existing connection

No records found.

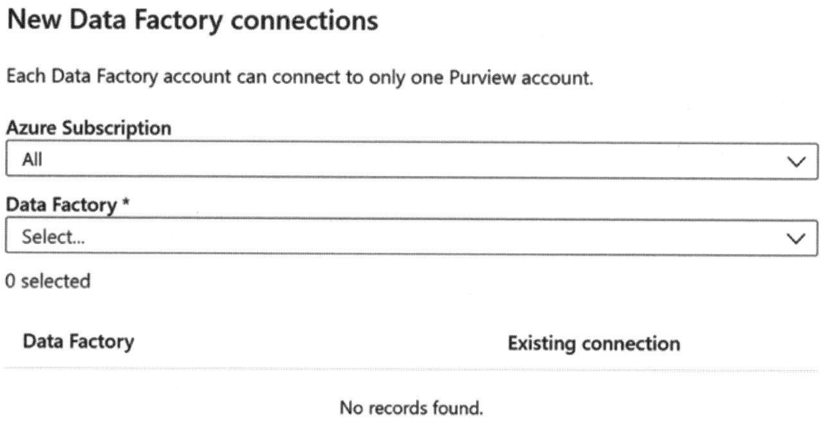

图 8.15　New Data Factory connections 窗格显示了 Azure Subscription 和 Data Factory 下拉列表

选择你的订阅和前几章使用的 adf$suffix 数据工厂，然后单击 OK 按钮。注意，Azure Purview 仅支持 Azure Data Factory 的部分 activity：Copy Data、Data Flow 和 Execute SSIS Package。第 4 章使用了 Copy Data 导入 COVID-19 数据集，但是在那个示例中，将数据复制到了一个临时表，并将其与最终表进行了交换。这意味着在那个示例中，Azure Purview 无法了解该特定数据集的血缘。

如果想尝试该功能，可以创建一个简单的 Azure Data Factory 管道，然后添加在两个存储服务之间进行复制的 Copy Data activity。当它们在 Azure Purview 被扫描之后(不要忘记运行扫描)，这些资产的 Lineage 选项卡应该显示数据的来源；你应该看到一个数据流图，该图显示数据源、ETL 步骤和目标。

8.5.2　分类规则

设置 Azure Data Explorer 扫描时，使用了默认的扫描规则集。这里详细了解一下分类规则的工作原理以及如何自定义它们。

进入 Management Center 视图，Metadata Management 包含两个选项：Classification 和 Classification Rules。一个分类会有一个名称和一个描述。Azure Purview 提供了 100 多个默认分类。其中一个示例是美国社会安全号码(Social Security Number，SSN)。我们可以添加任意数量的自定义分类。当业务空间需要与默认分类不同的分类时，这点将非常有用。

分类规则帮助 Azure Purview 在扫描过程中自动对资产进行分类。每个默认分类都有一个关联的分类规则。可以创建自定义分类规则，以添加额外的分类。分类规则告诉 Azure Purview 何时将列视为具有分类。图 8.16 显示了 New classification rule 窗格。

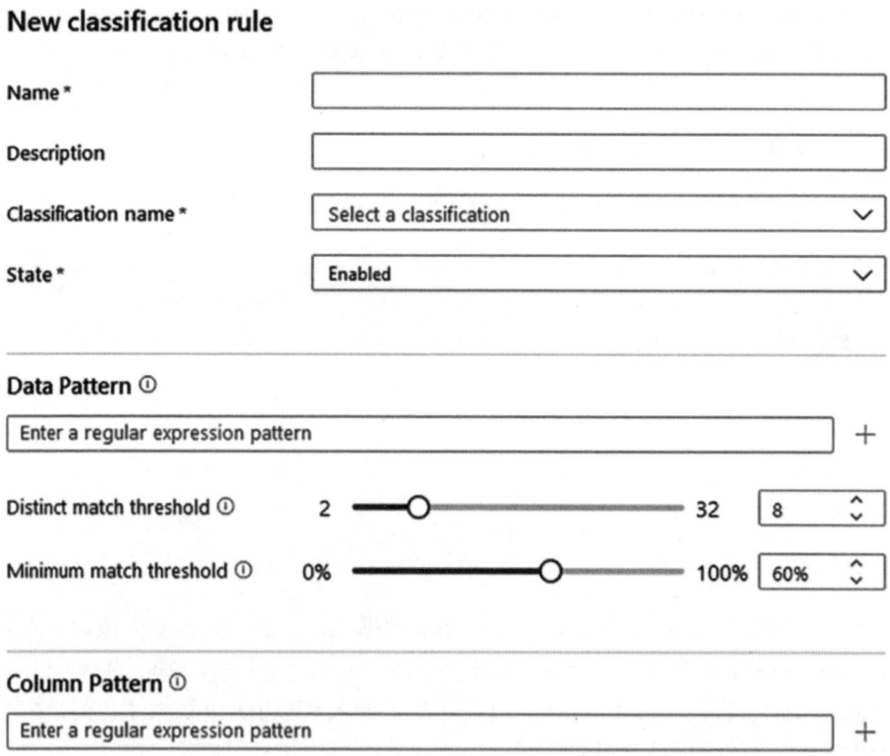

New classification rule

Name *	
Description	
Classification name *	Select a classification ⌄
State *	Enabled ⌄

Data Pattern ⓘ

Enter a regular expression pattern   +

Distinct match threshold ⓘ   2 ——○—— 32   8 ⌄

Minimum match threshold ⓘ   0% ————○— 100%   60% ⌄

Column Pattern ⓘ

Enter a regular expression pattern   +

图 8.16　创建新的分类规则。可使用 Data Pattern 根据行的形状对数据进行分类，使用 Column Pattern 根据列名的形状对数据进行分类

可使用 Data Pattern 和 Column Pattern 对数据进行分类。Data Pattern 由数据应匹配的正则表达式、列中最小数量的不同匹配以及在确信该列具有该分类之前需要匹配模式的行的百分比来描述。如果系统中的所有用户标识都以 UID 开头，可使用正则表达式 UID.*作为数据模式。Column Pattern 简单地匹配列的名称。如果用户 ID 列通常被命名为 UserID 或 ID，可使用 UserID|ID 正则表达式将所有这些列分类为包含用户 ID 的列。

正则表达式

正则表达式用于定义字符串中的搜索模式。正则表达式引擎可以解释这些模式，以执行强大的搜索。大多数编程语言都有正则表达式语言作为其库的一部分，很多工具也支持使用正则表达式。正则表达式这一现代化引擎提供了丰富的语法来描述搜索。虽然正则表达式超出了本书的范围，但这里还是简单介绍一些基本示例。

在正则表达式中，大多数字符都不被视为特殊字符，因此搜索是按照字面进行的。例如，正则表达式 data 在"data engineering"中匹配"data"。以下是一些正则表达式特殊字符的使用示例。

- () 允许对条目进行分组，| 表示一个可选项(或)。例如，正则表达式 data (science| engineering)同时匹配"data science"和"data engineering"(任何一个字符串都被视为匹配)。
- . 表示任意一个字符。例如，正则表达式 dat.同时匹配"data"和"date"。

还有量词，用于定义一个条目应该重复多少次：? 表示零次或一次，*表示零次或多次，+表示一次或多次。

- data (engineering)?同时匹配"data"和"data engineering"；(engineering)重复零次或一次。
- data (engineering)匹配(engineering)重复零次或多次的任意次数。例如，此表达式匹配"data"和"data engineering"。
- data (engineering)+与前一个示例类似，只是(engineering)至少要出现一次。在本例中，它没有匹配"data"。

当然，可以将它们组合起来创建复杂的表达式。例如，data.匹配以"data"开头的任何字符串。(将.与*组合在一起，表示任意字符，出现零次或多次)。

关于正则表达式的讲述到此结束，以上这些快速概述应该能帮助你理解本节中的示例。如果想了解关于这种强大语言更多的内容，请查阅正则表达式相关资料。

回到 Management Center，可以创建新的扫描规则集(Scan Rule sets)。通过扫描规则集，可以为数据集指定在扫描过程中要应用的分类规则。默认是提供默认值，但可以创建自定义扫描规则，包括自定义的分类。可以将扫描规则集与一个或多个扫描关联起来，这样我们的数据就会被 Azure Purview 自动分类。

8.5.3　REST API

Azure Purview 还提供了 REST API，可以以编程方式访问元数据。这里就不详细介绍这个 API 了。如果想了解更多信息，可以查阅 Microsoft 关于该 API 的详细文档：http://mng.bz/O16j。这里只需要记住，它可以让你将自定义服务连接到 Azure Purview，从而让这些自定义服务可使用 Azure Purview 里面的元数据。例如，以接下来介绍的数据质量(第 9 章)和合规(第 10 章)为例，这两者都可以与元数据存储紧密集成。

第 9 章将介绍数据质量。数据质量可以自动检测数据集中的问题。确定了有问题的数据集之后，元数据存储可以帮助我们确定哪些报告和指标受到了数据质量问题的影响。这是一个可以利用 REST API 查询元数据存储并自动报告数据问题影响的场景。

第 10 章将介绍合规。数据分类和处理对于保持合规至关重要。利用 Azure Purview 的分类规则和数据字典功能，可以轻松识别哪些表包含敏感数据。例如，可以自动化合规检查，确保敏感数据只出现在特定的数据库中。可使用 REST API 从处理合规追踪和执行的其他服务中查询这些元数据。

我们重点介绍了使用 Azure Purview 进行元数据管理，但这些概念不仅限于 Azure Purview，也适用于其他任何服务。所有大数据平台都需要一个数据字典和数据术语表。这些元数据必须易于搜索和发现。我们可使用集成点(如本例中的 REST API)来利用元数据处理其他治理问题，如追踪数据质量和执行合规。

8.5.4　小结

在本章结束前，快速小结一下介绍过的 Azure Purview 高级功能。我们谈到了数据血缘追踪。Azure Purview 通过连接到 Azure Data Factory 和 Azure Data Share 实例来实现这一点(第 11 章将详细讨论 Azure Data Share)，从而使我们能够追踪数据的来源，这对于包括合规在内的多种场景非常重要。但请记住一些限制：Azure Purview 只能使用有限几个 Azure Data Factory activity。

我们还介绍了数据分类以及如何设置自定义分类规则。这些功能令 Azure Purview 能够根据定义为正则表达式的模式来识别数据集中的数据。正确的数据分类是合规的另一个重要方面。根据我们拥有的数据类型，需要应用不同的处理标准，第 10 章将会介绍。

最后，简要介绍了 REST API。我们没有详细介绍它，但如果想要将 Azure Purview 元数据目录的访问权限开放给其他服务，它是一个重要的集成点。关键要点是 Azure Purview 使人们能够轻松搜索和浏览数据资产和业务空间，但它也可以作为构建数据平台的其他服务的元数据存储。

本章看到元数据如何帮助我们理解数据景观。这是数据治理的关键部分，但不是唯一的部分。第 9 章将讲述另一个重要方面：数据质量。

8.6　本章小结

- 元数据是关于数据的数据。它有助于了解大数据平台中的所有数据集。
- 数据字典包含数据集的描述。
- 数据术语表为与数据平台和规范查询相关的各种业务术语提供精确的定义。
- Azure Purview 是用于元数据管理的 Azure 服务。

- Azure Purview 可以连接到所有 Azure 存储服务(以及一些其他第三方服务)，然后扫描和清点可用的数据集。
- Azure Purview 具有一个数据术语表，可以在其中添加或导入术语，并将其与其他术语、数据集和其他资源进行关联。
- 数据血缘追踪数据的来源和转换方法。
- Azure Purview 可以连接 Azure Data Factory 和 Azure Data Share 服务，以自动发现数据血缘关系。
- 分类规则根据行名称和列名称中的模式自动对数据集进行分类。
- REST API 使其他服务能够与 Azure Purview 集成并查询其元数据存储。

第 *9* 章

数 据 质 量

本章涵盖以下主题：
- 对数据进行测试以确保质量
- 对数据进行质量测试的各种类型
- 使用 Azure Data Factory 执行数据质量测试
- 扩展数据测试的各种考虑因素

    数据平台生成的洞见只有在底层数据质量良好时才能发挥作用。一个好的数据平台需要有一些保证数据质量的措施。本章将重点讨论数据质量。

    在撰写本书时，并非所有主要云提供商都将数据质量测试作为一项服务对外提供。与本书前面讲述的一些主题(如存储、数据处理或机器学习)不同，我们没有现成的 PaaS(平台即服务)解决方案，所以需要自己组合一些东西。

    我们先看一下对数据进行测试的含义以及一些常见的数据测试类型。软件工程有一个成熟的学科——代码测试。我们可以类比数据工程和数据测试。接下来，将讲述数据质量测试框架，并为我们的数据平台勾勒出一个简单的解决方案。我们将讲述何时以及如何运行这些数据质量测试。

    最后，将讨论扩展数据测试的各种考虑因素，以及如何在实际生产系统中进行数据质量测试。这是一个很深入的主题，所以无法在本章讲述所有内容，但我们将涵盖必要的模式和最佳实践。下面从数据测试的基本概念开始。

9.1　数据测试概述

    对代码进行测试是软件工程学科的一部分。在数据工程领域，等效的是对数据进行测试。虽然在概念上相似，但两者存在重大差异。代码编写和测试完成之后，就可以预期这些测试一直都会通过，除非修改了代码。而在数据平台中，数据会不断移动。由于上游问题，我们可能会摄取错误的数据，或者由于处理过程中出现问题而输出损坏的数据。数据质量测试需要随着数据的移动而持续运行，以发现这类问题。

我们先讲述数据质量测试的几种类型，并了解如何在 Azure Data Explorer 上实现每种类型的测试。这里并没有详尽罗列所有类型，但这是一个很好的开始。如果之前为了节省费用而停止了 Azure Data Explorer 集群，现在重新启动它并打开 Azure Data Explorer 查询 UI 页面。

9.1.1 可用性测试

最简单的数据测试类型是可用性测试，它检查某个日期的数据是否可用。例如，如果使用第 4 章设置的管道定期摄取 COVID-19 数据，则预期在我们的系统中有最新的数据可用。

检查一下我们是否有任何可用于 2020 年 2 月 29 日的 COVID-19 数据。我们将通过在 Azure Data Explorer 中查询 Covid19 表，查找更新时间戳为 2020-02-29 的行来进行此操作。如果返回至少一行，则认为测试通过。具体的查询如代码清单 9.1 所示。

代码清单 9.1　COVID-19 数据可用性查询

```
Covid19
| where updated == datetime(2020-02-29)       从满足该条件的结
| take 1  ◀                                    果集中获取一行
```

这是在运行更复杂的测试之前可以运行的基本测试。它并不能告诉我们所摄取的数据是否正确，甚至是否摄取了我们期望摄取的所有数据。它告诉我们的是，我们至少有一些可用于我们查询的日期的数据，这意味着发生了一些摄取。有了这个信息，就可以运行后面更全面的测试。

我们将其封装在一个函数中。记住，在 Azure Data Explorer 中，可使用函数封装常见的查询，以便更容易重新运行它们。我们的函数接收一个参数，即要检查的日期，并在数据可用时返回 true，否则返回 false，这相当于通过/失败。代码清单 9.2 是测试函数的详细内容。

代码清单 9.2　COVID-19 数据可用性测试函数

```
.create-or-alter                              定义 datetime 参数，
function Covid19Availability(                  以表示要测试的日期
  testDate: datetime) {  ◀
    Covid19
    | where updated == testDate
    | take 1
```

> 使用 count()将其汇总为 Result，从而
> 提供了行数，并检查是否大于 0

```
    | summarize Result = count() > 0  ◄
}
```

函数的最后一行代码通过计算行数将查询结果转换为通过/失败的布尔值。在本例中，这个值最多可以为 1，因为前一行调用了 count()并检查了该值是否大于 0。

现在调用该函数，看看它返回什么。如果运行过第 4 章的示例，应该能够看到 2020 年 2 月 29 日的一些数据。而在检查未来日期时，如 2030 年 1 月 1 日，应该返回 false。代码清单 9.3 是这两个查询的详细内容。

代码清单 9.3　检查可用性

```
Covid19Availability(datetime(2020-02-29))
// Should return true

Covid19Availability(datetime(2030-01-01))
// Should return false
```

通常，在执行更全面的测试前，我们会执行可用性测试，以快速做一个健全性检查。注意，因为只检查了是否至少有一行数据可用，所以查询消耗的性能并不多。与在每一行上执行一些检查的查询相比，对性能的消耗低很多。

定义　可用性测试(availability test)可以确保某个日期至少有一些数据可用。可用性测试的运行成本比其他类型的测试要低。

接下来，将讲述一种稍微复杂一些的测试类型：正确性测试。

9.1.2　正确性测试

确保数据可用只是第一步，还需要验证数据的有效性。有效性的定义具体取决于数据集的具体业务含义。回到 COVID-19 的示例，找出一些可以应用的正确性检查。数据是按国家/地区(使用 country_region 列记录)报告的。我们可以进行一项检查，确保该列始终存在值，如代码清单 9.4 所示。

代码清单 9.4　COVID-19 数据的正确性查询

```
Covid19
| where isempty(country_region)
```

此外，还可以检查报告的确诊病例和死亡人数是否始终大于 0。可以将每个测试分开为单独的查询，或者全部一起运行。只要计算不太复杂，没有达到 Azure Data Explorer 查询限制，全部一起运行会稍微快一些，因为是在查询同一个数据集。然而，分开单独运行的好处是更容易找到问题的确切所在。我们会准确知道哪个检查失败

了。就该示例而言，选择全部一起运行，如代码清单 9.5 所示。

代码清单 9.5　COVID-19 数据的多维正确性测试

```
Covid19
| where isempty(country_region) or confirmed < 0 or deaths < 0
```

我们像之前对可用性测试所做的那样，将这个查询封装成一个函数，如代码清单 9.6 所示。可以根据测试是否通过来返回 true 或 false。再次引入一个参数，可以将测试限制在特定的日期。

代码清单 9.6　COVID-19 数据的正确性测试函数

```
.create-or-alter
function Covid19Correctness(testDate: datetime) {
    Covid19
    | where updated == testDate          对可能指示数据损坏的内容进行检查
    | where isempty(country_region)
    or confirmed < 0 or deaths < 0       这次，如果数据正确，
    | summarize Result = count() == 0     不希望返回任何行
}
```
按照想要测试的日期进行过滤

运行 2020 年 2 月 29 日的测试应该返回 true。结果发现，瑞士在 2020 年 2 月 24 日和 25 日报告了-1 例死亡病例。如果对这些日期之一运行测试，将返回 false。代码清单 9.7 显示了这两个查询。

代码清单 9.7　检查正确性

```
Covid19Correctness(datetime(2020-02-29))
// Should return true

Covid19Correctness(datetime(2020-02-24))
// Should return false
```

总结一下，正确性测试验证数据的各个方面，以确保值在允许范围内。

定义　正确性测试(correctness test)通过检查值是否在允许范围内，确保数据有效。允许的值是针对每个数据集的，并且需要业务领域知识来确定。

现在已经检查了数据是否可用并且是否合理。下一步要检查数据是否完整。

9.1.3　完整性测试

可用性测试检查是否存在某些数据。完整性测试则检查是否所有数据都存在。与正确性测试类似，完整性测试取决于数据集和完整性的具体含义。

继续以 COVID-19 为例，假设对于给定的日期，我们期望美国有 52 个条目：每

个州 1 个，哥伦比亚特区 1 个，整个国家 1 个。我们的查询将检查给定日期关于美国的报告的行数是否为 52，如代码清单 9.8 所示。

代码清单 9.8　美国 COVID-19 数据的完整性查询

```
Covid19
| where updated == datetime(2020-02-29)
| where country_region == "United States"
| summarize Result = count() == 52
```

我们将使用一个函数封装以上查询。函数接收一个 testDate 参数，如代码清单 9.9 所示。

代码清单 9.9　美国 COVID-19 数据的完整性测试函数

```
.create-or-alter
function Covid19CompletenessUS(testDate: datetime) {
  Covid19
  | where updated == testDate
  | where country_region == "United States"
  | summarize Result = count() == 52
}
```

我们将在示例中继续使用美国的数据，因为该数据集存在一个问题：并非所有国家都在持续报告。在设计测试时，需要考虑到这一点。我们无法始终保证精确计数，但可以设置一个足够好的阈值来处理数据。例如，可使用另一个完整性测试：确保在给定日期，至少有来自 200 个不同国家或地区的报告。该函数如代码清单 9.10 所示。

代码清单 9.10　COVID-19 全球数据完整性测试函数

```
.create-or-alter
function Covid19CompletenessWW(testDate: datetime) {
  Covid19
  | where updated == testDate
  | distinct country_region
  | summarize Result = count() >= 200
}
```

我们将这个函数称为 Covid19CompletenessWW(WW 代表全球)。事实证明，当病毒开始传播时，报告病例的国家较少。如果对 2020 年 2 月 29 日运行该测试，它将失败。随着越来越多的国家开始进行测试并报告数据，后续日期的数据量要大得多。代码清单 9.11 是运行了多个日期的测试。

代码清单 9.11　检查完整性

```
Covid19CompletenessWW(datetime(2020-02-29))
// Should return false
```

```
Covid19CompletenessWW(datetime(2020-06-01))
// Should return true
```

一般来说，完整性测试确保数据完全可用，并旨在识别数据缺失和不完整的数据加载。

定义　完整性测试(completeness test)通过检查数据的数量是否符合预期来确保所有数据已加载。如果可能，可以检查确切的行数；如果不行，可以检查数据量是否超过某个阈值。

正如刚才看到的，在某些情况下，无法确定给定日期的行数是具体哪个确切的数字，因此我们必须使用一些启发式方法。这就是接下来要看的更复杂的测试：检测数据中的异常。

9.1.4　异常检测测试

异常检测是一个比较深入的主题，这里浅尝辄止。进行完整性测试时，我们检查是否有至少 200 个国家/地区报告 COVID-19 数据。我们选择数字 200 作为合理的数据量，这样能够获取足够用的数据，但这个数字相当随意。在大流行开始时，只有较少的国家报告数据，随着时间的推移，越来越多的国家开始报告。我们预期会有更多的数据进入，所以必须调整测试的数字。

下面看看如何创建一个测试，不必选择确切的行数。我们可以创建百分比差异测试，以检查数据量的变化是否超过 5%。

百分比差异

百分比差异的公式是 $\dfrac{|a-b|}{\dfrac{a+b}{2}}\times100$。也就是绝对差异除以 a 和 b 的平均值，再乘以 100，从而得出两个值的百分比差异。例如，如果 a 是 95，b 是 105，那么绝对差异将会是 10，平均值将会是 100，百分比差异将会是 10：

$$\frac{|95-105|}{\left(\frac{95+105}{2}\right)}\times100=\frac{|-10|}{\left(\frac{200}{2}\right)}\times100=\frac{10}{100}\times100=10$$

这种差异类型度量相对于值的变化量计算的，不需要提供确切的预期行数，因此是一种度量漂移的好方法。我们将设置一个阈值，如 5%，如果数据量变化超过 5%，则认为是异常。

我们看看如何在 Azure Data Explorer 中度量百分比差异。我们将获取两个连续日期的行数，将它们转换为 double 类型，然后打印百分比差异。Azure Data Explorer 处理表数据，所以如果想要一个单一值，首先需要转换为标量值，然后，因为要进行除法运算，所以需要将该值转换为 double 类型(我们不希望进行整数除法)。该查询的详细内容如代码清单 9.12 所示。

代码清单 9.12　COVID-19 数据百分比差异

```
let curr = todouble(toscalar(Covid19          将数据转换为标量值，然后
    | where updated == datetime(2020-06-01)    将其转换为 double 类型
    | count));
let prev = todouble(toscalar(Covid19           指定两个连续的日期
    | where updated == datetime(2020-05-31)
    | count));
print abs(prev - curr) * 100 / ((prev + curr) / 2)   实现前面所述的百分比
                                                      差异公式并调用 print 输
                                                      出标量值的结果
```

与前面一样，看看如何将其转换为一个接收 testDate 参数并返回 true 或 false 的函数。该函数的详细内容如代码清单 9.13 所示。

代码清单 9.13　COVID-19 数据百分比差异测试函数

```
.create-or-alter function Covid19Anomaly(testDate: datetime) {
    let curr = todouble(toscalar(Covid19
        | where updated == testDate
        | count));
    let prev = todouble(toscalar(Covid19         datetime_add 将一个值添加到
        | where updated ==                       datetime。这里从 testDate 减去
          datetime_add("day", -1, testDate)      一天以获取前一天的日期
        | count));
    let diff = abs(curr - prev) * 100 / ((prev + curr) / 2);
    print Result = diff < 5
```

检查百分比差异是否小于 5%，
并将该值作为结果返回

当然，我们需要具备一些业务领域知识来探索数据集，才能选择合适的阈值。但是，如果选择正确，测试将会更具弹性。例如，如果数据量缓慢增加，我们的测试仍然有效，并在数据出现意外下降或波动时失败。与仅检查行数是否超过某个值的测试相比，这样的测试更具相关性。

定义　异常检测测试(anomaly detection test)在数据中寻找统计异常。这种类型的测试比其他类型更灵活，可以自动适应随时间变化的情况。

本节讲述了一个简单的示例：每天的百分比差异。异常检测测试可以比这更复杂。以网站流量为例，周末和工作日的流量有可能不一样。对于假期和其他重要事件也是如此。

例如，假期的网上购物会激增，而求职搜索减少。为此，可使用基于人工智能的异常检测，它可以自动从历史数据中学习并识别异常，并能够考虑到周末和假期等波

动。这里不展开描述这种方法，你只需要记住，可以在数据质量方面做更多的工作。

9.1.5　小结

本节介绍了一些常见的数据质量测试类型，并介绍了如何在 Azure Data Explorer 实现它们。我们讲述了以下数据质量测试类型：

- 确保至少存在一些数据的可用性测试。
- 检查数据各个维度是否在允许范围内的正确性测试。
- 确保所有(或足够多)数据可用的完整性测试。
- 基于历史观察到的指标检测数据异常的异常检测测试。

由于复杂性增加，还有其他类型的测试没有涉及，例如确保数据在不同表或不同存储解决方案之间的一致性测试。我们对异常检测也只是浅尝辄止。结合人工智能，异常检测可以提供非常强大和灵活的质量检查。现在，我们已经为 Covid19 数据集实现了一些测试，接下来看看如何自动执行这些测试。

9.2　使用 Azure Data Factory 进行数据质量检查

实现测试只是故事的一部分，还需要一个框架来执行测试。我们需要以两种方式检查数据集的质量：静态数据测试和动态数据测试。

定义　静态数据测试(testing data at rest)是指在数据移动完之后的某个预定时间执行数据质量测试，以确保在某个数据存储中的数据通过了所有的检查。

可以将静态数据测试视为我们期望在某个特定时间有可用数据，并符合某些特征。例如，如果每天凌晨 2 点摄取 Covid19 数据集，我们可以期望在凌晨 3 点之前所有数据都可用。这将是运行测试的时间点。

这类测试的一个重要特点是，我们并不关心数据是如何到达存储层的。我们只检查在期望的时间点数据是否存在(并且是正确的、完整的，等等)。与之相反的是另一类测试，它集成在 ETL 流程中。

定义　动态数据测试(testing data during movement)意味着在开始 ETL 过程之前对源数据执行数据质量测试，或在 ETL 过程完成后对目标数据执行数据质量测试。

动态数据测试可以增强数据移动流程：如果上游数据不好，就不会移动它。它还检查在移动数据后，数据在目标位置是否处于良好状态。静态数据测试和动态数据测试这两类测试在数据平台中都有其用武之地。我们将再次依靠编排解决方案 Azure Data Factory 进行测试。

9.2.1　使用 Azure Data Factory 进行测试

首先，创建一个简单的 Azure Data Factory 管道来运行 COVID-19 可用性测试，然后看看如何按计划运行测试(静态数据测试)和作为管道的一部分运行测试(动态数据测试)。图 9.1 显示了我们的测试管道。

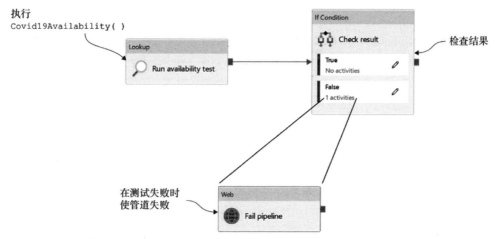

图 9.1　运行 Covid19Availability 函数并在测试失败时使管道失败的 Azure Data Factory 管道

稍后将查看管道的 JSON，但在此之前，介绍一些从图 9.1 看并不明显的重要点。首先，我们为该管道定义了一个 testDate 参数，并将其传给 Azure Data Explorer 函数。在第 5 章讨论构建身份钥匙环时，讲述了另一个参数化的管道。如果你还记得，钥匙环摄取步骤管道有一个 FunctionName 参数。该管道嵌入在 buildkeyring 管道中，并使用不同的 Azure Data Explorer 函数名称调用它。这里将做类似的事情，让调用管道的人提供我们想要测试的日期。

像这样查询 Azure Data Explorer 需要创建一个 Lookup activity，Lookup activity 包装了一个查询。即使只是调用 Azure Data Explorer 函数，Lookup activity 也需要一个 Azure Data Factory 数据集。为此，使用在第 4 章配置的 adx 链接服务，为 Azure Data Explorer 创建一个新的 TestResult 数据集。然而，该数据集不会指向任何表，我们将调用一个函数，将其 Table 属性保留为默认值 None。

9.1 节曾确保所有的测试函数都返回一个名为 Result 的单列，其中只有一行数据，这个数据是 true 或 false。我们可以在 If Condition activity 中使用这个条件，并根据结果进行分支。如果测试成功，则不需要做任何操作——管道成功。如果不成功，则需要使管道失败，以便触发警报。第 4 章做过类似的事情，我们将 Azure Data Factory 实例连接到 Azure Monitor，如果管道失败，我们将收到通知。

遗憾的是，在撰写本文时，Azure Data Factory 还没有 Fail activity 以显式触发一个管道失败的警报。为了解决这个限制，将使用一个 Web activity，并调用一个不存在的 URL。该 activity 将失败，从而触发管道失败的警报。

现在已介绍了一些实现细节，接下来介绍 TestResult 数据集的 JSON 定义文件，并讲述其中的重要部分。TestResult 数据集的 JSON 定义文件，如代码清单 9.14 所示。

代码清单 9.14　ADF/dataset/TestResult.json 的内容

```
{
    "name": "TestResult",
    "properties": {
        "linkedServiceName": {          ← TestResult 数据集引
            "referenceName": "adx",        用了 adx 链接服务
            "type": "LinkedServiceReference"
        },
        "annotations": [],
        "type": "AzureDataExplorerTable",
        "schema": []
    }
}
```

记住，Azure Data Explorer 链接服务提供了两个重要的信息：与集群的连接(包括集群 URL 和身份验证详细信息)和要使用的数据库上下文(在该示例中是 telemetry 数据库)。这是 Lookup activity 执行查询所需要的所有信息。接下来看看 Covid19 数据集的管道 JSON 定义文件，如代码清单 9.15 所示。

代码清单 9.15　ADF/pipeline/testcovid19data.json 的内容

```
{
    "name": "testcovid19data",
    "properties": {
        "activities": [
            {
                "name": "Run availability test",
                "type": "Lookup",
                "dependsOn": [],
                "policy": {
                    "timeout": "7.00:00:00",
                    "retry": 0,
                    "retryIntervalInSeconds": 30,
                    "secureOutput": false,
                    "secureInput": false
                },
                "userProperties": [],
                "typeProperties": {
使用表达式将 testDate     "source": {
参数作为 datetime 传递        "type": "AzureDataExplorerSource",
给 Azure Data Explorer       "query": "Covid19Availability(datetime(
Covid19Availability 函数  ➥ '@{pipeline()
                          ➥ .parameters.testDate}'))",
                        "queryTimeout": "00:10:00"
                    },
                    "dataset": {
```

```
                    "referenceName": "TestResult",
                    "type": "DatasetReference"
                }
            }
        },
        {
            "name": "Check result",
            "type": "IfCondition",
            "dependsOn": [
                {
                    "activity": "Run availability test",
                    "dependencyConditions": [
                        "Succeeded"
                    ]
                }
            ],
            "userProperties": [],
            "typeProperties": {
                "expression": {
                    "value": "@activity('Run availability test')
                    .output.firstRow.Result",
                    "type": "Expression"
                },
                "ifFalseActivities": [
                    {
                        "name": "Fail pipeline",
                        "type": "WebActivity",
                        "dependsOn": [],
                        "policy": {
                            "timeout": "7.00:00:00",
                            "retry": 0,
                            "retryIntervalInSeconds": 30,
                            "secureOutput": false,
                            "secureInput": false
                        },
                        "userProperties": [],
                        "typeProperties": {
                            "url": "https://fail",
                            "method": "GET"
                        }
                    }
                ]
            }
        }
    ],
    "parameters": {
        "testDate": {
            "type": "string",
            "defaultValue": "2020-01-01"
        }
    },
    "annotations": []
    }
}
```

数据集提供了调用 Azure Data Explorer 函数的上下文

If Condition 表达式是 Azure Data Explorer 函数调用的结果

发出 GET 请求到 https://fail，以触发管道失败

为管道定义类型为 string（字符串）的 testDate 参数

你可以尝试在 Azure Data Factory UI 重新创建管道，也可以从本书配套 GitHub

代码存储库中获取 JSON 文件并将其推送到你的 DevOps 实例中。将 TestResult.json
放在/ADF/dataset 文件夹中，将 testcovid19data.json 放在/ADF/pipeline 文件夹中。因
为现在 Azure Data Factory 实例已经与 Git 同步了，所以将描述管道的 JSON 放入 Git
后，过一会它就会显示在 UI 中。可以运行管道并为 testDate 参数提供不同的默认值，
以此作为本节的练习。

9.2.2　执行测试

我们可以很容易地按计划运行测试(静态数据测试)和作为管道的一部分运行测试
(动态数据测试)。首先，看看如何设置按计划运行测试。我们可以创建一个新的触
发器。将该触发器命名为 test3am，然后设置为每天 UTC 时间凌晨 3 点运行测试。
触发器还将 testDate 输入作为一个 yyyy-MM-dd 格式的字符串传递给管道。我们将使
用另一个表达式来获取当前日期并按预期格式进行格式化。触发器的详细内容如代码
清单 9.16 所示。

代码清单 9.16　ADF/trigger/test3am.json 的内容

```
{
    "name": "test3am",
    "properties": {
        "annotations": [],
        "runtimeState": "Started",
        "pipelines": [
            {
                "pipelineReference": {
                    "referenceName": "testcovid19data",
                    "type": "PipelineReference"
                },
                "parameters": {
                    "testDate": "@{formatDateTime(utcnow(),
                    ➡ 'yyyy-MM-dd')}"          ◀── 获取当前日期并按 yyyy-MM-dd
                }                                   格式进行格式化
            }
        ],
        "type": "ScheduleTrigger",
        "typeProperties": {
            "recurrence": {
                "frequency": "Day",              设置触发器的重复频率，从
                "interval": 1,                   2020 年 6 月 6 日开始，每天
                "startTime": "2020-06-01T03:00:00Z",  UTC 时间凌晨 3 点运行。时
                "timeZone": "UTC"                间戳末尾的 Z 表示 UTC 时间
            }
        }
    }
}
```

第 4 章创建了一个管道来摄取 Covid19 数据集，并安排了一个每天 UTC 时间凌
晨 2 点运行的触发器。我们预期数据在凌晨 3 点之前到达 Azure Data Explorer 集群，

然后由我们刚创建的触发器运行可用性测试以确认这一点。这就是前面所述的静态数据测试，我们并不真的关心数据是如何进入的，但可以验证它是否在我们期望的时间到达。

讲完了静态数据测试，现在讲述如何作为管道的一部分运行测试(动态数据测试)。这里在摄取 covid19data 管道的末尾添加一步：执行 testcovid19data。这里就不展示实现细节了，因为很简单。简而言之，我们可使用 Execute Pipeline activity 和与触发器中相同的表达式来确定 testDate：

```
@{formatDateTime(utcnow(), 'yyyy-MM-dd')}
```

该 activity 将在数据摄取完毕之后立即运行我们的测试，并在摄取的数据不符合质量要求时触发警报。

另一个选项是在源头运行测试：在开始摄取前，可以对数据源运行测试，并在源数据不符合要求时中止摄取。我们可以将其实现为另一个 Execute Pipeline activity，该 activity 在数据源上运行测试管道。所有这些方法都是有效的，并且有各自的优缺点。

- 按计划进行测试的优点是与摄取解耦，但可能会比其他方法更晚发现数据问题。
- 在摄取的最后一步进行数据测试可以早一点发现问题，但这意味着测试与摄取耦合在一起。如果暂停摄取管道，将不会进行数据测试。
- 在摄取的第一步进行数据测试可以在上游发现问题，并避免对错误数据进行不必要的 ETL。但是，它无法捕捉在 ETL 过程中引入的问题，这些问题可能只在数据到达目的地之后才会出现。

9.2.3　创建和使用模板

至此，我们的工作是有效的，但是如果想调用其他测试，将不得不重复管道里面的大部分东西，包括：testDate 参数、If Condition activity 以及我们用来使管道失败的技巧。这么多内容都是重复的，管道里面唯一会变的只有我们调用的 Azure Data Explorer 函数。

我们可能想要调用 Covid19Correctness、Covid19CompletenessUS 和在 9.1 节实现的其他函数，或者一些尚未编写的新函数。幸运的是，Azure Data Factory 允许我们将管道存储为模板，并使用不同的参数进行实例化。接下来详细讲述如何实现。

首先，将对 testDate 参数进行参数化，还将对将要调用的 Azure Data Explorer 函数进行参数化。我们可以为管道创建一个新的 FunctionName 参数，并将命令从原来的

```
Covid19Availability(datetime('@{pipeline().parameters.testDate}'))
```

改为

```
@{pipeline().parameters.FunctionName}
➡ (datetime('@{pipeline().parameters.testDate}'))
```

我们将把 Azure Data Explorer Command activity 的名称从 Run Availability test 改为 Run Test。可通过单击 Save As Template 按钮将其存储为模板。将模板命名为 runadxtest。

它在 Git 中应该显示为/ADF/templates/ runadxtest/runadxtest.json。你还应该在其旁边看到一个/ADF/templates/runadxtest/manifest.json。manifest.json 文件存储了一些附加的元数据，供 Azure Data Factory 用于表示模板在 UI 中的展示。这里就不展示全部内容了，因为内容相当多，但是可以在创建模板后随意查看它。模板应该显示在 UI 的左侧(在 Factory Resources 下)，详见图 9.2。

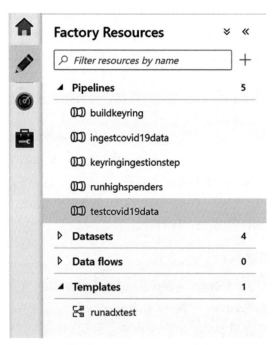

图 9.2　runadxtest 模板位于 Factory Resources 窗格的 Templates 下面

单击模板后，你将被提示选择一个 Azure Data Explorer 连接的链接服务。这是因为该模板足够通用，可以适用于其他 Azure Data Explorer 链接服务，而不仅仅是在原始管道中使用的那个链接服务。选择链接服务后，将创建一个新的管道作为原始管道的副本。这应该应创建由相同一组 activity 组成的多个管道更容易。

注意　Azure Data Factory 模板的一个限制是，当实例化之后，会生成原始副本，而不是生成链接。这意味着升级模板不会更新之前创建的任何管道。

9.2.4 小结

本节介绍了两种执行数据质量测试的方法：

- 静态数据测试——按计划运行测试，以确保数据在到达目的地之前，无论是以何种方式到达的，都能够可用且质量良好。
- 动态数据测试——作为 ETL 流程的一部分运行测试，可以在开始之前对源数据进行测试，也可以在目的地作为最后一步进行测试。

本节介绍了如何使用 Azure Data Factory 运行测试，并在测试失败时使管道失败。还介绍了如何使用 Azure Data Factory 模板创建多个类似的管理来简化工作。这对于我们的小示例来说是有效的，但在实际工作中，可能需要对多个数据集进行测试，需要跨多个数据工厂。所以在本章的剩余部分，将讲述如何扩展数据质量测试。

9.3 扩展数据测试

并非所有主要的云服务提供商都将数据测试作为一项服务对外提供，因此我们需要自己组合数据质量测试。前面讲述了如何将多种不同的测试类型实现为 Azure Data Explorer 函数，以及如何使用 Azure Data Factory 运行它们。我们可以将其扩展到更多的数据集，毕竟，Azure Data Factory 可以扩展到数百个管道。尽管如此，无代码基础设施只能带我们到云服务提供商所提供的服务的程度。

对于数据质量测试，需要部署现有的第三方解决方案或自己实现。理想情况下，我们希望测试的编写和调度尽可能简单。本节将介绍一些常见的数据质量测试编写和存储模式。你应该确保你考虑的第三方解决方案实现了这些模式，或者使用自定义解决方案自己实现它们。这里将展示一种可能的 Azure 原生架构。

9.3.1 支持多个数据平台

在我们的示例中，为 Azure Data Explorer 编写了一组测试，并将其封装到一个 Azure Data Explorer 函数。现实世界中的数据平台往往使用多个数据平台：上游和下游团队可能使用不同的存储解决方案，在我们的数据平台中，也可能为不同的工作任务选择不同的存储。一个好的数据质量测试框架应该支持所有不同的数据平台。由于存储环境多样，插件模型是最佳方法。图 9.3 展示了这个模型的概况。

这些连接器针对性地处理不同数据平台的查询执行，并将结果转换为测试框架所能理解的通用格式。不同的数据平台执行方式不同。Azure Data Explorer 有自己的查询语言(本书一直在用)。Azure SQL 使用 T-SQL(微软的 SQL 方言)。Azure Data Lake Storage 不提供任何计算功能，但可以从中读取数据并在其他计算资源上进行处理(如 Azure Databricks)。

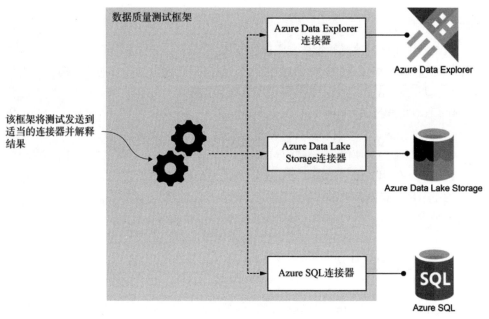

图 9.3 带有不同数据平台连接器的数据质量测试框架

定义 插件连接器模型(plug-in connector model)将存储与数据质量测试框架的核心分离,
从而使框架具有可扩展性。可通过添加新的连接器来支持新的数据平台,而不需
要触及解决方案的其余部分。

Azure Data Factory 通过其不同的链接服务和 activity 来支持此功能。例如,如
果将任何数据平台的返回结果规范化为 true 或 false,就不需要更改管道的其余部
分(如 If Condition 等)。如果自己编写代码,可使用 Azure Function 实现连接器。

Azure Function If Condition 是 Azure 的无服务器计算服务。它可以执行任意代码,
并自动扩展,可以在我们不需要担心的托管基础设施上运行。图 9.4 展示了一个示例
实现,其中为每个数据平台使用不同的 Azure Function,然后测试框架向这些 Azure
Function 发送 POST 请求来调用测试。

这里不会详细介绍具体的代码,因为从头开始实现一个数据质量测试框架需要一
整本书的篇幅才够。这里只介绍常见的模式和可能的实现。数据质量测试框架的关键
在于需要一个组件充当数据平台的连接器,以封装数据平台特定的逻辑。这样做之后,
就可以独立于所测试的存储,重用通用逻辑(如调度、失败处理等)。

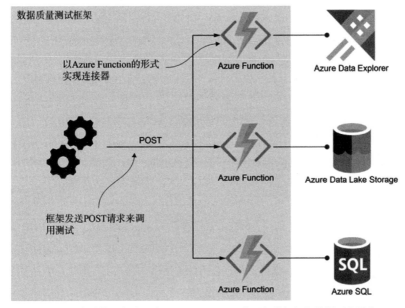

图 9.4　每个连接器都实现为 Azure Function，从而知道如何与数据平台通信

9.3.2　按计划运行测试和触发运行测试

前面讲述的静态数据测试是按计划运行测试，动态数据测试是触发运行测试，图 9.5 抽象地展示了这两种测试运行方式在数据质量测试框架中的位置。

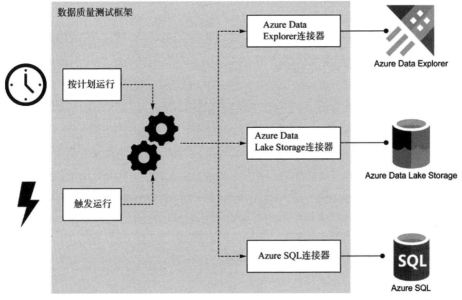

图 9.5　按计划运行是在指定的计划时间运行数据测试；触发运行是在被其他系统调用时
　　　　按需运行数据测试

在我们的 Azure Data Factory 实现中，通过计划触发器按计划运行，而对于按需运行，则使用了一个 Execute Pipeline activity。除了 Azure Data Factory 之外，另一种方法是提供一个 HTTP 端点，外部系统可以请求它来按需运行测试。也可使用 Azure Function 来实现这一点。对于按计划运行，可使用 Azure Service Bus 实例。

Azure Service Bus 提供了作为服务的消息传递：消息生产者(其他服务)可以将消息入队，而消息(数据)使用者可以读取这些消息。Azure Service Bus 的一个关键特性是支持定时消息。定时消息只在预定的时间对消息使用者可用，预定的时间由消息生产者确定。可以将每个测试的运行安排成一个 Service Bus 消息，如图 9.6 所示。

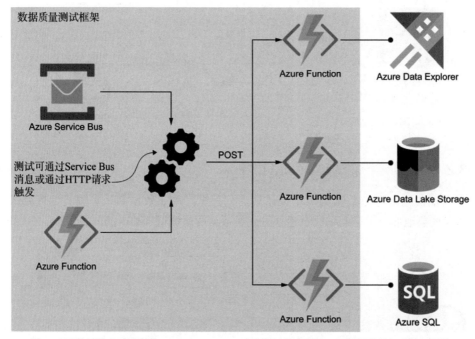

图 9.6 可使用带定时消息的 Azure Service Bus 充当测试调度程序，可使用被外部系统调用的 Azure Function 触发按需运行。这两种方法都可以让框架运行测试

我们测试框架的另一个过程是通过向 Service Bus 发送消息来安排测试。Azure Function 的 HTTP 端点可以轻松地与其他系统集成。例如，Azure Data Factory 具有本地的 Azure Function activity，可以轻松地调用 Azure Function。注意，虽然展示了一个可以替代 Azure Data Factory 的数据质量测试的架构，但我们仍然应该使用 Azure Data Factory 进行 ETL，因为 Azure Data Factory 就是为 ETL 而设计的。

9.3.3 编写测试

现在开始进入问题的核心，以及为什么要在数据质量测试方面寻找 Azure Data Factory 的替代方案——需要让编写和部署测试更简单。好的数据质量测试框架应该能够轻松添加新的测试。这就是在基于 Azure Data Factory 的解决方案中可能会遇到一些扩展性问题的原因。创建一个新的测试涉及创建一个新的 Azure Data Explorer 函数或数据工厂等效项(如 SQL 存储过程),并在 Azure Data Factory 中连接新的 activity 和触发器。这需要大量工作,所以要探索其他一些更简单的实现方式。可使用查询、代码、配置或者它们的混合形式来编写测试。

1. 使用查询编写测试

使用查询编写测试基本上是本书到目前为止使用的方式(在 9.1 节编写的 Azure Data Explorer 测试函数)。对于 SQL 来说,这些应该是存储过程。对于其他数据工厂来说,它们都有相应的等效项。如果使用查询编写测试,将会把这些测试保存在它们所在的数据工厂上。我们的测试框架传递所需要的参数(如 testDate 参数)并解释结果。这种方法有两个主要的缺点:很难进行代码重用和与其他配置共存。

很难进行代码重用是因为每个测试定义都是一个独立、完整的查询,尽管它们有很多共同之处。例如,Azure Data Explorer 的可用性测试只在检查的表和日期列上有所不同。代码清单 9.17 突出显示了 COVID-19 可用性测试与其他可用性测试不同的部分。

代码清单 9.17 可用性测试

```
.create-oralter
function Covid19Availability(
    testDate: datetime) {        ◄────  实现测试的函数
    ──► Covid19
表名 | where updated == testDate   ◄────  日期列名
    | take 1
    | summarize Result = count() > 0
}
```

数据库引擎与通用编程语言相比通常缺乏灵活性,因此在某些情况下,很难将一些复杂性抽象为可重用的代码。即使可以创建一些辅助函数,但是如果最终要针对两个独立的 Azure Data Explorer 集群编写测试,将不得不在两个集群中复制这些内容。这不是 Azure Data Explorer 特有的问题,SQL 也有同样的问题。如果将所有测试都存储为 SQL 存储过程,最终会在测试本身的查询中复制这两部分内容以及要测试的不同数据库中的辅助函数。

第二个缺点是很难与其他配置(如调度)共存。我们需要一个地方来存储常见的配置,例如何时运行测试,这些与数据工厂无关。其他示例还包括执行设置,如超时时间、失败时重试次数或者在测试失败时通知谁。必须将这些内容存储在其他地方这一点会使编写测试变得更加困难;你将不得不在两个地方进行操作才能运行某个测试。这基本上就是使用基于 Azure Data Factory 的解决方案的情况,不过接下来我们会继续介绍其他替代方案。

2. 使用代码编写测试

另一种选择是使用代码编写测试，就像测试软件时编写测试一样。当然，我们不会完全脱离数据平台的查询语言。我们仍然需要与数据库引擎交互。但是不再将查询存储在存储过程中，而是将其使用代码存储。代码清单 9.18 是使用代码编写测试的示例，这个示例使用了 Azure Data Explorer Python SDK，可通过 pip install azure-kusto-data 命令安装 Azure Data Explorer Python SDK。

代码清单 9.18　Azure Data Explorer 的 Python 可用性测试

```
from azure.kusto.data import KustoClient, KustoConnectionStringBuilder

cluster = '<your cluster URL>'

connectionBuilder =
➥ KustoConnectionStringBuilder.with_aad_device_authentication(cluster)

client = KustoClient(connectionBuilder)

database = 'telemetry'
query = 'Covid19 | where updated == "2020-02-29"
➥ | take 1 | summarize Result = count()'

result = client.execute(database, query)

...
```

代码清单 9.18 硬编码了数据库和查询，但是你可以想象得出我们可以将所有这些都参数化。现在已经将逻辑从前面的数据库查询存储提取到高级编程语言中，因此可以进行重构以减少重复。我们甚至可使用现有的单元测试框架将每个数据质量测试实现为一个单元测试。

大多数测试框架使用某种形式的反射或自省(introspection)来枚举测试模块中的测试。可以对我们的数据质量检查执行相同的操作。可以在代码中指定额外的必须元数据(例如希望何时运行测试)。这种方法解决了前面方法中的两个问题：可以构建尽可能多的抽象以避免重复，可以将实际的测试查询和额外的配置存储在与代码相同的位置。

这种方法的主要缺点是它提高了实现测试的门槛。具有软件工程背景的人都习惯编写代码，所以很容易就能掌握这种让数据质量测试更像单元测试的方法。但是，其他使用数据平台的人，如数据科学家或分析师，更习惯编写查询。他们不一定很容易上手这种方法。应该尽可能使每个人都能轻松编写测试，因此我们继续探索其他方法。

3. 使用配置编写测试

还可使用配置编写测试，然后测试框架将其转换为查询。配置可以是 JSON、YAML 或 XML 等文件格式。代码清单 9.19 展示了如何以 JSON 文件的形式编写同样的可用性测试。

代码清单 9.19　Covid19DataAvailability.json 的内容

```
"type": "availability",       ←── 指定如何生成实际查询
   "dataFabric": "ADX",        ←── 确定使用哪个连接器
   "queryParameters":              处理该测试的运行
   {
       "cluster": "<your cluster name>",
       "database": "telemetry",
       "table": "Covid19",          指定生成查询用的参数
       "dateColumn": "updated"
   },
   "executionParameters":
   {
       "retry": 3,          指定重试计数和超时参数
       "timeout": "5m"
   },
   "schedule":
   {
       "time": "2020-06-01T18:30:00Z",  指定何时运行测试
       "repeat": "daily"
   }
}
```

我们的测试解决方案现在可以读取以上配置并生成对应的查询。因为确定了代码如何解析文件，所以可以根据需要扩展格式。还可使用模式验证甚至 UI 来更方便地编写测试。

通过这种方法，不再将测试定义存储为查询或代码，而只是存储生成实际查询所需要的参数。对于 Azure Data Explorer 的可用性测试，这些参数是指要连接的集群、数据库上下文、要测试的表以及捕获日期的列(在本例中为 updated)。其他配置，如重试计数和计划，都存储在同一个文件中。我们可以实现一个 UI，使用下拉菜单使这里的大多数参数都可配置，从而降低编写测试的难度。

这种方法的主要缺点是将很多复杂性引入了需要编写和维护的测试框架代码中。从一组参数生成针对各种数据平台的各种查询可能会比较复杂。我们讨论的所有方法都有各自的优点和缺点。在数据质量领域中存在一些固有的复杂性，那是无法消除的，只能转移它们。测试本身具有复杂性(使用查询编写测试)、编写测试也有复杂性(使用代码编写测试)，测试框架也会变得复杂(使用配置编写测试)，不过还是可以通过混合使用这些方法来克服这些复杂性。

4. 混合使用查询、代码、配置编写测试

这里使用一个简单的示例来演示如何通过混合使用查询、代码、配置来编写测试，从而既能保持配置方法易于编写的优点，又能通过将部分查询嵌入到配置本身来减少测试框架的复杂性。继续以前面使用的 COVID-19 可用性测试为例。详细的 JSON 配置内容如代码清单 9.20 所示。

代码清单 9.20　Covid19DataAvailability.json 的内容

```
{
    "type": "availability",
    "dataFabric": "ADX",
    "queryParameters":                        运行 Azure Data Explorer 查询
    {                                         的集群和数据库上下文
        "cluster": "<your cluster name>",
        "database": "telemetry",
        "query": "Covid19 | where updated == @{testDate}
        ➡ | take 1 | summarize Result = count() > 0"   ◄───  要运行的查询,它接收
    },                                                        一个@testDate 参数
    "executionParameters":
    {        "retry": 3,
        "timeout": "5m"
    },
    "schedule":
    {
        "time": "2020-06-01T18:30:00Z",
        "repeat": "daily"
    }
}
```

现在,当数据质量测试解决方案处理该测试时,不需要生成查询,因为查询已经存储在 JSON 文件里面了。它只需要提供一个 testDate 参数。这种方法将一部分复杂性从测试框架代码(生成测试)转移到开发人员(指定查询)。通过这种方法,同时拥有了前面多种方法的优点:测试查询可以与其余测试配置一起存储,比使用代码编写测试门槛更低,而且可以让测试框架代码更简单。

我们可以调整表达式语言,将常见的查询部分推送到测试框架中。例如,可以将以下完整查询:

```
(Covid19 | where updated == @{testDate} | take 1 | summarize Result =
➡ count() > 0)
```

拆成片段,测试编写者可以只编写以下片段:

```
Covid19 | where updated == @{testDate}
```

所提供的查询片段因测试不同而不同。公共部分则通过测试框架附加:

```
| take 1 | summarize Result = count() > 0
```

现在已经介绍了多种编写测试的方法以及它们的优缺点。接下来讲述一下到目前为止所忽略的最后一个方面:如何存储测试定义和测试运行的结果。

9.3.4　存储测试定义和结果

有两种类型的数据需要存储:测试定义和测试运行的结果。本节将分别介绍它们。

1. 如何存储测试定义

在最初的实现中，使用基于 Azure Data Factory 的方法，将测试存储为带有额外配置的 Azure Data Factory 管道和触发器。如果遵循良好的 DevOps 实践，所有这些内容都应该最终存储在 Git 中。现在我们应该有一个 Azure DevOps Pipeline 来部署 Azure Data Explorer 对象，因此可以将所有的测试定义，如 Covid19Availability、Covid19Correctness 等，都作为文件存储在 Git 中。同样，我们的 Azure Data Factory 与 Git 同步，所以管道和触发器的定义也可以存储在 Git 中。

如果选择自定义解决方案，并将测试实现为代码或配置文件，那么 Git 仍然是一个存储定义的好地方，因为无论是源代码还是 JSON 配置文件都是文本文件。而 Git 非常擅长追踪文本文件，并且 Azure DevOps 可以提供额外的功能(如前面讲述过的强制代码审查和自动验证)。无论以什么方式存储测试定义，Git 都是一个很好的追踪它们的地方。图 9.7 显示了使用 Git 存储测试定义的情景。

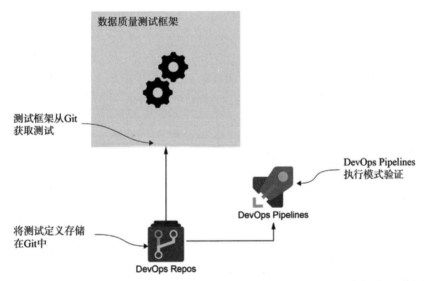

图 9.7　使用 Git 存储测试定义，然后使用 DevOps Pipelines 进行模式验证。测试框架从 Git 获取测试

数据质量测试框架可以直接从 Git 存储库读取测试，或者通过 Azure DevOps Pipelines 部署测试，在部署过程中将它们移到框架使用的其他存储解决方案中(如 Azure Blob Storage)。

2. 如何存储测试结果

我们还需要存储另一种类型的数据：测试运行的结果。为了简化，在 Azure Data Factory 的实现中忽略了这一点。在我们最初的实现中，测试失败会导致管道失败并触发警报。实际上，我们可能希望功能更多一些。我们可能希望有一个所有测试运行的历史记录，以便在此基础上构建可视化和进行分析。例如，利益相关者可能会希望看到一个仪表盘，显示所有数据集的当前状态以及它们上次测试的时间。分析的一个示例是识别出比其他数据集更频繁出现问题的数据集，以提高它们的可靠性。

对于这种类型的数据，Git 不是一个好的存储解决方案。我们希望有一个系统，在运行测试时可以追加行。因为每天可能会运行数百个测试，所以可以将运行结果追加到 Azure Data Explorer 或 Azure SQL 中的一个表里。当追加完行之后，可以利用相同的分析基础设施来检查测试结果。我们可使用 Power BI 等解决方案来构建对这些数据的交互式可视化。图 9.8 显示了将测试结果存储在 Azure Data Explorer 的情景。

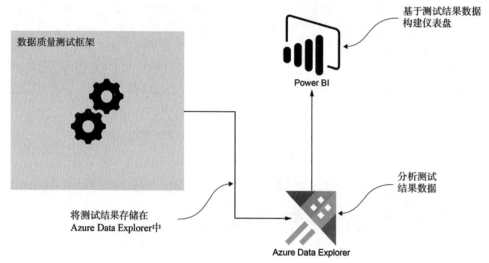

图 9.8　数据质量测试框架使用 Azure Data Explorer 追踪测试运行的结果。从那里可以像处理平台中的任何其他数据集一样分析测试结果，并使用 Power BI 等工具构建仪表盘和可视化

本节我们讲述了很多内容。下面再次快速回顾一下讲述过的要点。

3. 小结

由于并非所有云提供商都将数据质量测试作为一项服务对外提供，因此我们需要自己组合数据质量测试。Azure Data Factory 是一个选择，但它是为 ETL(移动大型数据集和复杂编排)而设计的。如果想要一个无代码解决方案，它可能适合，但我们可能希望编写一些代码(或者采用第三方解决方案)来简化数据质量测试工作。

本节讲述了如何实施数据质量测试框架的高级架构，并介绍了一些要求和优缺点。如果你决定编写代码，这些都是需要记住的。这些还应该有助于评估潜在的第三方解决方案，以确保其符合你的需求。以下是本节讲述过的主要内容。

- 对不同数据平台的插件支持——我们可能会对多个数据平台运行测试。一个好的数据质量测试框架应该可以通过插件来支持多个数据平台。可通过添加新的连接器来支持新的数据平台，而不需要触及其他解决方案的其余部分。
- 支持静态数据测试和动态数据测试——我们希望按计划运行一些测试，而其他测试可以在移动数据之前或之后运行。我们应该有配置计划运行的方式，也应该有按需触发运行的方式。

- 支持编写测试——本节介绍了编写测试的不同方式(通过查询、代码、配置或这些方式的混合)以及每种方式的优缺点。无论决定采用哪种方式,都应该意识到复杂性所在和其优缺点。

- 存储测试定义和结果——本节讲述了如何存储测试定义(Git 是一个不错的选择),以及如何存储测试结果。测试结果应该放在我们的数据平台中,因为我们想要使用它们来进行分析并生成报告。

我们没有实现整个解决方案,因为那需要更多的篇幅。但是我们看到了如何做到这一点的蓝图,如果你最终决定编写或评估数据质量框架,希望这些蓝图能够让你的工作更轻松。

至此,我们涵盖了数据治理层的一个重要方面:数据质量。如果没有任何数据质量检查,我们无法真正信任平台的输出。标准化数据质量测试使得编写测试和获取平台上数据健康状况概览变得更容易。遗憾的是,今天,并非所有主要云提供商都将数据质量测试作为一项服务对外提供。

第 10 章将介绍数据治理的另一个重要方面:合规。我们将继续讲述不同类型的数据、处理标准、访问模型、著名的 GDPR 以及 GDPR 合规相关内容。

9.4　本章小结

- 常见的数据质量测试类型包括可用性、正确性、完整性和异常检测。
- 可使用 Azure Data Factory 在现有基础设施上运行测试。
- Azure Data Factory 模板简化了管道的重用。
- 扩展数据质量测试可能需要编写一些代码或采用第三方解决方案。
- 好的数据质量测试框架应该可通过插件连接器模型支持多个数据平台。
- 数据质量测试需要定期运行(静态数据测试)或按需运行(动态数据测试)。
- 测试可以以查询存储、代码、配置或混合形式编写。
- 测试定义可以存储在 Git 中,而测试结果可以存储在数据平台的存储解决方案中。
- 测试结果可以像任何其他数据集一样进行分析和报告。

第 *10* 章

合　规

本章涵盖以下主题：
- 数据平台的合规
- 数据分类和处理
- 设计符合合规要求的访问控制模型
- 支持 GDPR 要求

数据平台，顾名思义，就是处理数据的地方。虽然某些类型的数据是不敏感的，但其他类型的数据可能会涉及法律责任。本章将讨论合规和相关的数据处理。首先，讲述一些数据分类和数据处理标准的示例。根据所处理的数据的性质，将讲述可以将其存储在哪里，谁可以访问它，可以对其进行什么操作，可以保留多长时间，等等。还将介绍一些可以用来更改数据类型的技术。具体包括对个人身份可识别信息进行匿名化和伪匿名化，以及对敏感数据进行聚合。

接下来将介绍如何设计符合合规要求的访问控制模型，包括使用存储解决方案提供的一些高级功能，如行级安全和访问控制列表。

《通用数据保护条例》(General Data Protection Regulation，GDPR)是欧盟通过的并具有全球影响力的一部著名法规。我们将介绍其中一些关键要点，以及如何使我们的数据平台符合 GDPR 的要求。

在深入讨论之前，先阅读以下重要说明。

注意　不要将本书提供的信息视为法律建议。如果你确实需要处理敏感数据，请与了解法律并能够指导你采取完全合规措施的专业人士合作。本章更多的是让你有合规意识，并从这个角度看待数据平台。请始终与专家合作以确保完全合规。

10.1 数据分类

我们将通过几个示例了解在数据平台中可能遇到的一些数据类型。假设我们经营一个在线网店，顾客可以浏览产品目录并下订单。我们可能会存储以下数据集：

- 包含所有产品、价格等信息的产品目录。
- 网站性能指标、页面浏览遥测数据等。
- 用于履行订单的顾客信用卡信息和送货地址。
- 会计部门使用的财务数据，包括月收入。

并非所有这些数据的类型都相同。我们的产品目录和价格存储在后端某个地方，但当顾客浏览我们的在线网店时，任何人都可以访问它们。

软件也会生成各种指标和日志等数据。直观地说，大部分数据都是不敏感的。虽然我们可能不希望竞争对手知道我们运行了多少个服务实例和平均 CPU 使用率，但这种数据并没有太多的法律意义。但页面浏览遥测数据可能是个例外。如果追踪某个用户访问了一些页面，那就成了个人信息。我们可以利用这些数据为顾客提供价值，例如基于他们的兴趣推荐产品。但如果这些数据泄露了，顾客会因为发现自己的浏览历史在互联网上出售而感到不安。

信用卡信息和送货地址则属于另一个敏感级别。虽然这是系统中必须拥有的内容，以便向顾客收费并交付产品，但如果这些数据泄露，黑客可使用被盗信用卡购物。

财务数据属于另一类。虽然顾客不会直接受到此类数据处理不当的影响，但我们的业务会受到影响。了解业务状况的人可以利用这些知识在市场上进行内幕交易。

我们的示例中还缺少其他类别。例如，如果经营电子邮件服务，通过我们的平台传递的邮件是由我们的顾客创建和拥有的。在前面的示例中，即使处理敏感数据，总是有合法的场景来查看这些数据，但在这个示例中，我们可能永远不应该访问这些数据。我们的员工不应该阅读顾客的电子邮件。从我们的角度来看，这些电子邮件应该是不透明、不可查看的。接下来概述一些数据类型及考虑因素，并勾勒出一些处理标准。

10.1.1 特征数据

我们将从最简单、最不敏感的数据类型开始，即特征数据。以下是对特征数据的定义。

定义 特征数据(feature data)是一种非敏感且没有任何法律责任的数据。这可以是关于系统运行方式的元数据(如 CPU 和内存使用情况)，与业务无关的其他数据，或者从互联网收集的公共数据。

对于非敏感数据没有严格的要求。我们可能希望在一定程度上保护它，使其不对所有人开放，而只对那些有业务需求的团队成员开放。也就是说，任何人(或几乎任何人)都可以访问和打开这类数据，而不会产生任何法律风险。

10.1.2　遥测数据

遥测数据是从网站和运行在用户计算机或手机上的应用程序中收集的。关于遥测数据，需要回答几个重要问题。首先，这些数据是否可以与用户关联起来？(这取决于我们收集了哪些身份标识。)我们是否收集了用户的账户 ID？它是否与我们收集的其他数据点相关，比如用户访问的页面或使用的应用程序功能？(如果是这样，这些数据可能被视为用户数据，我们将在 10.1.3 节介绍。)最后，用户在提供这些数据时同意了什么？

在一些国家，法律要求我们告知用户我们收集了哪些数据以及如何使用这些数据。一个很好的示例是用户启动一个新的应用程序时，会提示用户是否同意共享数据以改进产品。用户可能同意帮助我们改进产品，但没有同意其他方面的提示。这可能意味着，我们不能使用这些数据向他们推荐其他产品，因为他们没有同意这种类型的数据用途。

注意　处理遥测数据的方式取决于它是否可以与特定用户关联以及用户在同意与我们共享这些数据时同意了什么。

本节简要提到了用户数据。接下来详细谈谈。

10.1.3　用户数据

用户数据是可以直接与用户关联的数据。这类数据很重要，因为它是 GDPR 所涵盖的内容，将在 10.4 节讨论。欧盟公民有权要求公司提供所收集的关于用户自己的的所有用户数据，并有权要求删除这些数据。用户数据还可以分为几个子类别。其中之一是终端用户可识别信息。

定义　终端用户可识别信息(End User Identifiable Information，EUII)是指可以直接识别用户的信息，如姓名、电子邮件地址、IP 地址和位置。

数据在系统中流动时，我们会生成各种 ID。第 5 章已有介绍，在许多情况下，我们需要生成一个钥匙环，将所有这些 ID 联系在一起，以便全面了解数据使用者如何使用我们的产品。与这样一个 ID 相关联的任何数据(如订单历史记录或账户 ID)被称为终端用户伪匿名信息。

定义 终端用户伪匿名信息(End User Pseudonymous Information，EUPI)是指系统使用
的 ID，结合其他信息(如映射表)，可以用于识别用户。

注意 EUII 和 EUPI 之间的重要区别：查看 EUII(如姓名和地址)时，我们可以立即
识别用户；查看 EUPI(如账户 ID)时，需要额外的映射来告诉我们哪个用户拥有该账
户 ID。一般来说，有一个(或多个)直接识别用户的主要 ID，将其视为 EUII；还有多
个通过与主要 ID 的连接间接识别用户的其他 ID，将其视为 EUPI。

10.1.4 用户拥有的数据

比我们收集的用户数据更敏感的是用户拥有的数据。用户拥有的数据包括电子邮
件(如果运营电子邮件服务)、文档(如果运营云存储服务)等。

定义 用户拥有的数据(user-owned data)是由用户生成并存储在我们的平台上的数据。

这是非常敏感的信息，因为它涉及许多隐私问题。对这些数据可以做什么取决于
我们向客户做出的隐私承诺以及访问数据的成本效益。例如，运行一个可以查看用户
日历并建议安排会议时间的人工智能程序可能是合理的。另一方面，如果读取用户的
电子邮件以根据邮件内容提供定向广告，用户可能会感到隐私受到侵犯。请考虑隐私
声明、法律影响以及用户对此类数据处理的感知。

10.1.5 业务数据

业务数据是与业务相关的数据，因此也具有敏感性，但原因不同。如果对用户处
理数据不当，会面临法律责任，而对业务数据处理不当，则会直接影响业务的财务
状况。

定义 业务数据(business data)是指如果泄露，会直接影响业务的敏感数据。这不仅包
括财务信息(如收入、运营成本等)，还包括尚未发布的新产品或功能。

如果此类信息泄露，业务将直接受到影响。例如，如果一款新产品在正式宣布之
前泄露，竞争对手可能会开始开发自己的版本。同样，如果上市公司的财务数据泄露，
将可能会在股市上被利用。

10.1.6 小结

下面快速回顾一下本节涉及的数据分类。
- 特征数据，这是非敏感数据。
- 遥测数据，可能包含了用户信息，并且可能有对我们可使用它的限制。
- EUII(终端用户可识别信息)，即允许我们直接识别用户的数据。

- EUPI(终端用户伪匿名信息)，通过一些附加信息可以将其与用户关联起来的 ID。
- 用户拥有的数据，即由用户生成并存储在系统中的数据。
- 业务数据，即与业务直接相关的数据。

这些是大多数大数据平台处理的一些常见数据分类。这个列表并不详尽，根据你的业务、需要遵守的法规等，你可能需要处理不同类别的数据。

在处理数据时，要记住一些事项。它是从用户那里收集的数据吗？如果是，用户同意了什么？它是用户数据吗？如果是，它需要符合 GDPR，并且对其处理不当将违反法律。它是业务数据吗？如果是，它必须受到保护，因为它可能会影响业务。接下来，看一下可以用来改变数据分类的一些技术。

10.2 将敏感数据变得不那么敏感

一般来说，我们希望限制能够访问敏感数据的人数。在大多数情况下，必须接受合规培训才能访问敏感数据。例如，数据科学家和工程师必须接受一些合规培训，了解风险和责任之后才被允许处理数据。然而，在某些情况下，我们希望对数据进行处理，以将敏感数据变得不那么敏感。一个很好的示例是我们希望让更多的数据科学家查看它。本节将介绍一些实现这一目标的技术。首先定义两个数据集，如图 10.1 所示。

图 10.1 用户资料数据集(User Profiles)包含用户账户信息，用户遥测数据集(User Telemetry)包含从用户那里收集的遥测数据。如果需要，可以根据用户 ID 列将这两个数据集连接起来

第一个数据集是用户资料数据集(User Profiles)，包含用户账户、姓名、信用卡和账单地址。为了简洁起见，省略了实际的账单地址。该数据集还包含一个用户 ID

列(User ID)，这是一个与每个用户进行关联的身份标识号，也是系统中的主要 ID，因为可使用它来链接回用户的配置文件信息。第二个数据集是用户遥测数据集(User Telemetry)，包含从用户那里收集到的遥测数据。它包含用户 ID、时间戳和用户使用的产品特性。

我们在 Azure Data Explorer (ADX)创建了相应的数据集。如果你已经停止了 Azure Data Explorer，启动它，然后打开 Azure Data Explorer UI，并在我们的 telemetry 数据库的上下文中运行代码清单 10.1 所示的命令。

代码清单 10.1　创建用户资料表和用户遥测表

```
.create table UserProfiles(UserId: long, Name: string, CreditCard: string,
➥ BillingAddress: string) #A                        创建用户资料表(UserProfiles)
                                                     并将一些行导入其中
.ingest inline into table UserProfiles <|  ◄─────
10000,'Ava Smith','5105-1051-0510-5100','...'
10001,'Oliver Miller','5555-5555-5555-4444','...'
10002,'Emma Johnson','4111-1111-1111-1111','...'
10003,'John Davis','4012-8888-8888-1881','...'

.create table UserTelemetry(UserId: long, Timestamp: datetime,
➥ Feature: string)
                                                     创建用户遥测表(UserTelemetry)
                                                     并将一些行导入其中
.ingest inline into table UserTelemetry <|
10002,datetime(2020-06-30 10:01:05),'Search'
10002,datetime(2020-06-30 10:01:10),'Auto-translate'
10003,datetime(2020-06-30 10:05:20),'Search'
10001,datetime(2020-06-30 10:07:11),'Help'
10002,datetime(2020-06-30 10:07:21),'Auto-translate'
10003,datetime(2020-06-30 10:08:03),'Save'
```

根据 10.1 节中的分类，这两个表都包含 EUII。将保持用户资料表不变，因为它包含我们需要为计费目的而维护的用户账户数据。然后可以对用户遥测表使用一些技术，让其不那么敏感。

10.2.1　聚合

第一种技术是聚合(aggregation)，可以从多个用户那里获取 EUII，对其进行聚合，然后去除与特定用户相关的部分。例如，如果从用户那里收集使用的产品功能的遥测数据，则可以对这些数据进行聚合，以了解每个产品功能的使用情况，而不需要知道是谁在使用。图 10.2 展示了如何通过聚合将 EUII 转换为无法与具体用户关联的数据。

在处理这些数据之前，可以准确地看到每个用户使用的产品功能集合，这对隐私有影响。聚合之后，无法再知道具体的用户信息，但仍然拥有有价值的数据。我们知道哪些产品功能使用最多，哪些对用户不那么重要，等等。我们可以将这些数据用于分析和机器学习，而不必担心用户隐私。代码清单 10.2 展示了相应的用于聚合用户遥测数据集的 Azure Data Explorer 查询。

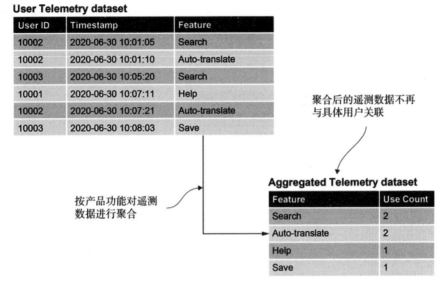

图 10.2 将遥测数据按产品功能的使用进行聚合，得到无法与具体用户关联的数据

定义 聚合(aggregation)是将数据处理为汇总格式的过程。可使用它将数据转换为不再与具体用户关联的形式。

代码清单 10.2 聚合用户遥测数据

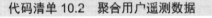

将列投影，以与图 10.2 中的表匹配

按产品功能对 UserTelemetry 表进行汇总，计算每个产品功能的使用次数

```
    UserTelemetry
    | summarize count() by Feature
    | project Feature, UseCount=count_
```

　　如果想要去除 EUII，可以将此查询的结果导入一个新的聚合遥测表(Aggregated Telemetry)中，并删除用户遥测数据(User Telemetry)。但我们可能还想了解更多信息。例如，可能想要查看每个产品功能的使用时间，或者客户如何同时使用不同的产品功能。那么仅仅计算产品功能使用次数是不够的。可使用另一种技术来实现这一点，即匿名化。

10.2.2 匿名化

　　可以通过匿名化来解除数据与最终用户的关联。一旦数据不再与用户 ID 相关联，就无法确定它来自哪个用户。

定义 匿名化(anonymization)是从数据中删除用户可识别信息或用无法追溯到用户的数据替换用户可识别信息的过程。

　　回到遥测示例,如果想知道功能何时被使用,但不关心是谁使用的,可以去掉用户身份标识。图 10.3 显示了如何通过删除用户 ID 来对数据进行匿名化,相应的 Azure Data Explorer 查询详见代码清单 10.3。

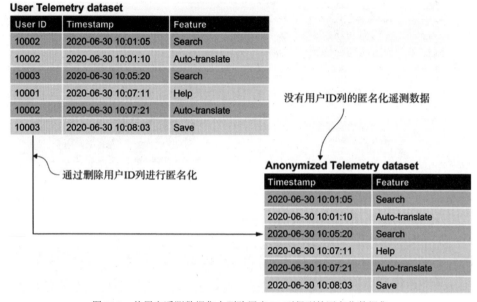

图 10.3　从用户遥测数据集中删除用户 ID 列得到的匿名化数据集

代码清单 10.3　通过删除用户 ID 匿名化用户遥测数据

```
UserTelemetry
| project-away UserId    ← 从结果中删除列
```

　　可以再次将该查询的结果导入到一个新表中,并在需要时删除包含 EUII 的原始表。但也许这还不够。

　　假设我们仍然需要查看哪些产品功能是由一个用户一起使用的,但并不关心用户是谁。我们仍然可通过用随机生成的 ID 替换可以追溯到用户的用户身份标识来进行匿名化。图 10.4 显示了如何通过用随机生成的 GUID 替换每个用户 ID 来对数据进行匿名化(有关 GUID 的说明详见后文)。

　　注意,我们有意不保留用户 ID 和相应随机 ID 之间的映射关系。我们只生成一次随机 ID,然后有意忘记这个关联。

User Telemetry dataset

User ID	Timestamp	Feature
10002	2020-06-30 10:01:05	Search
10002	2020-06-30 10:01:10	Auto-translate
10003	2020-06-30 10:05:20	Search
10001	2020-06-30 10:07:11	Help
10002	2020-06-30 10:07:21	Auto-translate
10003	2020-06-30 10:08:03	Save

匿名化之后的遥测数据将无法
追溯到具体用户ID

通过生成随机ID
进行匿名化

Anonymized Telemetry dataset

Random ID	Timestamp	Feature
427f212c-971c-4a98-a644-6b87c27a8445	2020-06-30 10:01:05	Search
427f212c-971c-4a98-a644-6b87c27a8445	2020-06-30 10:01:10	Auto-translate
0b5ba485-032a-48b7-b417-428446bc34b0	2020-06-30 10:05:20	Search
4272bbd5-6ba1-48e2-b567-20a5b53abaef	2020-06-30 10:07:11	Help
427f212c-971c-4a98-a644-6b87c27a8445	2020-06-30 10:07:21	Auto-translate
0b5ba485-032a-48b7-b417-428446bc34b0	2020-06-30 10:08:03	Save

图 10.4   用随机 ID(在本例中为 GUID)替换用户 ID 得到的数据集将无法追溯到具体用户

全局唯一标识符(Globally Unique Identifier，GUID)

GUID，又称通用唯一标识符(Universally Unique Identifiers，UUID)，是用于标识信息的 128 位数字。生成这样一个唯一标识符的算法是由 RFC 4122 标准定义的。GUID 的好处在于，即使没有中央机构来分配它们，生成相同的 GUID 的概率仍然极低，几乎可以忽略不计。在实际应用中使用 GUID ID，不需要担心 ID 会重复。

大多数系统都可以生成 GUID，因为它们只需要实现 RFC 标准定义的算法。GUID 在许多地方都有应用，特别是在分布式系统中。例如，如果需要为高流量网站的会话生成唯一标识符，可以让每个节点(假设有多个服务器提供网站服务)生成一个 GUID 来标识每个会话。稍后，可以将这些 GUID 合并到一个共同的会话表中，而不会出现冲突的会话标识符，并且在生成标识符时不需要服务器进行任何同步。

GUID 的这个特性非常有用，因此在大数据场景中很常见。即使在多个系统中生成了数十亿条记录，这些值也不会重复。

由于没有保留原始映射，因此无法将数据与具体用户关联起来，因此它不再是可识别用户信息。我们仍然可通过随机 ID 将数据集关联起来，但无法将随机 ID 与具体用户关联起来。代码清单 10.4 是相应的 Azure Data Explorer 查询示例。

代码清单 10.4   用 GUID 替换用户 ID

返回表中每个唯一 UserId

添加一个 RandomId 列，为每一行分配一个新的 GUID

```
UserTelemetry
| distinct UserId
| extend RandomId=new_guid()
```

```
| join kind=inner UserTelemetry on UserId
| project-away UserId, UserId1
```

在 UserTelemetry 上与原始的 UserId
进行连接。现在，在每个 UserId 旁
边都有了相应的 RandomId

去掉 UserId 和 UserId1 列(UserId1
是由连接产生的，用于消除左右表
中都包含 UserId 列的歧义)

与前面一样，可以将该查询的结果导入新表中，并在需要时删除原始表。注意，
这是个一次性处理。如果从用户那里获取新的遥测数据，将无法生成相同的 GUID 进
行匿名化。每次运行此查询，将获得与用户对应的不同的随机 ID。在某些情况下，
这可能不够。或者我们可能需要能够链接回原始用户 ID，但限制谁可以进行这种关
联。对于这些情况，可使用伪匿名化。

10.2.3　伪匿名化

当我们有一些场景(但不是所有场景)需要知道数据属于谁的时候，可使用伪匿名
化技术。例如，我们可能想要追踪哪个用户使用了哪些产品功能，以便可以通知他们
有关这些产品功能的更新。但是，对于其他分析来说，不需要知道具体是哪个用户。
对于第一种情况，只允许一小部分人可以查看这种关联。对于其他分析，允许很多人
可以查看数据，但从他们的角度来看，数据是匿名的。可通过伪匿名化数据来实现这
一点。

定义　伪匿名化(pseudonymization)是用伪名替换用户可识别信息的过程。在给定一些
　　　　附加信息的情况下，可以将数据与用户关联起来。

伪匿名化和匿名化的区别在于伪匿名化提供了重建关系的方法。查看匿名化数据
时，用随机生成的 ID 替换了用户 ID。除非明确存储了哪个用户 ID 与哪个随机 ID 关
联，否则将无法恢复链接。对于伪匿名化，用更确定性的东西替换随机 ID。具体可
以是用户 ID 的 hash 值或用户 ID 的加密值。

需要提醒的是，hash 是一个单向函数：不能通过 hash 的结果还原原始值。加密
则不同，如果知道加密密钥，加密的值可以被解密。图 10.5 说明了这种差异，本节
将详细介绍这两种方法。

1. 通过 hash 进行伪匿名化

如果对用户 ID 进行 hash 处理，并提供一个只包含 hash 值的数据集，将这些伪匿
名化的数据与实际用户关联起来的唯一方法就是将系统中的所有用户 ID 进行 hash 处
理，以查找匹配项。如果限制对用户 ID 的访问，那么任何可以查询伪匿名化表的
人都可以在数据集中看到所有连接(哪些产品功能被哪个用户使用)，但是使用这种
方法，他们将看到伪匿名身份标识而不是用户 ID。图 10.6 显示了这种转换，代码清
单 10.5 是相应的 Azure Data Explorer 查询。

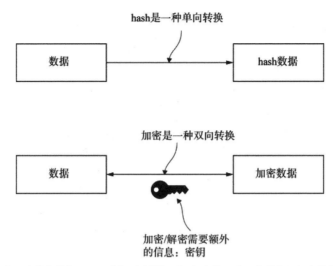

图 10.5　hash 是一种单向转换：hash 数据无法被还原。加密是一种双向转换：加密数据可以被解密，但加密需要额外的信息，即密钥

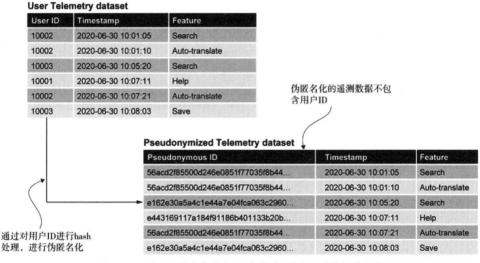

图 10.6　用 hash 值替换用户 ID 会生成一个伪匿名化的数据集

代码清单 10.5　通过对用户 ID 进行 hash 处理进行伪匿名化

```
UserTelemetry
| project PseudonymizedId=hash_sha256(UserId),
  Timestamp, Feature
```

用 UserId 的 SHA256 hash 值替换 UserId 列

SHA256 是 Azure Data Explorer 可用的 hash 算法之一。hash_sha256()函数可以生成一个 SHA256 hash 值。注意，如果只有一个由伪匿名 ID、时间戳和特征组成的数据集，无法生成用户 ID。另一方面，如果有一个用户 ID，则可以对其进行 hash 处理，

然后将其与伪匿名化的数据关联起来。

我们可以在数据科学家处理伪匿名化数据时无法访问未处理的 EUII 的情况下使用这种技术。这样，他们就可以获得一个数据集，从所有意义上讲，与原始数据集完全相同，只是没有提及用户 ID。

如果用户 ID 可见，这种方法将无效，因为很容易对其进行 hash 处理并生成伪匿名 ID。一种选择是向 hash 值添加 salt。在密码学中，salt 是一些额外的秘密数据，把 salt 添加进来可以增加重新创建连接的难度。代码清单 10.6 是一种添加了 salt 的伪匿名化方法。

代码清单 10.6   通过添加 salt 进行 hash 处理以进行伪匿名化

```
let salt=123456;          ←——  salt 值必须保密
UserTelemetry
| project PseudonymizedId=hash_sha256(
➡ binary_xor(UserId, salt)),   ←┐
  Timestamp, Feature              在 hash 处理之前，使用 salt
                                  值对 UserId 进行异或运算
```

在我们的示例中，代码清单 10.6 使用了 salt 值对 UserId 进行异或运算。这里提醒一下，XOR(异或运算符)应用于 2 位时，当其中一个输入为 0 且另一个输入为 1 时则返回 1；否则返回 0。在我们的示例中，binary_xor 将 UserId 的位与 salt 值的位进行异或运算，并生成一个带 salt 的用户 ID。现在，只要 salt 值依旧保密，即使知道它是由 SHA256 hash 生成的，也无法从 UserId 得到 PseudonymizedId。现在来看看另一种方法——通过加密进行伪匿名化。

2. 通过加密进行伪匿名化

如果对用户 ID 进行加密，并提供一个带有加密值的数据集，将这些值与实际用户关联起来的唯一方法是解密它们。只要加密密钥是安全的，并且只有需要知道这些信息的人才能看到，那么那些不需要知道这些信息的人就无法恢复关联。

这与通过 hash 进行伪匿名化类似，只是它是双向转换。所以即使没有访问用户 ID 的权限，也可通过解密一个加密后的伪匿名化 ID 还原出用户 ID。图 10.7 展示了通过加密进行伪匿名化的整个过程。

我们将跳过 Azure Data Explorer 的示例，因为 Azure Data Explorer 没有开箱即用的加密/解密函数。不过，这个问题并非不能解决。Azure Data Explorer 有一个 Python 插件，允许使用 Python 实现任意函数，并从查询中调用它们。可通过启用 Python 插件并利用 Python 库中的加密算法轻松添加加密功能。出于简洁起见，将跳过这一部分，但要记住你可使用这个功能。可以在以下网址了解更多信息：http://mng.bz/Pax8。

使用了这种伪匿名化技术之后，如果有一个场景，在该场景中没有原始数据集可用，但需要一种恢复数据的方法，那么可使用加密提供的双向转换，并通过解密伪匿名化数据集来恢复原始数据集。

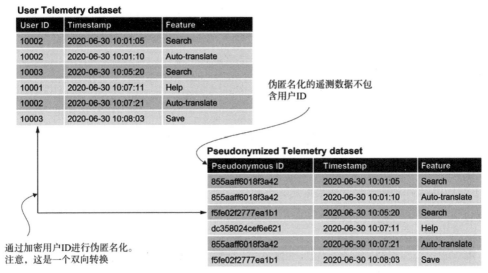

图 10.7　通过加密用户 ID 生成了一个伪匿名化的数据集。注意，通过解密伪匿名化的 ID

可以将数据集转换回原始数据

　　在继续之前，简单提一句，在实际环境中使用加密需要注意：加密可以帮助我们
保护信息，但也很容易被误用。在合规场景中使用时，确保遵循最佳实践。

- 永远不要自己编写加密算法。始终依赖库来完成此任务，因为会涉及复杂的
  数学，很容易出错。
- 安全地存储密钥。Azure Key Vault 是安全存储密钥的好地方。
- 严肃对待安全性。不要仅仅因为某个东西是未知、隐秘的，就认为它是安全的。
  例如，如果使用没有 salt 的 hash，那么在同时拥有原始数据和 hash 数据的时
  候，即使不知道具体使用的 hash 算法，也可通过尝试几种众所周知的算法来
  重新创建关联。在本例中，仅仅靠隐秘(即保持 hash 算法的秘密)并不能保证
  安全性。
- 如果需要，使用具有密码学安全性的 hash 算法。也就是说使用经过验证适用
  于密码学场景的算法。

  前面的示例中使用了 SHA265，它被认为是密码学安全的。一个不应在密码学
  环境中使用的 hash 算法是 MD5(Azure Data Explorer 提供了一个 hash_md5()
  函数)。MD5 hash 速度快，但存在多个安全漏洞。

　　关于密码学方面有很多图书，所以我们就到这里为止。在保护数据时要小心，并
始终思考攻击者会如何利用我们的实现来获取对系统的访问权限。10.2.4 节将更深入
地介绍数据掩码技术。

10.2.4 数据掩码

掩码是指隐藏数据的部分内容,即使数据在系统中是完全可用的。例如对社会安全号码进行掩码,只显示最后四位数字:***-**-1234。对敏感数据进行掩码可以使其变得不那么敏感。显然,即使有恶意,仅凭社会安全号码的最后四位数字、家庭地址的城市和州,或者电话号码的前几位数字,也无法做太多事情。

> **定义** 掩码(masking)利用原始数据和查询发起者之间的附加层,将敏感信息隐藏起来,以不那么敏感的形式提供给没有权限的人访问。

对数据进行掩码需要在原始存储和查询数据的人之间增加一个附加层,该层决定了谁可以看到未掩码的完整数据集,谁只能看到更有限的数据视图。图 10.8 展示了我们的用户资料表的掩码效果。

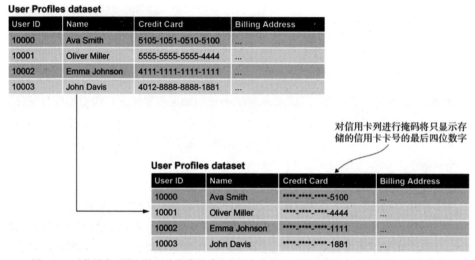

图 10.8 对信用卡列进行掩码将隐藏敏感的信用卡信息,只显示信用卡卡号的最后四位数字

与前面的技术不同,掩码是就地进行的。在我们的示例中,仍然存储了完整的信用卡号码,但并非每个查询该表的人都可以看到它。

好消息是,许多存储解决方案和数据库引擎都提供了这样的附加层。在 10.3 节,会将 Azure Data Explorer 的实现方式作为实现数据访问控制模型的一部分加以介绍。在深入了解之前,快速回顾一下到目前为止涵盖的数据处理技术。

10.2.5 小结

本节探讨了几种将敏感数据变得不那么敏感的方法。
- 聚合数据使得无法将数据与具体用户关联起来。
- 匿名化数据虽然比聚合数据更复杂,但保留了用户级别数据的细粒度,同时删除了可识别的部分。

- 有合法的场景需要将数据追溯到实际用户时,可使用伪匿名化。这使得数据部分匿名化,并且只在需要知道的情况下恢复到真实用户 ID 的链接。
- hash 是数据的单向转换。例如,给定伪匿名化 ID,无法恢复用户 ID。然而,可通过再次对用户 ID 进行 hash 并与伪匿名化 ID 进行连接来恢复关联。
- 在 hash 中添加 salt 使恢复关联更加困难,因为需要知道 salt 的值。
- 加密是一种双向转换,需要额外的信息:密钥。例如,给定伪匿名化 ID,如果有密钥,可通过解密数据来恢复用户 ID。
- 掩码也可以隐藏敏感信息。进行掩码时,数据不进行转换,而是通过中间层隐藏敏感信息,并在适当时才可见。

这些都是处理敏感数据时需要了解的重要技术,因为所有这些过程都允许在不损害用户隐私的情况下,为更多的分析场景提供更多的数据。处理敏感数据的另一个重要部分是访问控制。

10.3 访问控制模型

在构建数据平台时,我们需要实施一个访问控制模型,确保敏感数据仅限于那些有合法业务需求并符合业务要求的人员使用。这些要求可能包括对正确数据处理的培训、签署正确的文件等。

所有 Azure 服务都在资源级别强制执行一层安全性。在 Azure 门户中,可以在 Access Control(IAM)选项卡上配置此项,在大多数资源上都会显示该选项卡。这样可以授予整个资源的各种权限。例如,向 Azure Data Explorer 集群的某个人授予 Contributor 级别的访问权限,从而允许他们创建或删除数据库,更改集群配置等。所有服务都有以下三个重要的角色(此外还有各自不同的其他角色)。

- Reader——具有该角色的用户可以查看资源,但不能进行任何更改。注意,该角色可以查看存储账户的访问密钥。
- Contributor——具有该角色的用户可以查看和修改资源,但不能授予其他人对资源的权限。
- Owner——具有该角色的用户可以执行 Contributor 可以执行的所有操作,此外还可以授予其他人关于资源的权限。

我们只应将 Azure 资源级别的访问权限授予维护平台的数据工程师。对生产资源的访问权限应进一步限制为值班工程师或 SRE。这是一项来自服务工程的最佳实践,不仅适用于构建数据平台。

接下来是更有趣的部分:存储解决方案通常为其内部管理的对象提供另一层安全性。例如,在 Azure Data Explorer 中,可以在数据库级别授予权限,使用的角色可以是

Viewer(可以查询)、User(可以查询和创建对象)、Ingestor(可以将数据导入现有表但无法查询)和 Admin(可以在数据库范围内执行任何操作)等。第 6 章提到过这一点,查看一个分析工作流程时,该工作流程在不同团队成员具有访问权限的数据库之间移动对象。这个解决方案比之前的层次粒度更细:可以授予一些数据科学家访问包含敏感信息的数据库的权限,而其他人只能访问包含非敏感数据的数据库。

再如,要访问存储 Azure Data Lake Storage 的文件,需要账户密钥或共享访问签名(SAS)。Azure Data Lake Storage 还提供类似 POSIX 的访问控制列表(ACL),可以在文件夹和文件级别设置读/写权限,以限制对数据的访问。图 10.9 显示了两层访问控制。

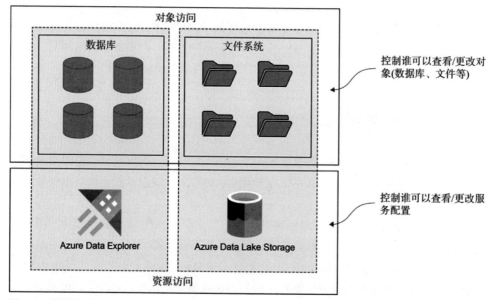

图 10.9 资源访问用于控制谁可以查看或更改服务配置(Azure Data Explorer、Azure Data Lake Storage 等)。对象访问用于控制谁可以查看或更改服务管理的对象(数据库、文件等)

本节将重点关注第二层访问控制,即对象访问,以用于保护我们数据平台中的数据。对于第一层与数据无关的保护(Azure 资源的访问控制),可以简单地应用与其他云开发项目相同的最佳实践:只授予工程人员访问权限,仅授予人员完成任务所需要的访问级别。

10.3.1 安全组

首要的重要规则是永远不要直接授予个别用户对资源的访问权限。始终使用 Azure Active Directory 安全组,然后将用户添加到安全组中。这对于维护合规系统非常重要。

可以这么想,如果在 Azure Data Explorer 集群中有一组数据库,如遥测数据库、分析数据库和客户数据库。当 Alice 加入团队时,她需要访问所有这些数据库。如果直接对她授予访问权限，将不得不为每个对象这样做。然后过了一段时间，假设 Alice 离开了团队，应该撤销她的访问权限，但到那时，可能在集群中有更多的数据库，并且已经失去了她需要用到哪些数据库的踪迹。我们将不得不检查每个数据库的权限，找到她的权限进行撤销。甚至是，她可能已经获得了访问其他服务(如 Azure SQL 或 Azure Data Lake Storage)中存储的数据的权限。

　　与此相反，如果有一个安全组，比如称为数据科学家的组，该组包括了数据科学团队的所有成员。当 Alice 离开团队时，将她从该组中移除，她将失去对该组所拥有访问权限的所有对象的访问权限。

　　当然，我们不希望给每个人都授予对所有内容的访问权限。随着数据平台处理不同类型的数据，与本章开头所见的分类相比，我们需要更多的细粒度控制。我们应该通过为所处理的每个数据分类和每个所需角色创建多个安全组来解决这个问题。

　　假设我们处理的是非敏感数据，将其称为特征数据，但我们也有一些终端用户的匿名信息和一些业务数据。有一些团队成员需要查询这些数据，而其他团队成员需要对其进行读/写访问。我们可能会得到表 10.1 中的六个安全组。假设将每种类型的数据存储在单独的数据库中，可以按照图 10.10 所示的方式授予访问权限。

表 10.1　安全组

	只读安全组	读/写安全组
特征数据	特征数据只读访问	特征数据读/写访问
EUPI 数据	EUPI 数据只读访问	EUPI 数据读/写访问
业务数据	业务数据只读访问	业务数据读/写访问

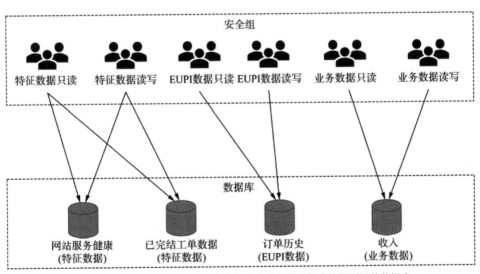

图 10.10　不同的安全组根据每个数据库中数据的分类来访问不同的数据库

当新的团队成员加入时，可以根据其可以查看的数据类型，将其加入一个或多个安全组。当其离开时，只需要从有限的几个安全组中将其移除。

代码清单 10.7 创建了将在以下示例中使用的特征数据和 EUPI 数据只读组。为了避免重复，这里不会创建所有的组，但模式是相同的。

代码清单 10.7　创建特征数据和 EUPI 只读组

```
az ad group create `
--display-name "Feature data read only" `
--mail-nickname FeatureDataRO

az ad group create `
--display-name "EUPI data read only" `
--mail-nickname EUPIDataRO
```

通过使用安全组，还有一个集中的地方可以审计谁有权访问什么，并且可以自动执行所需要的检查。例如，可以检查 EUPI 数据组的所有成员是否参加了数据处理培训。代码清单 10.8 显示了如何使用 Azure CLI 列出 EUPI 数据只读组的成员。

代码清单 10.8　获取 EUPI 数据组的成员

```
az ad group member list `
--group "EUPI data read only"
```

现在我们已经设置了一些安全组，接下来看看如何保护 Azure Data Explorer 集群。

10.3.2　保护 Azure Data Explorer

虽然这里专注于 Azure Data Explorer，但大多数数据库引擎都有相应的方法来保护它们的对象。无论最终使用哪种存储服务，都应该能够应用其中一些方法。在 Azure Data Explorer 中，可以保护数据库、表，甚至是表中的某些行或列。下面将按顺序介绍所有这些内容。

1. 数据库级安全性

第 4 章已经介绍过如何授予对 Azure Data Explorer 数据库的访问权限，我们为 Azure Data Factory(ADF)设置了一个服务主体，以连接到我们的 telemetry 数据库。为此，我们使用了 az kusto database-principal-assignment create 命令。

第 4 章只是想要建立数据工厂(Data Factory)，并没有考虑访问控制模型。在理想情况下，应该创建一个具有我们的数据工厂工作任务所需要的最小权限集的安全组，并将服务主体作为该组的成员。可以尝试将其作为练习。

下面创建几个数据库：orders 将包含订单历史(EUPI)，servicehealth 将包含来自我们网站的服务健康信号(特征数据)。根据访问模型，我们将授予刚刚创建的两个 Azure Active Directory 组对这些数据库的访问权限，如代码清单 10.9 所示。

代码清单 10.9 创建数据库并分配权限

```
az kusto database create `        ←── 创建一个新的 Azure Data Explorer 数据库
--cluster-name "adx$suffix" `
--database-name servicehealth `   ←── servicehealth 数据库包含非敏感的特征数据
--resource-group adx-rg `
--read-write-database location="Central US"

az kusto database create `
--cluster-name "adx$suffix" `
--database-name orders `          ←── orders 数据库包含 EUPI 数据
--resource-group adx-rg `
--read-write-database location="Central US"

az kusto database-principal-assignment create `  ←── 为数据库分配权限
--cluster-name "adx$suffix" `
--database-name servicehealth `   ─┐ 指定集群和数据库
--principal-id "Feature data read only" `
--principal-type Group `              授予 ID 和主体类型的权限。我们使用
--role "Viewer" `                     安全组的名称作为 ID，类型为 Group
--principal-assignment-name
  servicehealthfeaturedataviewer `    通过 role 参数指定主体的操作权限。
--resource-group adx-rg              对于只读访问，使用 Viewer 角色

az kusto database-principal-assignment create `
--cluster-name "adx$suffix" `
--database-name orders `
--principal-id "EUPI data read only" `    与上一个命令相同，只是
--principal-type Group `                  在不同的数据库上为个同
--role "Viewer" `                         的组授予权限
--principal-assignment-name orderseupiviewer `
--resource-group adx-rg
```
分配必须有一个名称

现在，只读的 Feature 数据组的成员将能够对 servicehealth 数据库中的表发出查询，但无法看到 orders 数据库。同样，只读的 EUPI 数据组的成员将能够对 orders 数据库发出查询。

可以将 EUPI 只读数据组本身作为 Feature 只读数据组的成员，这样当授予对特征数据的访问权限时，那些具有比特征数据更高敏感层级访问权限的人将自动获得对特征数据的访问权限。但是，这种方法不具有良好的可扩展性。

例如，有时，由于项目变更等原因，人们会失去对敏感数据的访问权限，但他们仍然需要查看特征数据。在本例中，撤销对 EUPI 的访问权限将同时取消他们对特征数据的访问权限。此外，我们并不总是有一个明确的层次结构来确定数据的敏感程度：与 EUPI 数据相比，业务相关数据是一种不同类型的"敏感"数据，并在处理时需要不同的标准。一般来说，在许多人访问数据的生产场景中，最好是明确说明："如果你想要访问此类型的数据，你需要加入该安全组。"

现在已讲述了如何授予数据库级权限。接下来将更加详细地介绍如何保护数据库

中的表。

2. 表级安全性

在撰写本文时,Azure Data Explorer 不支持对表设置单独的权限,但确实有表级安全性的概念。如果在表上启用 RestrictedViewAccess 策略,那么只有具有 UnrestrictedViewer 角色的主体才能查询该表。

将该策略添加到 telemetry 数据库中的用户资料(UserProfiles)表中,以了解其工作原理。在代码清单 10.1 中创建了该表,并填充了一些数据。

打开 Azure Data Explorer UI,然后运行代码清单 10.10 所示的命令。

代码清单 10.10　应用 RestrictedViewAccess 策略

```
.alter table UserProfiles policy restricted_view_access true
```

现在,如果尝试查询该表,将收到未经授权的错误。标记为受限制的表(对数据库的读/写权限)甚至连数据库管理员或用户都不能查询。你需要成为 UnrestrictedViewer 才能查询此表。可以运行代码清单 10.11 所示的 Azure CLI 命令,以授予自己 UnrestrictedViewer 权限。

代码清单 10.11　授予 UnrestrictedViewer 权限

```
$me = az ad signed-in-user show --query objectId

az kusto database-principal-assignment create `
--cluster-name "adx$suffix" `
--database-name telemetry `
--principal-id $me `
--principal-type User `
--role UnrestrictedViewers `
--principal-assignment-name userprofilesmeunrestrictedviewer `
--resource-group adx-rg
```

现在你应该能够查询该表了。RestrictedViewAccess 策略与 UnrestrictedViewer 角色结合使用,允许我们将数据库中的数据分为不受限制的数据(任何查看者都可以查询)和受限制的数据(只有 UnrestrictedViewer 角色可以查询)。这是一种可以在同一个数据库中混合敏感和非敏感数据,同时保持合规的访问控制的方便方式。

这种方法的主要问题是它只适用于两种数据分类。如果想存储三种类型的数据(如特征数据、EUPI 和业务数据),这种方法是不够的。因此,不建议在构建 Azure Data Explorer 中的访问控制模型时依赖此策略。最好使用单独的数据库,每个数据库包含不同类型的数据,就像我们在前面看到的那样。或者你可以更加细粒度地依赖于行级安全性。

在介绍行级安全性前,需要取消对用户资料表的限制,如代码清单 10.12 所示。运行这些命令后,数据库的所有查看者都将能再次查询该表。

```
.alter table UserProfiles policy restricted_view_access false
```

3. 行级安全性

行级安全性能够实现细粒度的访问控制。我们可以根据查询者的身份，对表中的行和/或列进行过滤。这是通过在表上实施策略实现的，该策略在用户尝试运行查询和被查询的表之间注入了一个查询。这个查询可以在数据上添加额外的过滤条件。图 10.11 展示了这个过程的工作原理。

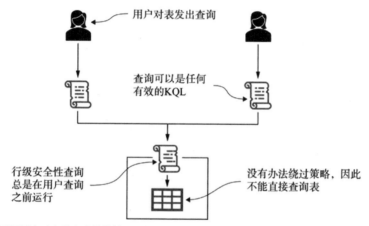

图 10.11　不同用户对表发出查询的情况。这些查询是任意的(可以是任何有效的 KQL)。策略设置查询总是在用户查询之前运行，因此它可以注入额外的过滤条件。由于行级安全性查询总是位于其他查询和表之间，因此无法直接访问表

Azure Data Explorer 有几个与 Azure Active Directory 集成的关键函数，包括：
- current_principal()——返回发出查询的主体的 ID 和租户。
- current_principal_is_member_of()——检查发出查询的主体是否是所提供的主体列表的成员。主体列表可以包括用户 ID、应用程序 ID 或安全组。对于安全组，会检查组成员资格。

现在在我们的用户资料表上添加一个策略，以检查当前主体是否是我们创建的 EUPI 数据只读安全组的成员。如果不是，将不返回任何行。首先，使用 Azure CLI 获取组 ID 和租户 ID。在将策略应用于 Azure Data Explorer 时，将需要它们。具体的检索组 ID 和租户 ID 的命令如代码清单 10.13 所示。

```
$group = az ad group show `
--group "EUPI data read only" | ConvertFrom-Json
```
检索安全组的详细信息并将其存储在$group 中

```
$account = az account show | ConvertFrom-Json    ◄────  检索账户详细信息并
                                                        将其存储在$account 中
┌─► echo "$($group.objectId);$($account.tenantId)"
│
│ 打印组的 AAD 对象 ID,后跟
└ 一个分号,然后是租户 ID
```

　　记住代码清单 10.13 中 echo 命令的输出。我们需要将其提供给 Azure Data Explorer。然后在 Azure Data Explorer UI 中运行代码清单 10.14 所示的命令。

代码清单 10.14　将行级安全性应用于用户资料表

```
                在表上启用行级安全策略                行级安全性查询。请将<group
                (row_level_security)               ID>;<tenant ID>替换为代码清
                                                   单 10.13 中的值
.alter table UserProfiles
  policy row_level_security enable  ◄───
  "UserProfiles | where current_principal_is_member_of(  ◄──────
  ➨ 'aadgroup=<group ID>;<tenant ID>')"
```

　　我们看看具体会发生什么。首先,启用了策略,然后使用以下行级安全性查询。

```
UserProfiles | where current_principal_is_member_of('aadgroup=...').
```

　　这意味着针对用户资料表发出的任何查询都会先根据以上查询的结果来运行。我们实际上注入了一个带有组成员身份验证的 where 过滤器。如果发出查询的主体是组的成员,则查询返回所有行。如果主体不是组的成员,则 where 过滤器将过滤掉所有行。你可通过查询用户资料表来尝试一下。因为你不应该是该组的成员,所以即使数据仍然存在于表中,你也不应该得到任何行。

　　行级安全性非常强,但围绕查询有一些限制。例如,它必须返回与基础表相同的列。不过,在代码清单 10.14 中实现的过滤器是最简单的过滤器之一,还可以进行更复杂的过滤,例如根据组成员身份验证掩码列。可以重新实现策略,以便仅在发出查询的主体是 EUPI 组的成员时显示信用卡号码;否则,将信用卡号码替换为****。

　　代码清单 10.15 显示了如何应用这一新策略。我们还将策略实现为一个函数,以便更容易理解。也可将所有内容都放在策略中而不实现为函数,但实现为函数会更清晰,特别适用于更复杂的行级安全性查询。

代码清单 10.15　使用行级安全性掩码信用卡号码

```
请使用实际值替换                                  将策略实现为函数,
组 ID 和租户 ID                                  以保持代码整洁

    .create-or-alter function UserProfilesRLS() {  ◄───
        let canViewCreditCards = current_principal_is_member_of(
        ➨ 'aadgroup=<group ID>;<tenant ID>');
        UserProfiles                                      如果不允许用户查看信
        | project CreditCard =                            用卡号码,使用 iif 表达
            iif(canViewCreditCards, CreditCard, "****")  ◄──  式将 CreditCard 列的值
    }                                                     替换为****
```

```
.alter table UserProfiles
 policy row_level_security enable "UserProfilesRLS"
```
← 将函数应用为行级安全性策略

这个示例应该让你体验到行级安全性策略的强大之处。这是一种在同一数据库中保护数据的良好机制。但请记住这种方法的一些缺点——复杂性和性能。

先说复杂性，正如所见，可以创建复杂的策略来掩码某些列和隐藏某些行，但需要在模式更改和安全组演变时维护这些策略。所以会带来长期维护成本。

还要注意的一点是性能。每当有人尝试查询表时，实际上是在运行一个隐藏的查询。如果这个策略查询的性能不佳，所有查询都会受到影响。所以，所编写的策略查询应该快速运行且良好扩展。

10.3.3　小结

在进入下一个主题之前，快速回顾一下访问控制模型的实现。

可使用 RBAC(基于角色的访问控制)权限来控制对 Azure 资源的访问。RBAC 是控制 Azure 资源访问的标准方式。这适用于所有 Azure 资源，但不是本节的主要内容。一般来说，只有 SRE 应该有权限修改 Azure 资源。本节所讨论的访问控制模型是在与我们使用的存储解决方案不同的层面上实现的。

本节讲述了为各种数据分类和权限(只读、读写等)创建安全组的问题。不要将权限分配给单个用户，因为这样很难追踪谁可以访问什么。最好的方法是拥有一组 Azure Active Directory 安全组，然后将用户加入这些安全组。我们可以轻松审计这些组，并在用户失去访问权限时(例如更换团队)进行清理。

本节还讲述了如何保护 Azure Data Explorer，介绍了不同的方法来实现这一点。

- 可以根据数据分类将数据保存在不同的数据库中。可以有一个或多个数据库用于存储特征数据，一个或多个数据库用于存储 EUPI 等。
- Azure Data Explorer 可使用 RestrictedViewAccess 策略来标记数据库中一组表为受限制的，而不是使用表级权限。这种做法仅适用于数据库中只有两种数据类型(一种受限制，一种不受限制)，所以无法扩展到更多类型的数据。一个大数据平台通常处理的数据类型不止这两种，所以这种方法可能不够用。
- 行级安全性可以实现更精细的访问控制。可以根据查询表的用户来过滤行或掩码列。

无论平台使用哪种存储服务，以上概念都适用。我们在示例中使用了 Azure Data Explorer，但是 Azure SQL 等也具有类似的功能，包括支持行级安全性。Azure Data Lake Storage 更像是一个文件系统：它支持文件夹和文件的访问控制列表(ACL)。可使用 ACL 保护文件夹和文件，并仅为特定安全组分配读取或写入某些文件的权限。

总之，当实施访问控制模型时，通过数据分类来保护存储解决方案中的对象。这与安全组结合使用,可以确保没有任何数据泄漏,并且保持合规。接下来,谈谈 GDPR,谈谈它包含什么以及需要做什么来遵守这部法规。

10.4　GDPR 和其他考虑因素

GDPR 法规非常复杂,因此本节不会涵盖该法规的所有内容。我们只关注拥有处理任何类型用户数据的数据平台时需要考虑的几个关键点。我们不会涵盖同意(收集用户数据时,用户必须清楚地知道我们正在收集什么、为什么收集,并有机会选择退出)等内容。通常这些事项是在数据平台的上游进行,因此超出了本书范围。本节将专注于数据处理和数据主体请求。

10.4.1　数据处理

GDPR 对用户数据没有规定具体的加密要求,但强烈建议对用户数据加密,并在可能的情况下使用伪匿名化。10.2.3 节介绍了伪匿名化。作为最佳实践,尽可能应用伪匿名化,并避免保留具有许多非伪匿名化数据点的数据集。对于加密,Azure 服务提供了数据在静止状态下的加密。大多数服务默认启用了该功能。

定义　对静止状态下的数据进行加密能够为存储的数据提供数据保护。对静止状态下的数据的攻击包括试图获取存储数据的硬件的物理访问权限,然后破坏其中的数据。

数据在静止状态下写入磁盘时可使用微软管理的密钥进行加密,并在读取时解密。如果需要,你可以提供自己的加密密钥替代微软管理的密钥。Azure Data Explorer 和 Azure Data Lake Storage 默认对在静止状态下的数据进行加密。Azure SQL 和虚拟机(VM)磁盘也是如此。此外,数据平台还应满足尊重数据主体请求的关键要求。

10.4.2　数据主体请求

根据 GDPR,用户有权要求以可读形式获取所有个人数据,并要求对数据进行更正,或行使被遗忘权,即从系统中删除所有他们的数据。对于存储用户数据的数据平台来说,遵守数据主体的请求非常重要。我们将整合本书介绍过的一些组件来支持这一点。我们需要知道存储用户数据的所有表,并且需要将系统中用于表示用户的不同 ID 进行关联。

像 Azure Purview 这样的元数据解决方案可以给出包含用户数据的所有表的完整列表。正如在第 8 章所看到的,可使用 Azure Purview 的数据分类功能自动标记数据平台上的用户身份。然后,可使用 Azure Purview 的 REST API 检索它们。

另一个缺失的部分是如何将所有身份关联在一起。第 5 章讲述了身份钥匙环。身份钥匙环连接了平台上的所有不同 ID，这些 ID 有时来自不同的系统。通过 Azure Purview 和身份钥匙环，可以根据用户 ID 找到我们系统中所有包含用户数据的表中的所有行。图 10.12 展示了这个过程的工作原理。

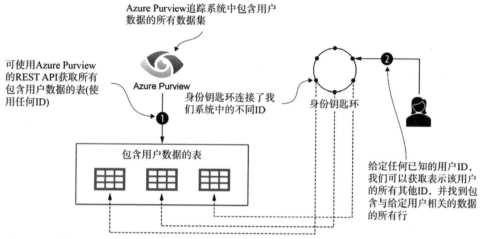

图 10.12 使用 Azure Purview，可以根据数据字典和分类获取包含任何 ID 的用户数据的所有表。通过身份钥匙环和给定用户 ID，可以获取我们系统中所有关联的其他 ID。然后，可使用这些 ID 查询表并识别包含与给定用户相关的数据的所有行

需要编写一些代码来实现这一点，为简洁起见，这里不会详细介绍，但是一个 Azure Function 应该足够连接系统中的这些组件，并允许枚举与用户相关的所有数据。可使用它来满足导出和删除请求。

1. 导出请求

导出请求是指用户希望获取他们在公司里面的所有数据。需要注意的是，这是一个公司范围的请求，而数据平台可能只是公司 IT 的一小部分。尤其在大型企业中，这一点很重要，因为数据往往会在系统之间复制。例如，我们可能会从负责运营网站的团队摄取一些网站遥测数据，从支付团队摄取销售数据，并使用这些数据来训练关于产品推荐的机器学习模型。图 10.13 显示了这一数据流程。

由于导出请求是公司范围的，因此通常每个处理用户数据的部门都需要导出其所拥有的数据。在本例中，如果只是从上游复制数据，那么上游就会导出副本。我们只需要关注在我们平台内产生的数据：基于所摄取的数据集的推荐数据。

总之，处理导出请求的最佳实践是让每个部门导出其系统产生的数据。如果在整个公司范围内实施这一点，就不需要关心从上游摄取的数据(这些数据应该已经在上游处理过了)，同样，下游团队也不需要担心从我们这里消费的数据(我们将导出我们生成的所有新数据，如我们的推荐数据)。

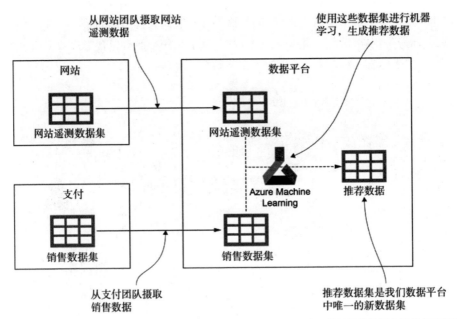

图 10.13　网站遥测和支付数据集来自上游(网站团队和支付团队)。我们使用这些数据集提供基于机器
学习的推荐数据。在本例中，只有推荐数据是数据集平台中的新数据集

2. 删除请求

删除请求有点棘手。如果用户行使了被遗忘权利，仅仅从上游删除数据已不够了。还需要确保在数据平台上的数据也被清理。

我们必须在 30 天内响应数据主体的请求。这就是在第 2 章讨论的数据摄取的不同方式和保留政策变得重要的地方。第 2 章谈到了全量加载(始终重新加载完整的数据集)和增量加载(将新数据追加到已经摄取的数据中)。如果从上游执行全量加载，并且在不到 30 天的周期内执行，当上游删除用户数据(他们也需要遵守删除请求)时，我们实际上不需要做任何事情，因为数据会在下一次全量加载时自动从我们的平台中消失。

第 6 章谈到了保留政策。在 Azure Data Explorer 中对表设置保留政策可以确保数据仅在设定的天数内存在，并在之后自动清理。如果保留政策是 30 天或更短，我们同样不需要做任何事情，因为数据会自动被清理。

对于没有及时全量加载并且没有设置短期保留政策的数据集，需要删除数据。我们可使用 Azure Purview 和身份钥匙环的组合来定位记录。虽然 Azure Data Explorer 被设计为只追加存储，但它确实有一个.purge 命令，用于在 GDPR 这样的场景中删除行。

回到第 2 章的数据摄取模式，如果将存储解决方案作为我们的 SSOT，则清理那里的数据并重新加载存储在其他数据织物中的数据就足够了。否则，我们必须显式地清理每个数据织物，这需要额外的自动化脚本。

总之，从上游进行全量加载和设置保留政策可以减少工作量，将一个数据织物作为 SSOT 也有所帮助，因为我们可以清理它，然后刷新其他数据织物中的数据。可通过 Azure Purview 和身份钥匙环一起枚举与用户相关的所有数据集，我们可以根据具体需要来导出或清除。

10.4.3　其他考虑因素

GDPR 合规只是合规法律中的一种。根据业务问题领域，你可能需要遵守许多其他法规和标准。其中可能包括 PCI(支付卡行业)数据安全标准、HIPPA(处理健康信息时)、服务组织控制(SOC)等。

数据驻留是另一个需要记住的方面。根据数据分类，一些国家要求数据必须留在本国境内。例如，微软在德国和中国分别使用当地的区域数据中心来提供 Azure 云服务。

你不需要成为数据处理法规的专家，但应该有这个意识，从而知道何时与专家交流。在处理敏感数据时，团队应该与专家合作，确保适用法律得到正确解释，并转化为明确的处理标准和软件要求。

至此我们已经介绍了数据治理的三个主要方面：元数据(第 8 章)、数据质量(第 9章)和合规(本章)。第 11 章将介绍本书最后一个主题——数据分发，即数据如何在我们的数据平台之外流动。

10.5　本章小结

- 数据根据其性质可以分成不同的类型。不同类型的数据需要不同的处理标准。这些标准是法规要求和公司内部政策的结合。
- 可通过一些处理使敏感数据变得不那么敏感。这些处理包括聚合、匿名化、伪匿名化、数据掩码，以降低其敏感性。
- 可以在存储解决方案之上实施访问控制，从而提供与通用的基于角色的访问控制(RBAC)不同的访问控制。
- 始终使用 Azure Active Directory 安全组来控制访问，而不是授予个别用户访问权限。
- 可以在不同的级别上保护对象。在 Azure Data Explorer 中，可使用不同的策略：数据库策略(数据库级访问控制)，RestrictedViewAccess 策略(对一部分表的访问控制)，行级访问控制(对行和列值进行细粒度访问控制)。
- 其他存储服务也提供了类似的保护对象的方式。Azure SQL 类似于 Azure Data Explorer，而 Azure Data Lake Storage 则使用访问控制列表来保护文件和文件夹。
- 为了符合 GDPR 的要求，可以将 Azure Purview(用于追踪包含用户数据的所有表)与我们的身份钥匙环(用于连接系统中的不同 ID)结合起来，以检索与给定用户相关联的所有数据。

第*11*章

数据分发

本章涵盖以下主题:

- 通过 API 共享数据
- 批量复制数据共享
- 数据共享的最佳实践

本书至此已讲述了很多内容:涵盖了数据摄取和存储,数据平台运行的各种工作任务,以及数据治理的多个方面。本章则介绍数据平台的输出,或者说数据如何离开我们的系统被用户或其他系统使用。图 11.1 突出了这个最后焦点区域在全书的位置。

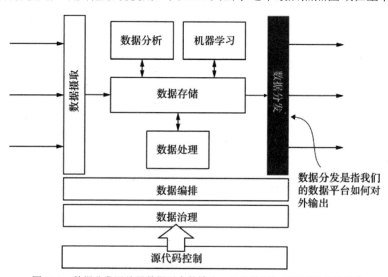

图 11.1 数据分发涵盖了数据平台的输出,以及数据如何离开我们的系统

本章将首先讨论数据分发的一般情况，以及一些常见的模式。在某些情况下，数据分发可通过 SaaS(软件即服务)解决方案(如使用 Power BI 发布报告)轻松实现。其他时候，可能需要建立一些基础设施来支持数据分发。两种常见的消费模式是低容量/高频率和高容量/低频率。

我们将讨论构建数据 API，数据 API 如何支持低容量/高频率的消费，拥有 API 层的优缺点。我们将介绍 Azure Cosmos DB，并展示为什么它是一个很好的数据后端选项，还将简要介绍专门为此提供支持的 Azure Machine Learning(AML)的机器学习模型服务。

接下来看一下高容量/低频率的消费，通常是指批量复制数据集。这里将讨论如何分离计算资源，从而确保下游团队对数据的消费不会对我们的工作任务产生负面影响。还将介绍 Azure Data Share，这是一个专门用于数据共享的 Azure 服务。最后，将总结一些共享数据的最佳实践，并稍微谈一下数据移动的成本。下面先从数据分发概述开始。

11.1　数据分发概述

广义的数据分发定义是：团队之外的数据使用者从我们的数据平台中获取数据。这些数据使用者包括其他个人和团队，以及与其他系统的集成。当数据平台刚建好时(规模还很小)，只支持向少数人提供报告，这个阶段的这些报告可通过电子邮件或类似 Power BI 的服务轻松共享。

> **Power BI**
> Power BI 是微软提供的一种 SaaS 服务。它提供交互式可视化和商业智能功能，具有可视化界面，从而使非程序员能够轻松地创建报告和交互式仪表盘。
> Power BI 可以连接和查询所有 Azure 存储服务，在构建 Microsoft 生态系统时是一种常用的解决方案。如果使用 Azure 构建数据平台，很可能其中一项输出将是一组 Power BI 报告。

在初始阶段，通过电子邮件或类似 Power BI 的服务分发数据完全可以接受，不需要额外的工程工作。但是当数据平台扩大并且越来越多的业务对数据平台产生依赖时，问题就出现了。图 11.2 展示了这种演变过程。

达到一定规模时，就无法通过单一的数据架构高效满足所有这些数据需求：某些系统需要低延迟(例如向网站提供数据)，而某些系统需要高吞吐量(例如复制大型数据集)。在满足这些需求的同时，还需要确保有足够的计算资源来支持内部工作任务，如数据处理、数据分析和机器学习。

在这个阶段，需要实施解决方案来支持下游使用，并且不影响正在进行的工作任务。广义上说，有两种数据消费模式：低容量/高频率和高容量/低频率。

> **定义**　低容量/高频率(low-volume/high-frequency)数据消费是指以高频率使用少量数据(通常是一条或几条记录)。常见于向网站提供数据等场景。

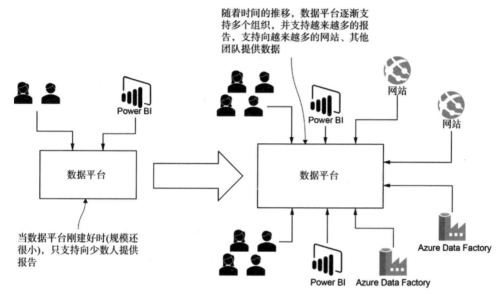

图 11.2　当数据平台刚建好时(规模还很小),只支持向少数人提供报告。随着时间的推移,逐渐支持越来越多的报告,支持向越来越多的网站、其他团队提供数据。这时候扩展将成为一个重要的工程挑战

这种模式的一个示例是网站数据(例如显示用户的订单历史记录)。虽然我们可能有数十万个用户,但网站只需要在某个时间点(用户想要查看时)检索其中一个用户的订单历史记录。这是一个低容量的请求,但可能是高频率的。会有多个用户同时通过网站请求类似的数据,因此对于高流量的网站,请求可能会经常发生。

这种模式的另一个示例是消费机器学习模型的预测结果。当用户浏览网站时,我们会向其展示来自机器学习模型的推荐结果。同样,这是低容量(仅为当前用户提供预测)、高频率的(多个用户可能同时浏览网站),因此在短时间内可能会有很多请求。这种类型的数据消费最适合使用数据 API(参见 11.2 节)。

另一种常见的数据使用类型是高容量/低频率。第 2 章和第 4 章讨论数据摄取时遇到过这种数据使用类型。

> **定义**　高容量/低频率(high-volume/low-frequency)数据使用意味着以低频率(指定的时间跨度——每天、每周等)复制大型数据集(GB 级别或 TB 级别的数据)。常见于在下游数据平台摄取我们的数据或下游系统想要执行额外的批处理等场景。

如果另一个数据团队想要使用我们的数据,他们通常会执行这种类型的加载。

类似的情况还有：如果一个团队想要在使用数据之前重新整理数据，可能希望先批量复制数据。例如，作为与面向客户网站集成的 API 的替代方案，负责网站运维和分析的团队可能只需要批量复制数据，然后对其进行优化以提供 Web 流量服务。

　　这种类型的数据使用最适合使用不包含计算资源的存储解决方案来共享数据。11.3 节将会介绍这种类型。图 11.3 将这两种模式并排显示。

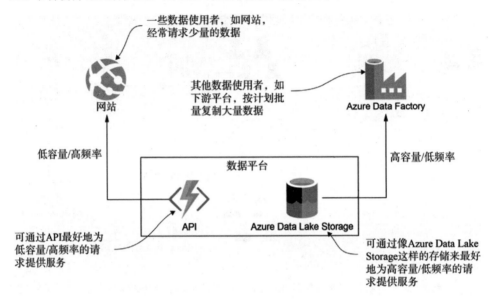

图 11.3　对于低容量/高频率的请求，可通过数据 API 共享数据，以供下游系统调用。对于高容量/低频率的请求，可以将数据放入存储中，从而让下游系统从中获取

　　有两种组合这里没有涵盖，因为它们较为罕见：低容量/低频率和高容量/高频率。低容量/低频率通常不是大问题，通常见于偶尔刷新一份报告。这种模式通常可以被系统轻松处理，成本不高。高容量/高频率通常涉及流数据，多见于物联网传感器或其他实时信号领域。

　　在高容量/高频率的情况下，数据将直接使用事件流，该事件流位于数据平台上游。在一些罕见的场景，需要实时处理大量数据并将这些数据提供给下游系统。这些内容超出了本书范围。对于这种类型的工作任务，建议研究 Azure Stream Analytics (https://azuremicrosoft.com/en-us/services/stream-analytics/)和 Azure Event Hubs(https://azure.microsoft.com/en-us/services/event-hubs/)。现在先看一下低容量/高频率的场景，并讨论数据 API。

11.2　构建数据 API

　　首先定义什么是数据 API。数据 API 是指客户端可通过调用 HTTPS 端点来检索数据。这可使用 Azure App Service 或 Azure Function App 实现。通信协议可以是任何形式：REST、GraphQL 或其他。虽然这不是本书的主要内容，但你可以参阅以下内容，以快速简单地了解这些协议。

> **Web API**
>
> 我们提到了两个可以用来构建 Web API 的服务：Azure App Service 和 Azure Function App。还提到了两个协议：REST 和 GraphQL。下面将依次对这些内容进行简要概述，首先是 Azure 服务。
>
> Azure App Service 是一个完全托管的 PaaS(平台即服务)解决方案，用于构建 Web 应用程序。它抽象了虚拟机(VM)和 Web 服务器管理，使我们能够专注于开发应用程序代码。可使用 Azure App Service 构建网站和 Web API。
>
> Azure Function App 是 Azure 的无服务器、按需计算解决方案。它在各种触发器上执行短时间运行的函数(最多几分钟)。触发器可以是定时器、Azure Service Bus 队列中的消息或 HTTP 请求。函数按使用量付费，可以将它们用于任何无状态处理。还可使用它们实现 Web API。接下来介绍 REST 和 GraphQL 这两个协议。
>
> REST(Representational State Transfer，表述性状态转移)是 Web 服务之间进行通信的最常见协议。它使用资源标识符和 HTTP 动词(GET、POST、PUT、DELETE)来读取和写入资源。例如，检索与用户 ID 5 关联的数据的常见方法是使用这样的 URL 发出 HTTP GET 请求：<base URL>/user/5。然后将返回一个带有用户详细信息的 JSON 对象。
>
> GraphQL 是由 Facebook 开发的开源查询语言和运行时，是 REST 的替代方案。在 GraphQL 允许客户端指定他们想要从服务中检索的确切数据。这是与 REST 相比的主要优点之一。当处理大量数据时，对于用户 ID 5 的 REST 请求会返回用户的所有详细信息，即使客户端只需要知道其中的一部分(例如只需要姓名)。而使用 GraphQL，可以告诉服务我们需要哪些字段，因此最终从服务端向客户端传输的数据会比使用 REST 更少。
>
> 可使用 Azure App Service 或 Azure Function App 实现数据 API，并且可以使 API 使用 REST 或 GraphQL，也可能使用其他协议。关于每种方法的权衡、优点和缺点的讨论超出了本书的范围，但鼓励你在需要构建用于提供数据的 API 时查阅相关资料。

使用 API 连接数据使用者和存储层会带来以下优点。

- 可使用这个中间件控制向谁暴露哪些数据。一般来说，即使有一个可靠的安全模型，如果粒度过细，维护起来也会变得非常困难(例如为每个表创建一个安全组)。这就是为什么在第 10 章考虑了按数据分类设置安全组。

  以这种方式获取访问权限的人可以访问系统中的多个数据集，这在某些情况下是可取的，比如来自另一个团队的数据科学家正在探索数据并尝试创建新的报告。但在其他情况下，这可能是不可取的，特别是在与其他系统集成时。

有些人可能能够使用我们原本不打算维护或修改的数据集。API 允许在我们暴露的内容之上添加另一层控制和抽象。

- API 将存储层抽象出来。外部系统不再与我们的存储布局紧密耦合。我们可以自由地移动数据，切换数据结构等。

- 我们可以了解数据的使用情况。如果只是将数据批量交给另一个系统，就无法知道该系统如何使用这些数据。然而通过 API，可以追踪 API 请求的记录数量、请求者等信息。这提供了一些关于我们的数据如何被利用的有益见解。

- 可以针对低容量/高频率进行优化。因为数据使用者不再直接连接到我们的存储层，我们可以使事情变得更加高效。可以将数据复制到更适合这种访问模式的数据结构中，并且如果需要，可以添加缓存来优化性能。

这里重点介绍一下更适合这种场景的数据结构：Azure Cosmos DB。

11.2.1　Azure Cosmos DB 简介

本书介绍了一些存储服务，并提到了许多其他服务。Azure Data Explorer (ADX) 是在本书示例中使用的一项服务，它的优点是可以快速摄取大量数据，以及能以令人印象深刻的速度查询数据。

Azure Synapse Analytics 是 Azure SQL Data Warehouse 的演进版本，为跨数据仓库和数据湖查询数据提供了无限的计算能力。Azure Databricks 是 Apache Spark 的托管版本，提供了超大规模的数据处理能力。Azure Data Lake Storage 为极大规模的数据集提供了廉价的存储。

所有这些解决方案都可以存储和/或处理 PB 级别的数据。实际上，这些服务都是为支持特定的大数据场景而创建的。然而，这些服务都没有针对低容量/高频率请求进行优化。处理十亿行数据的难度与快速查找和检索一条记录是不同的。这就是 Azure Cosmos DB 的用武之地。Azure Cosmos DB 是一种托管的 NoSQL 数据库服务，提供了一些关键功能，使其成为 API 后端的最佳选择。

- Azure Cosmos DB 具有 99.999%的可用性。在数据平台中处理数据时，可通过重新运行失败的工作流程来恢复任何故障。这不应该对用户产生任何可见影响。在前面所述的通过 API 将数据提供给面向用户的网站场景中，高可用性至关重要，因为任何问题都可能影响用户体验。

- Azure Cosmos DB 查询单个记录的返回时间保证小于 10 ms(在 99%的情况下)。其他存储解决方案无法提供此保证，因为它们更适用于处理大量数据而不是检索单个记录。

- Azure Cosmos DB 提供了即插即用的地理复制功能。可通过更改配置在多个区域复制 Cosmos DB。当我们有全球网站需要为全球各地的流量提供服务时，这点变得很重要。在这些情况下，我们希望数据在多个区域复制并根据请求的位置从离用户最近的区域为用户提供数据，从而避免全球往返，减少延迟。

你可能听说过 NoSQL 数据库，它们是非关系型数据库或文档数据库。NoSQL 数据库不像关系型数据库那样将数据存储为表中的行，而是将每个记录存储为单独的文档。文档通常以 JSON 格式存储，NoSQL 数据库的一个常见特点是缺乏模式：在同一数据集中，不同的文档可能包含不同的字段。

接下来勾勒一个由 Azure Cosmos DB 支持的数据 API。首先需要创建一个 Azure Cosmos DB 账户。具体命令见代码清单 11.1。注意，运行该创建命令可能需要一些时间。

代码清单 11.1　创建 Azure Cosmos DB 账户

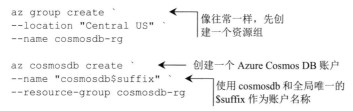

```
az group create `
--location "Central US" `
--name cosmosdb-rg

az cosmosdb create `
--name "cosmosdb$suffix" `
--resource-group cosmosdb-rg
```

像往常一样，先创建一个资源组

创建一个 Azure Cosmos DB 账户

使用 cosmosdb 和全局唯一的 $suffix 作为账户名称

在我们的示例中，将使用一个区域，不过可通过单个配置来启用数据库的地理复制。可以在 Azure 门户中导航到资源并选择 Replicate Data Globally 选项卡探索此功能。

Cosmos DB 将数据结构化为一组数据库。每个数据库包含一组容器。每个容器包含一组文档。图 11.4 显示了具体的层次结构。

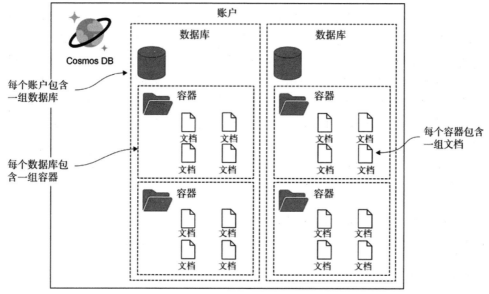

图 11.4　一个 Cosmos DB 账户包含一组数据库。每个数据库包含一组容器。每个容器包含一组文档

数据库只是数据的外包装。Cosmos DB 一个很棒的特性是它可以"说"多种语言。可使用 SQL API(T-SQL 语言的子集)、MongoDB API(Cosmos DB 可以模拟 MongoDB 实例)、Apache Gremlin API(用于图查询)、Cassandra API(Cosmos DB 模拟 Apache Cassandra 实例)等与 Cosmos DB 交互。

我们将继续使用 SQL API,但要记住我们还有以上其他选项。在创建数据库时,可以决定要使用哪个 API。创建数据库的命令示例如代码清单 11.2 所示。

代码清单 11.2 创建 Cosmos DB 数据库

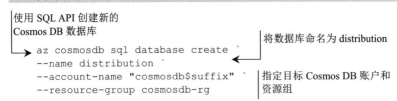

使用 SQL API 创建新的
Cosmos DB 数据库

将数据库命名为 distribution

```
az cosmosdb sql database create `
--name distribution `
--account-name "cosmosdb$suffix" `
--resource-group cosmosdb-rg
```

指定目标 Cosmos DB 账户和
资源组

在 Azure 门户(Azure Portal)中,可以导航到 Cosmos DB 资源并选择 Data Explorer 选项卡。这是用于导航 Cosmos DB 的门户 UI,可使用它创建数据库、容器和文档,并发出查询。在示例中,将继续使用 Azure CLI,但鼓励你使用 Data Explorer 选项卡尝试对应的功能。

接下来将创建一个容器。除了名称之外,在创建容器时还必须提供一个分区键(partition key)。为了能够以毫秒(ms)级的延迟响应查询,Cosmos DB 在幕后做了很多工作,包括对数据进行分区以便进行水平扩展。然而,Cosmos DB 并不知道什么是好的分区键,因为好的分区键取决于数据。

分区键需要是数据中的某个字段,它不会改变,具有广泛的可能值,并且这些值是均匀分布的。均匀分布意味着给定所有值,可以将它们分割成任意数量的组,并且这些组的大小应该大致相同。例如,如果按照用户唯一 ID 进行分区,那么应该有很多可能的值(每个用户有不同的 ID),并且可以将所有用户分成任意数量、大致相同大小的组。另一方面,如果按照国家对用户进行分区,可能只有很少的可能值(只有用户来自的国家),而且这些值可能不是均匀分布的(例如,美国的用户会比卢森堡的用户多很多)。

这里使用 UserID 作为分区键。在创建容器的命令中,可以将--partition-key-path 指定为/UserID 来实现这点,如代码清单 11.3 所示。

代码清单 11.3 创建 Cosmos DB 容器

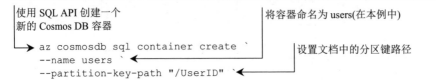

使用 SQL API 创建一个
新的 Cosmos DB 容器

将容器命名为 users(在本例中)

```
az cosmosdb sql container create `
--name users `
--partition-key-path "/UserID"
```

设置文档中的分区键路径

```
--database-name distribution  `
--account-name "cosmosdb$suffix"  `      指定资源组、账户和数据库
--resource-group cosmosdb-rg
```

如果刷新 Data Explorer，应该可以看到分布式数据库下新的用户容器。现在已经完成所有准备工作了，有了一个 Cosmos DB 账户、一个数据库和一个容器。只要这些容器中的文档包含一个 UserID 字段，就可以填充容器，并在毫秒级别检索它们。

在设置好存储之后，看看如何使用 Azure Data Factory 将数据集从 Azure Data Explorer 复制到 Cosmos DB。在我们的数据平台中，将数据导入 Azure Data Explorer(我们的 SSOT)，然后将想要通过 API 分发的数据复制到 Cosmos DB。

一般来说，数据平台可能会将数据导入到任何针对大数据导入和处理进行优化的存储解决方案中。对于服务，你可能希望将这些数据复制到一个针对服务进行优化的存储中。

11.2.2　填充 Cosmos DB 集合

可以使用 Azure Data Factory 将数据从任何其他与 Azure Data Factory 兼容的服务复制到 Cosmos DB。本章不会再次介绍所有步骤，因为已经在第 4 章详细介绍过 ETL。如果愿意，你可以将其作为练习来完成。

作为提醒，在 Azure Data Factory 中构建数据摄取管道包括以下内容。图 11.5 显示了所涉及的组件。

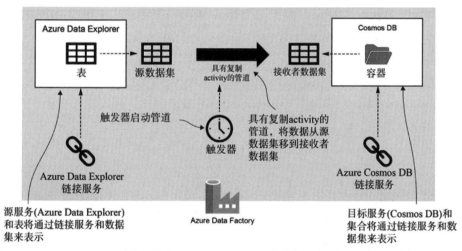

图 11.5　Azure Data Factory 中的源服务(Azure Data Explorer)和表将通过链接服务和数据集表示。Cosmos DB 和集合将通过另一个链接服务和数据集来表示。具有复制 activity 的管道将数据从源数据集复制到接收者(目标)数据集。触发器确定管道何时运行

- 源链接服务——告诉 Azure Data Factory 如何连接到源服务。第 4 章创建了 bingcovid19 链接服务来连接到 Bing COVID-19 开放数据集，创建了 adx 链接

服务连接到 Azure Data Explorer 集群。可以在本章示例中重用 adx 链接服务来连接源服务。

- 源数据集——例如使用 Azure Data Explorer 中的表。
- 接收者链接服务——告诉 Azure Data Factory 如何连接到目标服务。可以在 Azure Data Factory 中轻松创建一个使用 SQL API 链接服务的 Cosmos DB，就像设置所有其他链接服务一样。
- 接收者数据集——告诉 Azure Data Factory 将数据移到何处。在使用 Cosmos DB 的情况下，这将是用户容器。
- 具有复制 activity 的管道——连接源和接收者。
- 触发器——按照常规计划启动管道。

因为不会创建 ETL 管道来移动数据，所以将直接在 Cosmos DB 创建一些文档。本节其余部分将使用这些文档。记住，在实际场景中，将使用 Azure Data Factory 管道从其他存储解决方案中摄取数据。

我们将创建两个虚拟的 JSON 文档，这两个文档将包含一个 UserID 和其他两个字段：Name 和 BillingAddress。代码清单 11.4 和代码清单 11.5 是这两个文件的具体内容。将这两个 JSON 文件分开保存。因为每个文件分别代表不同的 Cosmos DB 文档。

代码清单 11.4　user1.json

```
{
    "UserID": 10000,
    "Name": "Ava Smith",
    "BillingAddress": "..."
}
```

代码清单 11.5　user2.json

```
{
    "UserID": 10001,
    "Name": "Oliver Miller",
    "BillingAddress": "..."
}
```

为了直接将虚拟数据上传到 Cosmos DB，转到 Azure 门户(Azure Portal)中的 Cosmos DB 资源，打开 Data Explorer 选项卡。然后按照图 11.6 所示的方式导航到数据库和集合，然后单击 Upload Item。

选择两个 JSON 文件(上传功能允许选择多个文件)。它们将被添加到集合中。这时候如果刷新视图，应该可以看到这两个新文档。图 11.7 显示了其中一个文档。

注意，上传文件时，Cosmos DB 会自动为文档添加一些 JSON 文件中没有的字段。其中 id 是 Cosmos DB 为文档生成的唯一 ID(GUID)。其余的字段，都以下划线(_)为前缀，表示 Cosmos DB 引擎使用的各种属性。现在已经创建了一个 Cosmos DB 账户并填充了一些数据，接下来快速看一下如何在这些基础上构建一个 REST API。

图 11.6　在 Azure 门户中，导航到 Data Explorer。选择 distribution 数据库、users 集合，选择 Items。然后单击 Upload Item。这样就把虚拟数据上传到 Cosmos DB

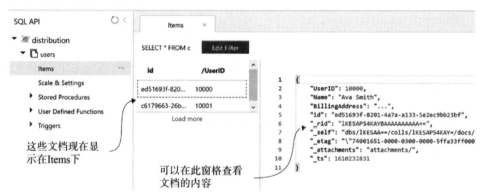

图 11.7　上传的文档显示在 Items 下。可以在 Azure Data Explorer 查看集合中任何文档的内容

11.2.3　检索数据

构建 REST API 不是本书的重点，因此不会深入讨论细节。我们的重点是如何检索数据，我们将使用 Python 查询集合。微软为许多流行的编程语言(包括 C#、Java、Python 和 JavaScript)提供了连接到 Cosmos DB 的 SDK。我们将编写一个 Python 小脚本来查询 Cosmos DB 并检索用户的详细信息。这个小脚本可以嵌入到 Azure Function App 或 Azure App Service 中，以客户端可以连接的 API 对外提供数据。

这里不介绍 Function App 或 App Service 的开发，因为本节短短几页无法详尽描述这些内容。构建健壮的 Web API 包括 DevOps、对 App 进行遥测(使用 App Insights)、地理复制、流量管理、身份验证等内容。有许多资源可以深入了解这些内容。这里只专注于如何使用 Python 查询 Cosmos DB。首先，需要安装 azure-cosmos Python 包。具体的安装命令如代码清单 11.6 所示。

代码清单 11.6　安装 azure-cosmos Python 包

```
pip install azure-cosmos
```

接下来,需要记录Cosmos DB端点和访问密钥。端点是客户端连接到账户的URL。访问密钥是一个需要保密的密钥。这样可以确保只有知道密钥的客户端才能发出查询。检索这两个值的详细命令如代码清单 11.7 所示。

代码清单 11.7　检索端点和访问密钥

```
$acc = az cosmosdb show --name "cosmosdb$suffix" `
    --resource-group cosmosdb-rg | ConvertFrom-Json
```
检索 Cosmos DB 账户详细信息并将其存储在$acc 中

```
$keys = az cosmosdb keys list --name "cosmosdb$suffix" `
    --resource-group cosmosdb-rg | ConvertFrom-Json
```
检索访问密钥并将其存储在$keys 中

```
echo $acc.documentEndpoint
echo $keys.primaryReadonlyMasterKey
```
打印访问密钥,即以==结尾的一长串字母和数字

打印端点,即 URL

记下端点 URL 和访问密钥,因为我们将把它们放入 Python 脚本中。用于查询 Cosmos DB 的 Python 脚本如代码清单 11.8 所示。

代码清单 11.8　使用 Python 查询 Cosmos DB

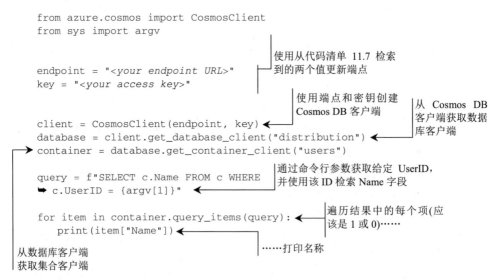

```
from azure.cosmos import CosmosClient
from sys import argv

endpoint = "<your endpoint URL>"
key = "<your access key>"
```
使用从代码清单 11.7 检索到的两个值更新端点

```
client = CosmosClient(endpoint, key)
database = client.get_database_client("distribution")
container = database.get_container_client("users")
```
使用端点和密钥创建 Cosmos DB 客户端

从 Cosmos DB 客户端获取数据库客户端

```
query = f"SELECT c.Name FROM c WHERE
    c.UserID = {argv[1]}"
```
通过命令行参数获取给定 UserID,并使用该 ID 检索 Name 字段

```
for item in container.query_items(query):
    print(item["Name"])
```
遍历结果中的每个项(应该是 1 或 0)······

······打印名称

从数据库客户端获取集合客户端

现在可以从命令行运行查询。你应该看到存储在集合中的用户的姓名。运行 python query.py 10000 会打印 Ava Smith,运行 python query.py 10001 会打印 Oliver Miller,这是我们数据库中的两个用户。现在停一下,简单介绍一下安全性和扩展性

的一些注意事项。

为了保持简单,我们编写了一个小的 Python 脚本。将此脚本带入生产环境时,当然不能将密钥存储在源代码中。我们将其储存在 Key Vault 中,并在运行时从 Key Vault 检索它。记住,永远不要将密钥存储在代码中(特别是在实施了良好的 DevOps 实践并将所有代码存储在源代码控制中的时候)。密钥泄露的一个常见途径就是意外将密钥推送到 Git。特别是推送到 Github 之后,全世界的人都可以访问到这个密钥。

接下来谈谈扩展性,如前所述,可以将以上函数封装到 Azure Function App 或 Azure App Service 中,以提供客户端可以调用的 Web API,接受用户 ID 参数并检索关联的数据。这样的话,可通过 Azure Function App 或 Azure App Service 的特性来进行扩展,包括部署在多个区域等。然后,将一切存储在 Git,并使用 Azure Pipelines 部署服务。之后还将使用 Azure App Insights 添加 App 遥测数据,以及使用 Azure Monitor 设置警报。

正如所看到的,构建规模化的 Web API 还有很多额外的工作要做。遗憾的是,我们没有足够的篇幅在这里涵盖所有内容,只能使用图 11.8 显示最终产品的样子。

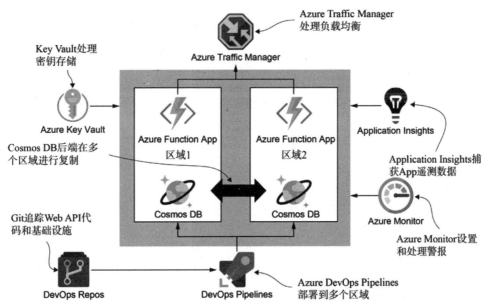

图 11.8 展示了 Web API 所涉及的服务的全貌。代码和基础设施使用 Git 存储,并使用 Azure DevOps Pipelines 部署到多个区域。使用 Azure Function Apps 查询 Cosmos DB 后端(复制到多个区域)。Azure Key Vault 存储相关密钥。使用 Application Insights 捕获 App 遥测数据,使用 Azure Monitor 设置和处理警报。Azure Traffic Manager 进行流量负载均衡

现在快速回顾本节涵盖的内容。

11.2.4 小结

在一些场景中，数据以低容量/高频率的方式被使用(会有许多的请求，其中每个请求只读取很小的数据块)。这种模式的常见场景是向网站或其他服务提供数据。针对这些场景，可使用数据 API。数据 API 允许在其上添加更多层控制，包括抽象存储(如果需要加缓存)，并能够了解谁在使用我们的数据。所有这些好处都需要付出代价——需要维护一个 Web 服务。

Cosmos DB 是一个专门针对后端 API 服务进行优化的文档数据库服务。它包括以下关键特性：保证正常运行时间、查询低延迟和即插即用的地理复制。通过简单的配置更改，数据可以在多个不同区域进行复制，以支持部署在全球范围内的 API。

Cosmos DB 账户包含一组数据库。每个数据库包含一组容器。每个容器包含一组文档。Cosmos DB 可使用多种查询语言访问数据，包括 SQL 的子集、MongoDB 和 Cassandra API、Apache Gremlin(一种图查询语言)和 Azure Table API。

可使用 Azure Data Factory 将数据从其他数据平台传输到 Cosmos DB 并从 Cosmos DB 对外提供服务。还可以通过 Cosmos DB SDK 编写代码来查询数据。对此给出了一个 Python 示例脚本。Cosmos DB SDK 也适用于多种语言，包括 Python、C#、Java 和 JavaScript。

在继续讨论高容量/低频率数据分发模式之前，先简要介绍一下机器学习模型如何对外提供服务。

11.3 机器学习模型如何对外提供服务

这里不会深入讨论，但注意 Azure Machine Learning 提供了将训练好的模型打包成 Docker 容器并部署为 Web 端点的内置功能(参见 http://mng.bz/Jvlz)。在这种细分场景里，有一个训练好的模型，我们希望将其公开为可以执行推断的 API。可以利用 Azure Machine Learning 的这个功能，而不是从头开始建立一个 Web API。

这里不会详细介绍所有步骤，但如果你的团队最终需要建立一个用于提供机器学习服务的 API，记住有这个选项。我们不会深入研究这种细分场景，而是研究另一个主要数据分发模式：高容量/低频率，即大数据集的批量复制。

11.4 共享数据进行批量复制

11.2 节介绍了 Cosmos DB，这是一个能够以最低延迟提供单个文档数据的存储服务。当数据最终用于支持网站或供其他服务逐条使用数据时，这个功能非常有效。还有另一组场景，下游团队或服务希望从我们这里使用整个数据集而不是单个数据条目。例如，另一个数据科学团队希望将我们的数据带到他们的平台上，或者有一个团队希望在使用我们的数据之前进行一些额外的处理和重塑。

当然，可以创建一个用于批量提供数据的 API，但是当达到一定规模时，这并不是最佳选择。在这些场景中，不需要优化低延迟，而是需要高吞吐量。另一个关键因素之前提到过，就是我们不希望与下游团队共享计算资源。下面先详细介绍如何分离计算资源。

11.4.1　分离计算资源

第 1 章讲述了网络、存储和计算。这是一种根据功能对云服务进行分类的常见方式。存储是关于静态数据的，它以各种格式维护数据。计算是关于处理数据和执行计算的。

前面介绍过的一些服务，如 Azure Data Lake Storage，是纯粹的存储服务。有些是纯粹的计算服务。例如，Azure Databricks 和 Azure Machine Learning 可以连接到存储服务，但不存储数据，而是提供处理数据的能力。还有一些服务结合了存储和计算，如大多数数据库引擎。Azure SQL、Cosmos DB 和 Azure Data Explorer 就是这样的示例。它们既存储数据，又提供计算处理能力(可以对存储的数据运行查询、连接等)。

从与其他团队共享数据的角度来看，纯存储解决方案最简单。如果在 Azure Data Lake Storage 中有一个大型数据集，可以授予下游主体读取数据的权限，然后就完成所有工作了。但对于包含计算的服务，情况会变得更加复杂。

以 Azure Data Explorer 为例。正如在第 2 章看到的，Azure Data Explorer 部署在一组虚拟机(VM)上，即集群的 SKU。我们可以指定所需要的虚拟机大小和节点数。我们不需要管理这些虚拟机；Azure Data Explorer 会为我们处理这些底层工作，但我们需要处理一组计算资源。

如果只是授予其他团队对我们的集群的访问权限，当他们的自动化程序尝试检索大型数据集时，可能会影响正在集群上运行的其他查询。我们可用的 CPU 和数据传输带宽都是有限制的。一个昂贵的查询可能会消耗集群中所有资源，从而使其他人的查询变慢或超时。这就是我们不希望直接在这些类型的服务中共享数据的原因。

注意　如果数据服务既包括存储又包括计算，并且需要共享数据，那么必须确保不共享计算。

有两种方法可以实现这一点。一种方法是将数据简单地复制到更适合的存储解决方案中。例如，可以将数据从 Azure Data Explorer 复制到数据湖中。当然，这个复制也可能会影响正在集群上运行的其他处理，但这个过程完全在我们团队的控制之下。我们可以保证在集群没有负载过重时进行复制，并确保只在必要时复制。

确保不共享计算资源的另一种方法是使用副本。大多数数据库引擎都以某种形式支持副本。这里的副本(replica)是指数据的副本，但复制和确保一致性是由数据库引擎自身处理的。这个过程是高度优化的，因为数据库引擎知道如何最好地创建副本。我们不需要创建 Azure Data Factory 管道，只需要简单配置数据库以提供副本即可。现在看看如何在 Azure Data Explorer 创建数据的副本。

Azure Data Explorer 的 follower 数据库

Azure Data Explorer 允许一个集群跟随(follow)其他集群的数据库。follower 数据库是 leader 数据库的只读副本。数据会自动复制，并且延迟低。图 11.9 展示了一个集群如何跟随另一个集群的数据库。

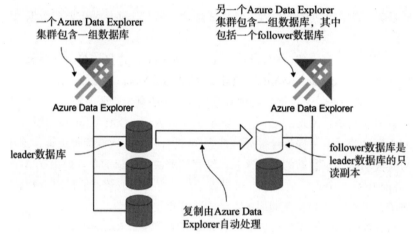

图 11.9　Azure Data Explorer 集群包含一组数据库，其中包括一个 leader 数据库。另一个集群包含另一组数据库，
其中包括一个 follower 数据库，它是 leader 数据库的只读副本。复制由 Azure Data Explorer 自动处理

由于 follower 数据库是只读的，因此无法修改在 leader 数据库上应用的策略。然而，还是有一些例外。

- 缓存策略——在 Azure Data Explorer 中，表上的缓存策略告诉引擎应该在缓存中保留多少天的数据。这使得在该时间范围内的查询更高效，但需要更高端的 SKU 虚拟机，更昂贵。如果查询在 follower 数据库上有不同的要求，可以在 follower 数据库上进行调整。
- 权限——可以在 follower 数据库上授予其他用户、应用和组的访问权限，从而允许某人查询 follower 数据库，但不能访问 leader 数据库。

一个集群可以跟随任意数量的其他集群的数据库。集群可以跟随彼此(不同)的数据库，同一个数据库可以被多个集群跟随，具体如图 11.10 所示。

这种设置的一个限制是具有 leader 数据库的集群和跟随该数据库的集群必须位于同一区域。无法跟随来自不同区域的数据库。与此相反，Cosmos DB 专门设计为支持多区域终端。

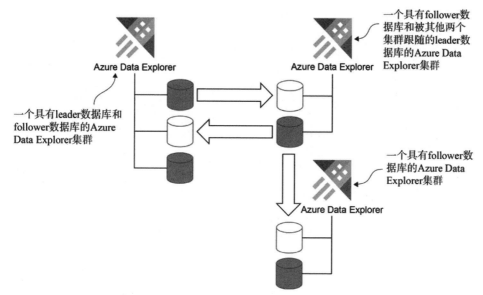

图 11.10　展示了一个更复杂的 leader/follower 设置，涉及三个集群。集群可以跟随彼此的数据库，

同一个数据库可以被多个集群跟随

使用 leader/follower 设置，可以将工作任务隔离在专用计算上：leader 数据库和每个 follower 数据库集群都有自己的计算资源，可以独立进行扩展和缩减。这样在 follower 数据库上运行的昂贵查询将无法影响 leader 数据库或另一个 follower 数据库上运行的其他查询。

相同的原则也适用于 SQL 副本，以及其他支持副本的任何存储解决方案。可以利用这个特性来设计我们的系统，使工作任务之间无法互相干扰。通常，需要一些步骤来设置 follower 数据库，我们可使用 Azure CLI 来完成这些步骤，但 Azure 提供了一种更好的方式共享数据，帮我们处理了这些 follower 数据库设置——Azure Data Share。

11.4.2　Azure Data Share 简介

Azure Data Share 是一个专门用于批量共享数据的 Azure 服务。

它与所有 Azure 数据平台兼容，并根据数据平台的不同，提供两种数据共享方式。

- 基于复制(copy based)——对源数据进行快照，并将其复制到目标账户。
- 就地共享(in place)——提供只读副本。这是 Azure Data Explorer 的共享场景，Azure Data Share 会自动设置 follower 数据库。

Azure Data Share 允许在租户之间共享数据，因此共享不仅限于你的组织。你可以与其他公司共享数据。Azure Data Share 还处理配置权限，甚至可以配置数据使用者需要接受才能使用我们的数据的使用条款。本节将讲述如何使用 Azure Data Share 共享 telemetry 数据库。首先，了解 Azure Data Share 的组成。图 11.11 显示了相关概念。

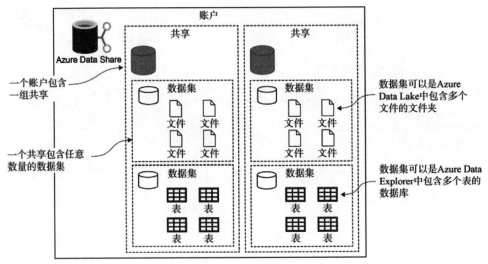

图 11.11　Azure Data Share 的组成。一个账户包含一组共享。一个共享包含任意数量的数据集。数据集可
　　　　　以是 Azure Data Lake 中包含多个文件的文件夹，也可以是 Azure Data Explorer 中包含多个表的
　　　　　数据库。Azure Data Share 还支持 Azure Blob Storage、Azure Synapse Analytics 和 Azure SQL

　　服务的一个实例称为账户。Azure Data Share 账户包含任意数量的发送共享和接
收共享。这里的共享(share)是用来表示共享数据的一个单位。在一个共享中，可以配
置使用条款(如果有)并邀请其他人获取数据。

　　一个共享由一个或多个数据集组成。数据集可以是数据库、Azure Data Lake 中
的文件夹等。注意，Azure Data Share 对数据集的定义与 Azure Data Factory 略有不
同。在本书中，使用 Azure Data Factory 的定义，并将数据集视为 Azure Data Explorer
中的表。而在 Azure Data Share 中，对于 Azure Data Explorer，数据集是指整个数
据库。

　　我们通过电子邮件向其他用户发送共享邀请。邮件接收者会收到一个链接，通过
该链接可以选择目标 Azure Data Share 和其他所需要的服务。例如，如果共享一个
Azure Data Explorer 数据库，接收者必须提供一个位于相同区域的 Azure Data Explorer
集群，以便可以跟随该数据库。图 11.12 显示了整个工作流程。

　　现在已经介绍了这些概念，继续邀请某人共享我们的 telemetry 数据库。我们将
配置一个 Azure Data Share 并发送邀请。首先，需要在我们的 Azure 订阅中注册 Data
Share 提供程序。

　　在撰写本文时，默认情况下尚未启用此功能，因此无法在没有此功能的情况下提
供数据共享。还需要安装 Azure Data Share Azure CLI 扩展，如代码清单 11.9 所示。

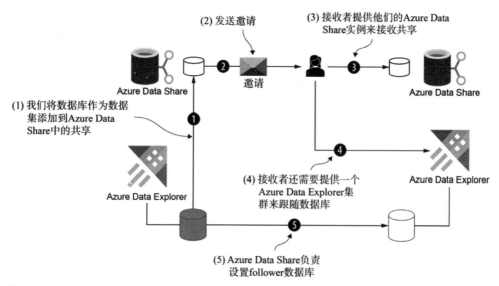

图 11.12　步骤 1：将数据库作为数据集添加到 Azure Data Share 中的共享。步骤 2：发送共享邀请。步骤 3：
邀请接收者选择一个 Azure Data Share 账户来接收共享。步骤 4：邀请接收者还需要提供一个
Azure Data Explorer 集群来接收数据集。步骤 5：Azure Data Share 在幕后处理 leader/follower 的
设置

代码清单 11.9　注册 Data Share 提供程序并安装 Azure CLI 扩展

```
az provider register --namespace Microsoft.DataShare ◄
```
注册带订阅的 Data Share 提供程序以便可以创建数据共享
```
az extension add --name datashare ◄
```
安装 Azure CLI 扩展

　　注册提供程序可能需要几分钟的时间。在可以继续创建 Azure Data Share 账户之前，需要等待此过程完成。另外，还需要像往常一样创建一个新的资源组，然后进行资源配置。代码清单 11.10 创建了 Azure Data Share 账户。[1]

代码清单 11.10　创建 Azure Data Share 账户

```
az group create `
--name datashare-rg `
--location "West US 2"
```
在 West US 2 区域创建 datashare-rg 资源组
```
az datashare account create ` ◄
--name "datashare$suffix" `
--resource-group datashare-rg
```
创建 Azure Data Share 账户
需要使用一个全局唯一的名称,因此在名称中使用$suffix 变量

---

　　[1] 在撰写本文时，Azure Data Share 在 Central US(我们之前部署了其他资源的区域)还不可用。所以这里将在 West US 2 区域创建。这种情况很常见：新的 Azure 服务一开始只在某些区域可用，等稳定之后再对所有区域开放。

你可以在 Azure 门户(Azure Portal)中导航到资源并探索所提供的功能。与往常一样，可使用 UI 设置共享，但我们将坚持使用 Azure CLI，以了解如何自动化该过程。目前，我们没有任何传入或传出的共享。接下来是为我们的数据库创建一个共享。将其命名为 share，并将其设置为就地共享(InPlace)。详细的命令内容如代码清单 11.11 所示。

代码清单 11.11　创建共享

```
az datashare create `        ← 创建一个新的共享
--name share `
--description distribution `  命名并描述共享
--share-kind InPlace `
--account-name "datashare$suffix" `  提供包含共享的账户和资源组
--resource-group datashare-rg
```

kind 可以是 InPlace 或 CopyBased

现在你应该能够在 Azure 门户的 Sent Shares 选项卡下看到刚刚创建的共享。当然，还没有共享任何内容。接下来，将共享我们的 telemetry 数据库。首先，需要检索数据库的资源 ID，如代码清单 11.12 所示。

代码清单 11.12　检索 telemetry 数据库的资源 ID

```
$telemetry = az kusto database show `    将我们 ADX 集群中的 telemetry 数
--cluster-name "adx$suffix" `            据库的详细信息保存到$telemetry
--database-name telemetry `              变量
--resource-group adx-rg | ConvertFrom-Json

echo $telemetry.id    ← 将资源 ID 打印到控制台
```

最后一行，echo $telemetry.id，会将资源 ID 打印到控制台。记住它，因为稍后会用到它。

Azure Data Share 会处理权限设置，因此当共享接收方在他们那端设置目标时，会自动获得读取数据的权限。然而，为了让 Azure Data Share 能够做到这一点，它需要在共享资源上拥有权限。记住，根据 Azure 安全模型的工作方式，如果 Azure Data Share 没有在我们的 telemetry 数据库上拥有权限，它也无法授予其他人访问权限。

我们需要获取 Azure Data Share 实例的服务主体 ID。然后，将按照代码清单 11.13 所示命令对其授予 Azure Data Explorer 数据库的 Contributor 权限。

代码清单 11.13　授予 Data Share 账户 Contributor 权限

```
$datashare = az datashare account show `    将 Azure Data Share 账户的详
--name "datashare$suffix" `                 细信息存储在$datashare 中
--resource-group datashare-rg | ConvertFrom-Json

az role assignment create `    创建一个新的权限分配
```

```
--assignee $datashare.identity.principalId `    ◄──── 通过提供其服务主体 ID, 授予
--role Contributor `                                  Data Share 账户权限
--scope $telemetry.id ◄──── 将权限范围设置为
                            telemetry 数据库
```
授予 Contributor 权限

现在，Azure Data Share 可以设置一个 follower 数据库来共享数据。继续创建与共享中的 telemetry 数据库对应的数据集。因为数据集被定义为 JSON 对象，所以我们将创建一个名为 telemetrydataset.json 的文件，如代码清单 11.14 所示。这里需要使用代码清单 11.12 中检索到的数据库资源 ID。

代码清单 11.14   telemetrydataset.json 的内容

```
{
    "kind": "KustoDatabase",   ◄──── 共享一个 Azure Data Explorer 数据库
    "properties": {            请替换成代码清单 11.12
        "kustoDatabaseResourceId":   检索到的资源 ID
"<value of $telemetry.id>" ◄────
    }
}
```

我们将根据 telemetrydataset.json 文件创建一个名为 telemetry 的数据集，如代码清单 11.15 所示。

代码清单 11.15   在共享内创建数据集

使用 telemetrydataset.json 文
件描述数据集的 JSON
```
    az datashare dataset create  `  ◄──── 创建一个新的数据集
    --name telemetry `  ◄──── 将数据集名称定义为 telemetry
 ┗► --dataset telemetrydataset.json `
    --share-name share `
    --account-name "datashare$suffix" `   包含数据集的共享、
    --resource-group datashare-rg         账户和资源组
```

如果在 Azure 门户中导航到共享页面，现在应该能够看到以上数据集。最后一步是发送邀请。可使用与你的 Azure 账户关联的电子邮件地址，这样你就可以收到邀请并查看其外观。发送数据共享邀请的命令如代码清单 11.16 所示。

代码清单 11.16   创建邀请

创建一个邀请   将邀请命名为 invitation
```
 ┗► az datashare invitation create `
    --name invitation `  ◄────              使用与你的 Azure 账户
    --target-email "<use your email address>" `  关联的电子邮件
    --share-name share `
    --account-name "datashare$suffix" `   包含数据集的共享、
    --resource-group datashare-rg         账户和资源组
```

你应该会收到一封邀请你共享数据的电子邮件。如果单击链接,将进入 Azure 门户 UI,在那里你将被要求选择接收共享的 Azure Data Share 账户。我们不会涵盖接收共享的所有步骤,因为它们是不言自明的。如果要接受共享,还需要设置其他基础设施,因为需要提供另一个 Azure Data Explorer 集群,以便可以将此数据库附加到其中。

Azure Data Share 是一个很好的数据共享解决方案,因为它使用相同的概念(共享、数据集、邀请),无论数据位于哪个数据织物上。它还可以让我们在一个集中的地方轻松查看我们正在共享的数据以及与谁共享。使用 Azure Data Share 比实施特定于数据织物的共享更好。现在快速回顾一下高容量/低频率数据共享。

11.4.3　小结

当需要分享数据以进行批量复制时,API 并不是最佳选择。相反,我们希望使用一个专门用于读取大量数据的服务来提供数据。虽然可以直接分享数据平台存储,但这并不总是最优的选择。对于不涉及计算的存储服务,如 Azure Blob Storage 和 Azure Data Lake Storage,可以授予其他团队读取数据的权限。

如果对包含计算的存储解决方案(如 Azure SQL 或 Azure Data Explorer)采取同样的做法,就会面临外部查询(不受我们控制的查询)干扰我们平台上运行的工作任务的风险。为了避免这种情况,需要将外部查询转移到副本上。例如,Azure Data Explorer支持 follower 数据库。使用数据库的只读副本将会使用另一个集群的计算资源,从而不会干扰到我们平台上运行的工作任务。

数据共享包括授予权限、为接收方提供资源等。Azure Data Share 是一个专门用于共享数据的 Azure 服务,无论数据结构如何。Azure Data Share 账户可以发送和接收共享,可以是原地共享或快照副本(取决于数据结构)。共享可以包括一个或多个数据集。

11.5　数据共享的最佳实践

在结束之前,介绍一些超出本章所讨论的低容量/高频率和高容量/低频率模式的最佳实践。有一个重要的权衡到目前为止还没有讨论过:网络成本。

除了存储和计算之外,网络是云基础设施的另一个重要组成部分,而且不是免费的。通过我们的平台传输大量数据会产生网络带宽成本。在创建新的 ETL 管道时,请记住这一点,这是评估架构很重要的一点。

在多个数据织物中拥有数据集是很棒的事情,这样每个织物中的数据集都可以针对特定的工作任务进行优化,但是将该数据集复制到各个平台并不是免费的。不要认为这与本章讨论的内容相矛盾,而应该认为这是一个在系统扩展过程中不应该完全忽视的东西。

注意　不要忽视复制数据的成本。在不同的数据平台上复制数据集以针对不同的工作任务进行优化时应该要考虑这个因素。

另一个需要记住的最佳实践是不要提供透传数据。意思是，我们的数据平台从上游摄取数据集。如果一个数据集在上游可用，若没有对该数据集进行任何增强，就不应该与下游团队共享它。我们宁愿将它们指向上游的数据源。因为如果没有以任何方式增强数据，我们与下游团队共享它只会让我们的数据平台多了一个跳跃点，一个潜在的故障源，并引入了延迟，最终支持了一个没有真正增加价值的额外场景。当外部请求该数据时，应该将其重定向到上游的数据源。

注意　不要共享透传数据(pass-through data)。如果一个数据集在上游可用，并且将其摄取到我们的平台上，请将对该数据集的请求重定向到上游的数据源。

最后再讲述一种场景：下游团队不想马上从我们的平台使用数据，他们想先探索一下这些数据再做决定。例如，他们可能希望在支持生产 ETL 管道之前创建一个原型，或者可能只想创建一些不值得复制大型数据集的 Power BI 报告，然后再根据这些原型和报告决定是否从我们的平台使用数据。

对于这些场景，仍然可以隔离计算以保护数据平台的核心工作任务。可以创建一个副本，就像我们与另一个团队共享数据一样，但我们可以管理副本并授予多个其他团队访问权限。具体的 Azure Data Explorer 设置详见图 11.13。

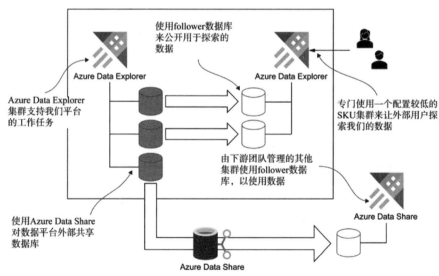

图 11.13　有一个主要的 Azure Data Explorer 集群支持平台的工作任务。然后维护一个用于探索数据的配置较低的集群。这样可以保护工作任务免受外部查询的影响。对于非生产场景，其他团队可使用这个配置较低的集群探索我们的数据集。对于生产场景，其他团队可使用自己的集群，我们可使用 Azure Data Share 将数据库附加到他们的集群上

在本例中，针对探索需求专门设置了一个集群，但这个集群使用低端、廉价的
SKU，因为它不用于支持业务关键流程。如果连接到它的团队意识到他们需要更多的
计算资源，或者需要支持一个生产场景，我们可以将他们从这个副本转移到一个数据
共享中。

注意　使用配置较低的集群探索数据可以保护计算工作任务，并为数据共享场景提供一
　　　　个过渡阶段。

以上这些最佳实践应该有助于优化数据分发的成本，并避免不必要的数据移动。
本书到此结束，希望你享受这个旅程并学到了一些新知识。我们介绍了建立在 Azure
云上的大数据平台的所有重要方面，包括基础设施、常见工作任务和数据治理。我们
探索了各种服务、技术、流程和模式，希望你能在本书找到对你有用的内容，并将其
应用到你的问题领域。感谢你的阅读！

11.6　本章小结

- 大数据平台的分发数据是一项数据工程挑战。
- 需要确保我们的数据平台的计算工作任务不受下游数据复制的影响。
- 对于低容量/高频率的数据请求，可使用数据 API 共享数据。
- Cosmos DB 是一个针对后端 API 服务进行优化的文档数据库存储解决方案。
- Azure Machine Learning 具有将模型打包成 Docker 容器并通过 API 对外提供
  预测服务的内置功能。
- 对于大量数据复制，可通过(无计算的)存储账户共享数据，或者提供数据
  库副本。
- Azure Data Share 是一种专门用于共享数据的 Azure 服务，无论数据结构如何，
  都可使用共同的概念(共享、数据集、邀请)。
- 时刻牢记复制数据的成本，并避免透传共享(通过上游也可获得的数据)。
- 可使用配置较低的集群让其他团队探索数据平台中可用的数据集，而不会影
  响其他工作任务，并且成本较低。

Azure服务

本附录提供了一些流行的 Azure 数据服务的简要描述，这些服务可能作为数据平台的组件出现。这个列表并不详尽无遗。

Azure Storage

Azure Storage 服务是基础性的 Azure 数据存储。它们有几种类型：完全托管的文件共享 Azure Files，用于虚拟机磁盘存储的 Azure Disk，用于非结构化对象数据存储的 Azure Blob 等。Azure Data Lake Storage (Gen2)是在 Azure Blob 之上构建的，它添加了分层文件系统和文件级安全性。这些服务都不提供计算功能，而只是存储。你需要其他服务来处理数据。尽管如此，Azure Storage 提供了具有成本效益的超大规模存储。

Azure SQL

Azure SQL 是一种托管的云数据库。它有几种类型：Azure VM 上的 SQL Server 可帮助将本地 Microsoft SQL Server 工作负载迁移到云端；Azure SQL Managed Instance 是 Microsoft SQL Server 的云端托管版本；Azure SQL Database 是一种无服务器版本的 SQL 数据库。根据企业拥有的本地遗留系统的数量，可以选择其中一种托管的 SQL Server 方案来逐步迁移到云端，或者直接使用云原生的无服务器数据库。Azure SQL 提供了所有熟悉的关系数据库的优点。Azure 还提供了其他流行数据库引擎的云端版本：Azure Database for PostgreSQL、Azure Database for MySQL 和 Azure Database for MariaDB。

Azure Synapse Analytics

Azure Synapse Analytics 是 Azure SQL Data Warehouse 的进化版本。该技术旨在处理比传统 SQL 数据库更大量的数据，并将存储与计算分离，使它们可以独立扩展。计算能够弹性扩展，可以根据需要提供更多的 CPU 资源。Azure Synapse Analytics 提供了一致的体验，可以跨不同的数据存储(SQL、Azure Data Lake Storage、流数据等)和分析运行时(SQL 和 Apache Spark)集成和查询企业中的各种数据集。

Azure Data Explorer

Azure Data Explorer 是一个大数据分析和探索服务。它经过优化，可以快速摄取和索引大量数据，并以低延迟查询这些数据。Azure Data Explorer 常用于 Web 规模的日志和遥测数据分析。总之，它是一个非常适合自由探索数据的平台，因为它会自动索引所有摄取的数据。Azure Data Explorer 被设计为一个只进行追加的服务；可以添加数据，但不能更新数据，删除操作也不精细(无法删除单个行)。Azure Data Explorer 配备了自己的查询语言，称为 KQL(Kusto Query Language，Kusto 查询语言)。

Azure Databricks

Azure Databricks 提供了 Apache Spark 的 Azure 托管版本，这是一个开源的大数据处理框架。Azure Databricks 可以快速启动和停止 Apache Spark 集群，并支持使用 Python、Scala、R、Java 和 SQL 进行处理。这项服务是在 Azure 云中部署或迁移基于 Apache 生态系统的解决方案的一个很好选择。

Azure Cosmos DB

Azure Cosmos DB 是 Azure 的托管 NoSQL 数据库。它向客户端提供多个 API(SQL、Apache Gremlin、MongoDB 或 Cassandra)，在将应用迁移到 Azure 云时，可以轻松地将其他 NoSQL 数据库替换为它。它还提供了即插即用的地理复制和以毫秒为单位的响应时间保证。这使它成为 Web API 的后端存储解决方案的理想选择。

KQL快速参考

常见查询参考

表 B.1 显示了针对第 2 章创建的 PageViews 表运行的一些常见查询。PageViews 表有三列：UserId、Page 和 Timestamp。

表 B.1　常见查询

查询	描述
PageViews	返回 PageViews 表中的所有行
PageViews | take 5	返回 PageViews 表中的五行。take 用于限制查询输出的大小
PageViews | where UserId == 12345 or UserId == 10001	返回 UserId 为 12345 或 10001 的所有行。where 过滤数据。可使用逻辑运算符(如本例中的 or)组合过滤器
PageViews | where Timestamp >= ago(1d)	返回一天前更新的所有行。Azure Data Explorer 针对时间序列分析进行了优化。ago()从当前时间中减去给定的时间量
PageViews | where Timestamp >= ago(1d) | project Url=Page, Timestamp	将 Page 列作为 Url 列返回，并返回 Timestamp 列。project 限制返回的列数，并可选择重命名它们
PageViews | where Timestamp >= ago(1d) | project-away UserId	返回不包含 UserId 列的行。project-away 从查询结果中丢弃列

(续表)

查询	描述
PageViews | where Timestamp >= ago(1d) | summarize count() by UserId	按 UserId 返回页面查看计数。summarize 聚合数据。count() 是可能的聚合函数之一；其他聚合函数包括 min()、max()、sum()、avg()和 stdev()
PageViews | where Timestamp >= ago(1d) | join kind=inner ➥ UserProfiles on UserId | project Page, Name	在 UserId 列上使用内连接将 PageViews 表与 User Profiles 表连接。其他连接类型包括 innerunique、leftouter、rightouter、fullouter、leftanti、rightanti、leftsemi 和 rightsemi

请查看微软的在线文档，网址为 http://mng.bz/w0PB，其中包含了全面的参考资料。

SQL 转 KQL

Azure Data Explorer 使用 KQL 作为其主要查询语言，但也支持 SQL 的子集。如果你更熟悉传统的 SQL 语法，可通过两种方式利用所熟悉的 SQL 知识。首先，可以针对 Azure Data Explorer 编写 SQL 查询。虽然 KQL 是首选的查询语言，但 Azure Data Explorer 支持 SQL 的子集。例如，可使用以下 SQL 查询：

```
SELECT  FROM PageViews WHERE UserId = 12345
```

而不是 KQL 的等效查询：

```
PageViews | where UserId  12345
```

其次，可使用 EXPLAIN 将 SQL 查询转换为 KQL 查询。例如，运行以下命令：

```
EXPLAIN SELECT  *FROM PageViews WHERE UserId = 12345
```

将输出查询的 KQL 转换以下 SQL 查询：

```
PageViews | where (UserId  int(12345)) | project UserId, Page, Timestamp
```

注意 如果熟悉 SQL，EXPLAIN 将特别有用，因为你可以将其用作转换工具。

附录 *C*

运行代码示例

云计算发展速度极快。本书包含了许多代码示例，在编写时已经经过了审查和测试。如果你在运行本书代码示例时遇到问题，很有可能是因为在严格的审查过程中出现了错误，或者命令语法在书籍印刷后发生了变化。此外，大部分代码示例都使用了Azure CLI，包括在编写时还处于实验阶段且可能发生变化的扩展功能。

如果你在代码示例中遇到问题，先查看本书配套的 GitHub 存储库：https://github.com/vladris/azure-data-engineering，以获取最新的代码示例。对于 Azure CLI，如果遇到错误，按照以下内容进行检查。

- 如果命令中包含$suffix，请确保在你的环境中已经设置了该变量。如果 echo $suffix 没有输出任何内容，请确保按照第 1 章的描述更新 PowerShell 配置。
- 确保已安装所需要的扩展。例如，所有 Azure Data Explorer 示例都需要在 2.1 节中使用 az extension add -n kusto 命令安装 Kusto Azure CLI 扩展。检查是否跳过了扩展安装步骤。
- 如前所述，某些扩展功能是实验性的，其语法可能在书籍印刷后发生变化。所有 Azure CLI 命令都支持--help 标志，所以可以使用--help 运行命令以查看最新的语法，并根据需要进行调整。

最后，虽然我们尽可能多地使用命令行，但请记住，也可通过用户界面完成所有操作，无论是 Azure 门户(Azure Portal)UI、Azure Data Factory UI 还是其他某些服务的UI。如果无法使命令正常工作，可使用这些 UI 完成所有操作。